中国能源革命与先进技术丛书

工业企业能效诊断与节能

协鑫晟能综合能源服务有限公司　组编

主　编　邵文俊
副主编　牛曙斌
参　编　黄一钊　施蔚东　仲建伟　马　超　叶紫芸

机 械 工 业 出 版 社

本书以用电设备能效和降损节电为主题，以国家标准为准则，阐述用电设备电能平衡建模、能耗计算、能效贯标与评价、核心能效指标动态展示，以及节电技术和管理措施等内容。

本书共 6 章，分别为能效诊断和电能平衡、变配电系统（变压器、配电线路）、电动机及其拖动系统（异步电动机、风机、泵类、空气压缩机）、建筑用电系统（中央空调、照明）、电加热设备系统（电阻炉、电弧炉、感应炉）和电化学工业系统（电解铝、化肥、制碱、电石、黄磷）等能效的分析、评价与展示。

本书为用电能效分析、贯标与评价的专业参考书，它将为当前国家"3060 双碳"目标的实施提供节能降碳与挖潜提效的有效方案和碳足迹基础大数据的有力支撑。

本书可作为能源管理机构、节能减排有关部门、工业企业节能降碳的相关工作人员和高校师生的参考用书，也可作为能源监控平台分析与评价的实用工具和能源管理师、双碳规划师的培训教材。

图书在版编目（CIP）数据

工业企业能效诊断与节能／协鑫晟能综合能源服务有限公司组编；邵文俊主编． —— 北京：机械工业出版社，2025. 6. ——（中国能源革命与先进技术丛书）．

ISBN 978 - 7 - 111 - 78352 - 7

Ⅰ．TM715

中国国家版本馆 CIP 数据核字第 2025VZ0902 号

机械工业出版社（北京市百万庄大街 22 号　邮政编码 100037）

策划编辑：吕　潇　　　　　　责任编辑：吕　潇　朱　林
责任校对：潘　蕊　李　杉　　封面设计：马精明
责任印制：单爱军
北京盛通印刷股份有限公司印刷
2025 年 7 月第 1 版第 1 次印刷
184mm×260mm · 13.75 印张 · 349 千字
标准书号：ISBN 978-7-111-78352-7
定价：99.00 元

电话服务　　　　　　　　　　网络服务
客服电话：010-88361066　　　机　工　官　网：www.cmpbook.com
　　　　　010-88379833　　　机　工　官　博：weibo.com/cmp1952
　　　　　010-68326294　　　金　书　　　网：www.golden-book.com
封底无防伪标均为盗版　　机工教育服务网：www.cmpedu.com

本书编辑委员会

前　言

当今世界，能源问题日益突出，环境污染不断加剧，全球气候变暖已成不争的事实。人类社会正面临着重大挑战，建设资源节约型、环境友好型社会已成为实现可持续发展的必然选择，也是全人类共同的认知与责任。

2024 年，国家发展改革委办公厅发布《关于深入开展重点用能单位能效诊断的通知》，为积极响应"二氧化碳排放力争 2030 年前达到峰值，争取 2060 年实现碳中和"的"双碳"目标，我们撰写了本书，以赋能节能降碳专项行动，助力推进提升能源利用效率和精准开展降损减排技术改进工作。

本书共分为 6 章，主要介绍了能效诊断和电能平衡、变配电系统、电动机及其拖动系统、建筑用电系统、电加热设备系统和电化学工业系统。能效诊断设置如下流程：设备与系统能效建模，能耗和效率计算及贯标，能效的静态、动态和关联分析、量化评价，关键节电技术和主要管理措施等。本书呈现以下 4 个创新亮点：①"承前启后"之作——首推三级（节点、区块与系统）建模，把复杂用电能效系统进行简单化分级处理；②"关联分析"之全——除静态、动态能效分析外，博采众长、整合加工、精准优化，并提供量化计算分析评价；③"概率游标"之法——应用核心能效指标的概率（百分数）游标的动态计算与展示，设置超限预警，及时监控与调整用电负荷情况，确保设备安全经济运行；④"异曲同工"之效——在最大需量与基本电费优选课题上，本书使用数字化"容需临界点"（或称容需临界系数）方法，相比"盈亏分界点"方法，其原理功效相同，仅方法各异，各有千秋。

在本书的撰写初期，得到了同仁好友杜光、王景南、曹瑞平、徐善庚、吴弘彬，以及杨鹏远等的指导与帮助，凝聚了行业智慧，在此一并表示感谢。

本书可作为能源管理机构、工业企业节能降碳的相关工作人员和高校相关专业师生的参考用书，也可作为能源管理师和双碳规划师的培训教材。能效诊断分析评价与节能内容涉及众多学科领域，内容难免有疏漏和不尽确切之处，殷切希望广大读者批评指正。

编　者

目 录

第1章

能效诊断和电能平衡

能效诊断是针对高耗能企业生产系统、工艺过程和低效设备，以及可能存在的节能改造潜力，以历史资料调查统计、设备系统数据采集、能耗与效率计算分析和贯标评价，找出薄弱环节，提供节能改造技术和节能管理措施的系统工程。

电能平衡是企业实施科学管理、高效合理使用电能极其重要的基础性工作。通过用电设备或用电系统的电能平衡模型，进行用电损耗与效率的计算分析，研究用电设备或系统边界范围内一定时间的电能收入与支出，即电能传递、流向、分布和转换过程中能源供给、能量有效利用和能量损失之间的平衡关系。

1.1 用电设备的能效诊断

1.1.1 能效诊断的目的

能效诊断是保证绿色高效用能和实现国家"双碳"目标，确保国民经济高质量发展的技术手段。政府和企业开展能效诊断的目的如下：

1）通过能效诊断可以使政府相关管理部门掌握本地区、各企业的用能消耗和能源利用水平，以备政府对本地区和各企业能科学、合理地制定能源消耗基数和限额，并有利于制定地区能源未来的发展规划和方向。

2）对企业用能情况进行能耗数据采集、统计、计算和分析诊断，对企业单位产品能耗和综合能源效率进行贯标评价，从而发掘节能潜力，提出节能减排方向和建议，从技术和管理层面提出技改方案，最终提升企业节能降碳的经济效益和市场竞争力。

3）为实现国家"碳达峰和碳中和"目标，提供技术支持和量化算法支持，以满足广大企业碳交易的金融需求。

1.1.2 能效诊断的内容

企业能效诊断以企业用能消耗为对象，以生产全过程为诊断范围，并根据挖潜提效目标要求，对企业进行设备能效、工艺能效和生产系统能效诊断。

1）设备能效诊断是对设备的用能现状进行调查，现场数据采集和能耗效率计算，以及能耗与效率指标的评价，查找设备用电薄弱环节和具有的节能潜力，为用电设备的更新换代和节能技术改造提供依据。

2）工艺能效诊断是对工艺流程各环节的用电情况，按各流程能效模型进行相应的用能数据统计、计算、分析和对标评价，找出用电不合理的原因，提出节能改造措施。

3）生产系统能效诊断只需对重点用电设备或系统的薄弱环节进行重点调研，对在线能效数据进行查核和电能平衡计算，分析找出能效潜力，制定切实可行的节电措施和具体改进方案，并定量分析计算和评价节电效果和降碳社会效益，并对节能投入成本和经济性进行评估。

1.1.3 能效诊断的分析

根据用电设备特性，用电系统结构与功能，以及电能质量诸多因素的影响，将有如下几种能效诊断的分析方法。

1. 用电设备或系统的静态、动态能效和关联因素分析

1）用电设备能效的静态定性分析是依据历史资料中的出厂能耗和效率指标，对比国家标准的能耗限值和能效等级，以判定其绿色高效产品或超限淘汰产品，以及时更新换代。

2）用电设备能效的动态定量分析是对运行中的设备进行动态定量能效的计算，以各类设备经济运行指标进行能效核心指标的考核评价，一般有经济运行、不经济运行和合理运行的界定。

3）用电设备能效的关联因素分析是指由于设备或系统运行工况、负荷特性以及电能质量等因素的影响，致使电能利用率下降，为此必须研究和分析运行中隐含的诸多不利于能效提升的关联因素，并提出改善关联因素影响后分析、评价与改进措施的节能效果。

2. 生产过程的能效结构分析

生产过程的能效结构分析，主要分为工厂生产系统能效分析、辅助生产系统能效分析和附属生产系统能效分析。

1）生产系统能效分析一般指原料制作单元、生产设备单元和成品精制与包装单元等过程的能耗、效率分析。

2）辅助生产系统能效分析是指生产系统服务的供电、供气、供水、照明和供热、供冷、机修、库房、原料场以及安全、环保、节能等装置和设施的能耗、效率分析。

3）附属生产系统能效分析指为生产系统专门配置的办公室、调度室、控制室、休息室、更衣室、浴室、和中控分析、成品检验修理工段等设施的能耗统计分析。

1.1.4 能效诊断的实践

企业能效诊断的实践是指本书 16 类重点用电设备的 5 项实践。16 类用电设备为：变配电系统的变压器与配电线路，电动机及其拖动系统的异步电动机、风机、泵类和空气压缩机，建筑用电系统的中央空调和照明，电加热设备系统的电阻炉、电弧炉和感应炉，电化学工业系统的电解铝、化肥、制碱、电石和黄磷工业。

其实践分析项目有：用电设备能效分析结构、能耗与效率计算、能耗限额与等级贯标对比、能效静态、动态和关联因素分析与评价，以及节电技术和节能管理措施等内容。具体详见本书第 2 章 ~ 第 6 章各类用电设备能效诊断和节能叙述。

1.2　用电设备的电能平衡

1.2.1　电能平衡的概念

电能平衡是对用电电量在用电系统内输送、转换、利用的计量、分析和研究，反映供给电量、有效电量和损失电量之间的平衡关系。

能量守恒定律为企业开展能效诊断和分析评价奠定了理论基础。

1.2.2　电能平衡的实施

1. 电能平衡关系式

根据能量守恒定律，供用电系统内的电能平衡可由式（1-1）表示，电能平衡模型如图 1-1 所示。

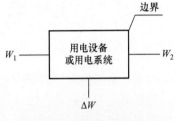

$$W_1 = W_2 + \Delta W \tag{1-1}$$

式中　W_1——供给电量（kWh）；

　　　W_2——有效电量（kWh）；

　　　ΔW——损失电量（kWh）。

图 1-1　电能平衡模型图

2. 电能平衡的边界

（1）用电系统边界的定义

用电系统与其周围相邻部分的分界面称为用电系统的边界。

进行电能平衡时，用电系统具有明确的边界，边界应根据电能平衡研究的范围和需求等因素确定。

（2）企业用电系统边界分类

为了使企业电能平衡的结果具有可比性，同类用电系统应有统一的边界，对一般企业而言，可将用电系统分为变配电系统（变压器、配电线路）、电机及其拖动系统（异步电机、风机、泵类、空气压缩机）、建筑用电系统（中央空调、照明）、电加热设备系统（电阻炉、电弧炉，感应炉）和电化学工业系统（电解铝、化肥、制碱、电石、黄磷）。

（3）其他边界分类

主要指工厂企业生产服务边界分类和企业用电设备能量平衡边界分类。

1）工厂企业生产服务边界分类指生产服务中的主设备系统、辅助生产系统和附属设备系统的边界。

2）企业用电设备能量平衡边界分类指企业用电设备能量平衡中的输入能量、有效能量和损失能量的边界。

3. 电能平衡计算方法

在实际电能平衡工作中，下列两种方法可灵活使用，既有利于分析，又可以减少工作量。

1）直接平衡法（或称正平衡法），其计算公式为

$$\eta = (W_2 / W_1) \times 100\% \tag{1-2}$$

2）间接平衡法（或称反平衡法），其计算公式为

$$\eta = (1 - \Delta W / W_1) \times 100\% \tag{1-3}$$

式中　η——用电设备或用电系统的电能利用效率（%）。

1.2.3　电能平衡的三级能效模型

将用电系统不同产品结构、产品特性以及不同工序、工艺特点的用电设备、车间或企业，分析归纳为节点与节点链的基础模型、区块与区块链的中间模型和系统与系统链的顶层模型，三层模型相扣组成三级能效分析模型，三级能效模型如图1-2所示。

图1-2　三级能效模型

电能平衡以能量守恒定律为准则，以用电系统中单体用电设备为节点的能效分析为基础，构建节点与节点链、区块与区块链和系统与系统链的三级能效分析模型。现将三级能效分析模型的属性分别介绍如下。

1. 节点与节点链

1）节点：电源传输中，能独立完成电能平衡模型中能效分析考核的单体供电设备，如变配电系统中的变压器与配电线路等单体设备。

2）节点链：不同属性的用电设备，由电能、机械能或物理能有机组合成联合体，如电动机与风机（水泵）由机械驱动组成联合体的节点链，降压变压器与整流设备联合组成的整流变压器节点链等。

单体用电设备是节点与节点链三级能效模型的底层分析基础，节点与节点链模型如图1-3所示。

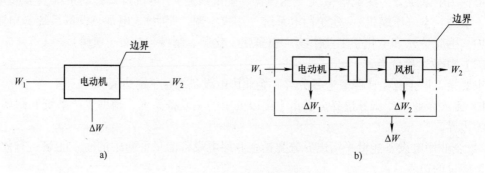

图1-3　节点与节点链模型

a）节点　b）节点链

2. 区块与区块链

1）区块：n个同类节点用电设备的并联（变压器并联扩容）或串联（水泵串联增压）集成，或非同类节点用电设备的功能组合，如图1-4所示。

2）区块链：由不同功能区块，通过电能、物理能有机组合成的工艺传输多级联合体。如图1-4c所示的电解铝工业区块链模型中的交流系统降压变压器与整流装置组成的直流电

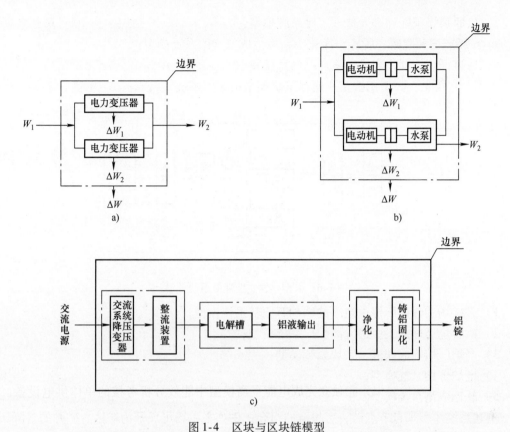

图 1-4　区块与区块链模型

a）变压器并联扩容区块模型　b）水泵串联增压区块模型　c）电解铝工业区块链模型

源区块链，电解槽与铝液输出组成的铝液半成品区块链，以及铝液经净化装置与铝液铸铝固化的铝锭输出的区块链。其间相当于 3 个工艺功能的区块链的联合体，它初具系统模块的功能。

3. 系统与系统链

系统与系统链模型可由若干区块与区块链组成。本书中提及的是指大型工业企业生产工艺、生产车间或分厂组成的系统链模型。如图 1-5 所示的合成氨能源平衡模型和图 1-6 所示的大型钢铁企业中的各生产分厂系统组成的联合系统链模型。

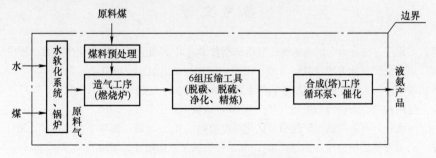

图 1-5　合成氨能源平衡模型

由图 1-5 可见，合成氨能源平衡模型由 4 个系统模型组成：

1）水软化装置和燃烧锅炉组成的系统模型；

2）从原料煤预处理进入造气工序系统模型；

3）6级压缩和脱碳、脱硫、净化、精炼生成氨气的系统模型；

4）通过循环、催化合成液氨产品的系统模型。

由图1-6可见，大型钢铁企业能源系统模型由5个系统链组成：

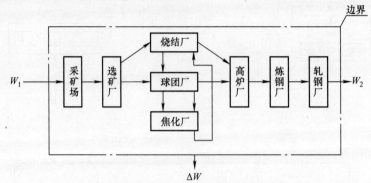

图1-6　大型钢铁企业能源系统模型

1）采矿场和选矿厂提供纯净的铁矿石原料系统模型；

2）矿石烧结球团工序送入高炉厂系统模型；

3）高炉厂熔炼成铁液、铁块系统模型；

4）电炉炼钢系统模型；

5）轧钢成型系统模型。

上述系统模型来自节点链、区块链的组合。例如采矿场可展开为矿区、矿井的各降压变电站、配网线路、挖矿风动压缩机站、抽水泵房、新风机房、矿石传输机械、矿区照明，机修用电等能源平衡模型。

能效分析建模至今未见严格的界定标准，一般根据企业规模、生产结构、工艺复杂程度和综合能耗与工序能耗指标评估的实际需要，人为做出简单实用的不同模型，如能源平衡模型 $W_g = W_y + W_s$、负荷模型（各时间点的静态、动态负荷变化）、规则模型（设计与计划部门的各类模型），以及根据用电单体设备设定的如变压器模型、配电线路模型和电机模型等。凡是能精准、有效、快捷和共用的模型都是能效诊断分析的基础和有力的技术手段，且均可获得较佳的分析效果。

参 考 文 献

[1] 邓寿禄，王梓程，杨秀丽．用能系统的节能诊断技术［M］．北京：中国石化出版社，2017.

[2] 孟昭利．企业能源审计方法［M］．2版．北京：清华大学出版社，2010.

[3] 上海市能效中心．工业企业电能平衡实用手册［M］．上海：上海科学技术出版社，2013.

[4] 谢善益．电网模型综合研究与应用［M］．北京：机械工业出版社，2014.

[5] 苑明海，许焕敏．可重构装配线建模及优化调度控制［M］．北京：国防工业出版社，2011.

[6] 张卫平．开关变换器的建模与控制［M］．北京：机械工业出版社，2020.

[7] 上海市质量协会．能源管理体系的建立与实施［M］．北京：中国标准出版社，2010.

[8] 张战波．钢铁企业能源规划与节能技术［M］．北京：冶金工业出版社，2014.

[9] 方大千，张正昌．节约用电实用技术手册［M］．北京：化学工业出版社，2015.

第2章

变配电系统是电力系统的发电、输电、变配电三大组成中最为庞大的系统，也是用电企业承接电网供应电能的关键枢纽，其核心节点设备是变压器和配电线路。加强供用电系统的精细化管理，开展用电设备能效诊断分析、贯标评价，以及节能减排、提高用电利用率具有十分重大的社会意义和经济意义。

2.1 变压器能效诊断分析、贯标评价与节能

电力变压器是一种电压变换和进行电功率传输的电气设备，它广泛应用于发电、供电到用电的整个电力系统。虽然电力变压器的额定效率已达到 98% 以上，属于高效率设备，但由于电力系统中变压器的拥有量极大，所以从全国范围来说，变压器造成的电能损耗还是相当可观的，其总损耗占总发电量的 7% 左右。

2.1.1 变压器能效模型

变压器能效可简单归纳为静态能效与动态能效，常态的能效均指额定工况下的静态、动态能效，即变压器出厂铭牌标注的空载损耗和负载损耗，以及变压器的经济运行。然而变压器的运行能效常常受到许多因素的影响，往往处于非额定工况下运行，从而提出了变压器能效关联因素分析。变压器运行中的关联因素众多，诸如：电源电压质量、负载特性以及变压器铭牌参数（如变压器电压分接头、短路阻抗电压）等，往往使变压器偏离额定工况能效指标，这也是本书论述变压器能效分析中必须考虑的重要议题。

根据变压器能效指标和分析要求，构建如图 2-1 所示的变压器电能平衡模型和变压器能效分析结构。

1. 变压器的电能平衡模型

由图 2-1a 所示模型可见：

变压器电能平衡式为 $P_1 = P_2 + \Delta P$

模型边界条件为：

1）在额定电压下的电能平衡，包括其供电电压质量满足标准的情况下，即无电压波动和闪变、三相电压平衡和背景谐波污染等情况。

2）在额定负荷的工况下，指三相负荷平衡，无波动和冲击性负荷及无特征谐波负荷等工况下。

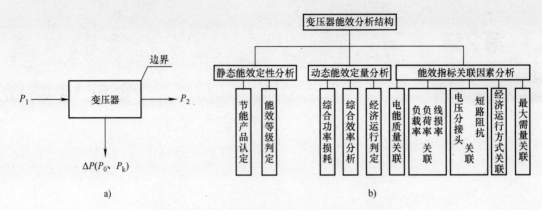

图 2-1　变压器电能平衡模型和能效分析结构

a）变压器电能平衡模型　b）变压器能效分析结构

3）电能平衡中的参数，可以用 P 或 W 等参数表示。

2. 变压器能效分析结构

由图 2-1b 所示能效分析结构可见：

1）变压器静态能效定性分析中，节能产品是指制造质量是否满足节能产品要求，以及其能效指标判定是否符合 1、2、3 级的要求。

2）变压器动态能效定量分析中，主要为定量分析变压器经济运行是否符合某区域划分的范围。

3）变压器能效指标的关联因素分析中，阐述了诸多非额定工况下的关联因素对变压器能效的影响。

2.1.2　变压器综合功率损耗率计算

变压器综合功率损耗率为

$$\Delta P_z\% = \frac{\Delta P_z}{P_1} = \frac{P_{0z} + \beta^2 P_{kz}}{\beta S_N \cos\varphi_2 + P_{0z} + \beta^2 P_{kz}} \times 100\% \tag{2-1}$$

式中　ΔP_z——变压器的综合功率损耗（kW）；

P_1——变压器的输入功率（kW）；

P_{0z}——变压器综合功率空载损耗（kW）；

P_{kz}——变压器综合功率额定负载功率损耗（kW）；

S_N——变压器额定容量（kVA）；

β——负载系数；

$\cos\varphi_2$——变压器的二次侧运行功率因数。

$$P_{0z} = P_0 + K_Q Q_0 = P_0 + K_Q (I_0\% S_N) \tag{2-2}$$

$$P_{kz} = P_k + K_Q Q_k = P_k + K_Q (U_k\% S_N) \tag{2-3}$$

式中　P_0、P_k——变压器的空载损耗、负载损耗（kW）；

Q_0、Q_k——变压器空载励磁功率（kvar）和变压器额定负载漏磁功率（kvar）；

$I_0\%$、$U_k\%$——变压器空载电流百分数和变压器短路电压百分数；

K_Q——无功经济当量（kW/kvar）；（由 GB/T 13462—2008 可查得）

2.1.3　变压器能效的静态定性分析与评价

变压器静态能效是指变压器产品在工厂型式试验条件下测得的空载损耗 P_0 和负载损耗 P_k 数据，以阐明产品制造质量是否满足国家标准要求。

1）能效参数采集：变压器制造厂提供的 P_0、P_k 的检测报告。

2）静态能效国标：GB 20052—2020《电力变压器能效限定值及能效等级》。

3）静态定性分析：

制造产品 P_0、P_k > 国标 3 级 P_0、P_k 者，评价为超标产品；

制造产品 P_0、P_k = 国标 3 级 P_0、P_k 者，评价为达标产品；

制造产品 P_0、P_k < 国标 2 级、1 级 P_0、P_k 者，评价为高效产品。

4）贯标诠释：目前国内运行中的变压器产品有油浸的 S_8、S_9、S_{10}、S_{11} 等和干式的 SC（SCB）$_{10、11}$ 等多个系列，过去常用变压器上述型号代码来代表能效水平，由于科技进步、材质提升和工艺水平的不断改进，P_0、P_k 不断缩小，型号代码已不能判定变压器的能耗水平，现今，应严格按 GB 20052—2020 来比对，评价其属于 1、2、3 级能效等级，35 ～ 500kV、3150kV 及以上变压器能效等级详见 GB 20052—2020。

2.1.4　变压器能效的动态定量分析与评价

变压器动态能效是指变压器在运行过程中，受动态的运行参数影响所呈现的工作效率。根据 GB/T 13462—2008《电力变压器经济运行》的考核与评价要求，本节的主要内容为变压器运行中的综合损耗率曲线经济区的界定分析。

1. 变压器经济运行区的划分

根据式（2-1）可得变压器综合功率损耗与负载系数的关系曲线，或称经济运行区"L"形曲线，如图 2-2 所示。

双绕组变压器在运行中，其综合功率损耗率随负载系数呈非线性变化。取其特性曲线最低点为综合功率经济负载系数，计算式为

$$\beta_{jz} = \sqrt{(P_{0z}/K_T P_{kz})} \qquad (2\text{-}4)$$

式中　K_T——变压器的负载波动损耗系数，具体值可查 GB/T 13462—2008。

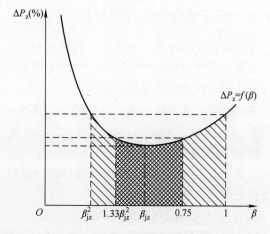

图 2-2　变压器综合功率损耗与负载系数的关系曲线

由图 2-2 可知，变压器在额定负载运行时为经济运行区上限，与上限综合功率损耗率相等的另一点为经济运行区下限，经济运行区上限负载系数为 1，下限负载系数为 β_{jz}^2。

变压器在 75% 额定负载运行时为最佳经济运行区上限，与上限综合功率损耗率相等的另一点为最佳经济运行区下限，最佳经济运行区上限负载系数为 0.75，下限负载系数为 $1.33\beta_{jz}^2$。

2. 变压器经济运行区的界定

经济运行区间： $[\beta_{jz}^2,\quad 1]$；

最佳经济区间： $[1.33\beta_{jz}^2,\quad 0.75]$；

欠载运行区间： $[0,\quad \beta_{jz}^2]$；

过载运行区间： $[1.0,\quad 1.3]$。

3. 变压器 ΔP_z 的游标曲线与概率曲线

平台随时提供变压器综合功率的动态工况，以便平台监测人员及时掌握其变化趋势，调节企业用电负荷，使变压器经常运行在最经济的区间，其具体内容如图 2-3 和图 2-4 所示。

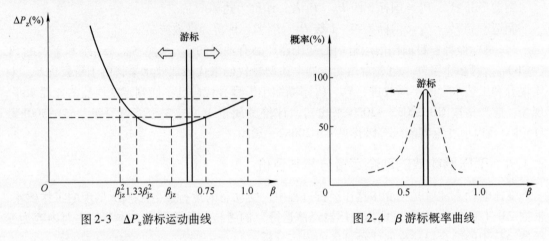

图 2-3 ΔP_z 游标运动曲线　　　　图 2-4 β 游标概率曲线

2.1.5 变压器能效的关联分析与评价

变压器属于高能效用电设备，其额定效率已达 98% 及以上，但由于运行工况、负荷特性，以及电能质量等因素的影响，致使电能利用率急剧下降，为此，必须研究和分析运行中隐含的诸多不利能效的关联因素。

关联因素维度多样，本书介绍的关联因素有电能质量（电压、三相不平衡、谐波和功率因数），负载率、负荷率与线损率，变压器电压分接头与短路阻抗，以及最大需量等。

1. 电能质量的关联分析

电能质量对变压器能效的关联因素有母线电压偏差、电压波动和闪变、三相电压不平衡、谐波和功率因数。

（1）变压器母线电压偏差的关联分析

1）电压偏差 δ 的定义：电力系统运行状态的缓慢变化，使电压发生偏移，其电压变化率小于 1%/s 时的实际电压值与系统额定电压值之差。

2）电压偏差的计算公式：用实际运行电压对系统标称电压的偏差相对值，以百分比表示。

$$\delta_U = [(U_{rt} - U_N)/U_N] \times 100\% \tag{2-5}$$

式中　U_{rt}——实际运行电压（V）；

　　　U_N——系统标称电压（V）。

3）供电电压偏差的限值：GB/T 12325—2008《电压质量 供电电压偏差》规定如下：

① 35kV 及以上供电电压，正、负偏差绝对值之和不超过标称电压的 10%。

注：如供电电压上下偏差同号（均为正或负）时，按较大的偏差绝对值作为衡量依据。

② 20kV 及以下三相供电电压偏差为标称电压的 ±7%。

③ 220V 单相供电电压偏差为标称电压的 +7%、−10%。

4）关联评述。

电压偏差过大，对广大用电设备以及变配电网的经济运行和安全稳定都会产生较大的影响。

① 对用电设备的影响。

当电压偏离额定电压较大时，用电设备的运行性能恶化、运行效率降低，甚至损坏设备。

如：

- 工业用电的大量电机：其电压过低，转差加大，定子电流显著增加，导致绕组温度升高，从而加速绝缘老化，缩短寿命，甚至烧毁电机；其电压过高，漏磁电流过大，影响绝缘，降低电机寿命等。

- 电加热的电炉设备：其发热量与电压二次方呈正比，当电压偏低时，电炉发热量降低，导致电炉效率下降，影响电加热工业的生产经济效益。

- 照明的白炽灯设备：当电压下降 5% 时，光通量将减少 18%；电压下降 10% 时，光通量将下降 30%，严重影响视力；当电压上升 5% 时，灯具寿命将下降 30%；电压上升 10% 时，白炽灯寿命将缩短一半。

② 对供配电网配变的影响。

供电电压的偏差对配电网配变空载损耗 P_0 和负载损耗 P_k 的影响，见式（2-6）。

$$\Delta P_x = (U_{rt}/U_N)^2 P_0 + \beta^2 (U_N/U_{rt})^2 P_k \tag{2-6}$$

由式（2-6）可知，电压的偏移将影响到 P_0、P_k 的变比，其变化程度取决于负载率 β 的大小。

其函数关系为

$$\Delta P_x = f(U_{rt}, \beta) \tag{2-7}$$

由式（2-7）可知，电压偏差引起的有功损耗 ΔP_x，取决于电压 U_{rt} 的偏移和负载系数 β 的大小。一般而言，电压偏高，铁损影响偏大，电压偏低，铜损影响偏大，最终由铜铁损增减值决定 ΔP_x 的大小。

（2）供电电压波动和闪变的分析

1）电压波动和闪变的定义。

电压波动 $d\%$ 定义：指交流 50Hz 电力系统正常运行情况下，由波动负荷引起的公共连接点短时间内电压变动。

电压闪变（长时间、短时间）定义：指电压波动在一段时间内的累积效应，它通过灯光照度不稳定造成的视觉来反映。

2）电压波动和闪变的计算公式。

① 电压波动值为电压方均根值曲线上相邻两个极值电压之差，以系统标称电压的百分数表示：

$$d\% = \Delta U/U_N \times 100\% \tag{2-8}$$

式中　ΔU——电压方均根值曲线上相邻两个极值电压之差；

　　　U_N——系统标称电压值。

② 闪变值为电压波动在一段时间内通过灯光照度不稳定造成的视觉来反应。其主要有长时间闪变 P_{Lt} 值和短时间闪变 P_{St} 来衡量，其计算公式为

$$P_{Lt} = \sqrt[3]{\frac{1}{n}\sum_{j=1}^{12}(P_{St})^3} \tag{2-9}$$

式中　n——长时间闪变值测量时间内包含的短时间闪变值的个数。

短时间闪变值 P_{St} 由国际上通用的 IEC 闪光仪测得。

3）电压波动和闪变的限值。

GB/T 12326—2008《电能质量 电压波动和闪变》规定见表 2-1 和表 2-2。

表 2-1　电压波动限值（r 为电压变动频率）

r/(次/h)	d%	
	低压（LV）：$U_N \leq 1kV$ 中压（MV）：$1kV < U_N \leq 35kV$	高压（HV）： $35kV < U_N \leq 220kV$
$r \leq 1$	4	3
$1 < r \leq 10$	3 *	2.5 *
$10 < r \leq 100$	2	1.5
$100 < r \leq 1000$	1.25	1

注：表中标有"*"的值为其限值。

4）关联评述。

变配电系统中电压波动和闪变将直接影响到整个供电设备的经济安全运行。

表 2-2　闪变限值（P_{Lt}）

P_{Lt}	
$\leq 110kV$	$> 110kV$
1	0.8

① 引起电压波动和闪变的主要原因是变配电系统中有波动负荷和冲击性负荷，如电弧炉的电弧电流波动和冲击、轧钢机初轧的冲击电流，以及电焊机的单相负序电流冲击闪变。另外，就是大型电动机起动等。

② 电压的波动将使电机转速不稳，加速与制动频繁交替运行，将影响造纸机与精密加工机床的产品质量，严重时将危及设备本身的安全运行。

③ 电压波动对较敏感的工艺或试验产品产生不良影响，同时将导致电子设备、计算机系统、自动控制生产线，以及办公自动化设备等工作不正常或受到损坏。

④ 电压闪变将使照明灯闪烁、视觉疲劳，电视机画面闪频，影响工作效率和生活质量。同时，电压的闪变，将导致以电压相角为控制指令的系统控制功能紊乱，致使电力电子换相器换相失败等。

（3）三相电压不平衡的关联分析

变压器的三相电压不平衡是指变压器公共连接点在三相电压幅值上不同或相位不是 120°的不平衡。三相不平衡现象主要有不对称短路、断路故障和持续运行中的不对称运行方式，以及非对称负荷等。

1）三相电压不平衡的定义。

按 GB/T 15543—2008《电能质量 三相电压不平衡》中的有关定义，电压不平衡为三相电压在幅值上不同或相位不是 120°，或兼而有之。

不平衡度指三相系统中三相不平衡的程度，用电压、电流负序基波分量或零序基波分量

与正序基波分量的方均根值的百分比表示。

电压、电流不平衡度和零序不平衡度分别用 ε_{U2}、ε_{U0} 和 ε_{I2}、ε_{I0} 表示。

2）不平衡度的计算方式。

① 不平衡度的表达式：

$$\varepsilon_{U2} = U_2/U_1 \times 100\% \tag{2-10}$$

$$\varepsilon_{U0} = U_0/U_1 \times 100\% \tag{2-11}$$

式中　U_1、U_2、U_0——三相电压的正序、负序、零序分量的方均根值（V）。

若换为 I_1、I_2、I_0 则其相应的电流不平衡度为 ε_{I2} 和 ε_{I0} 的表达式。

② 不平衡度的准确计算式。

在没有零序分量的三相系统中，可用式（2-12）进行不平衡度计算，

$$\varepsilon_{U2} = \frac{1 - \sqrt{3 - 6L}}{1 + \sqrt{3 - 6L}} \tag{2-12}$$

式中　L——$L = (a^4 + b^4 + c^4)/(a^2 + b^2 + c^2)$。

a、b、c——没有零序分量系统中的三相量值。

3）电压、电流不平衡度限值。

① 按 GB/T 15543—2008 规定：电力系统公共连接点电压不平衡度限值为电网正常运行时，负序电压不超过 2%，短时不超过 4%；低压系统零序电压限制暂不做规定，但各相电压必须满足 GB/T 12325—2008 供电电压偏差的规定。

② 按电力行业 DL/T 1102—2009《配电变压器运行规程》和 GB 50052—2009《供配电系统设计规范》中的相关规定。

4）关联评述。

电力用户配网中变压器是极为重要的电气设备，它关联到电力用户的安全、经济运行。

① 变压器处于不平衡负载下运行时，如其中一相电流已经达到变压器额定电流值，而其余两相电流低于额定电流时，则变压器容量得不到充分利用；

三相变压器供电给单相线电压负载时，变压器的利用率为 57.7%；

三相变压器供电给单相电压负载时，变压器的利用率为 33.3%。

② 处于不平衡负载下运行时仍要维持额定容量将造成变压器局部过热。

③ 研究表明，变压器工作在额定负载下，当电流不平衡度为 10% 时，变压器绝缘寿命约缩短 16%。

（4）谐波的关联分析

随着现代化工业的高速发展，电力系统的非线性负载日益增多，如各种换流设备、变频装置、电弧炉和电气化铁道等非线性负载遍及全系统；而电视机、计算机、节能灯等家用电器的使用越来越广泛，这些非线性负载产生的谐波电流注入电网，使公用电网的电压波形产生畸变，严重地污染了电网的环境，威胁着电网中的各种电气设备的安全经济运行。

1）谐波、谐波分量、总谐波畸变率和谐波含有率的定义。

① 谐波：是一个周期电气量的正弦波分量，其频率为基波频率的整数倍。

② 谐波分量：对周期性交变量进行傅里叶级数分解得到的频率为基波频率大于 1 整数倍的分量。

③ 总谐波畸变率：周期性交变量中的谐波含量的方均根值与基波分量方均根值之比（用百分数表示）。

④ 谐波含有率：周期性交变量中含有的第 h 次谐波分量的方均根值与基波分量的方均根值之比（用百分数表示）。

2）谐波相关指标的计算公式。

① 电压总谐波畸变率：

$$THD_U = \left(\sqrt{\sum_{h=2}^{\infty} U_h^2 / U_1} \right) \times 100\% \tag{2-13}$$

② 电流总谐波畸变率：

$$THD_I = \left(\sqrt{\sum_{h=2}^{\infty} I_h^2 / I_1} \right) \times 100\% \tag{2-14}$$

③ 谐波电压含有率： $HRU_h = (U_h / U_1) \times 100\%$ (2-15)

④ 谐波电流含有率： $HRI_h = (I_h / I_1) \times 100\%$ (2-16)

3）变压器谐波损耗的计算。

变压器谐波损耗主要为谐波铜损和谐波铁损，即 $\Delta P_{Tf} = \Delta P_{Cu} + \Delta P_{Fe}$

① 谐波铜损为

$$\Delta P_{Cu} = \sum_{h=2}^{5} I_h^2 R_h \tag{2-17}$$

式中　h——谐波次数（仅计算 2 次至 5 次谐波造成的损耗）；

　　I_h——某次谐波电流；

　　R_h——某次谐波电阻（$R_h = \sqrt{h} \times R_1$）。

② 谐波铁损的计算：

$$\Delta P_{Fe} = K_h f B_m^n + K_e f^2 B_m^2 \tag{2-18}$$

式中　B_m——最大磁通密度，$B_m = \dfrac{U_1}{4 K_f W_A}$；

　　K_h、K_e——常数；

　　f——频率；

　　n——磁滞系数，一般取 2 ~ 3.5；

　　K_f——一般取 1.11。

4）公用电网谐波电压、电流限值。

① 谐波电压限值。

根据 GB/T 14549—1993《电能质量 公用电网谐波》规定的公用电网谐波电压（相电压）限值见表 2-3。

表 2-3　公用电网谐波电压（相电压）

电网标称电压/kV	电压总谐波畸变率（%）	各次谐波电压含有率（%）	
		奇次	偶次
0.38	5.0	4.0	2.0
6	4.0	3.2	1.6
10			
35	3.0	2.4	1.2
66			
110	2.0	1.6	0.8

② 谐波电流允许值。

公共连接点的全部用户向该点注入谐波分量（方均根值）不超过表 2-4 规定的允许值。

表 2-4　注入公共连接点的谐波电流允许值

标准电压/kV	基准短路容量/MVA	谐波次数及谐波电流允许值/A																							
		2	3	4	5	6	7	8	9	10	11	12	13	14	15	16	17	18	19	20	21	22	23	24	25
0.38	10	78	62	39	62	26	44	19	21	16	28	13	24	11	12	9.7	18	8.6	16	7.8	8.9	7.1	14	6.5	12
6	100	43	34	21	34	14	24	11	11	8.5	16	7.1	13	6.1	6.8	5.3	10	4.7	9	4.3	4.9	3.9	7.4	3.6	6.8
10	100	26	20	13	20	8.5	15	6.4	6.8	5.1	9.3	4.3	7.9	3.7	4.1	3.2	6	2.8	5.4	2.6	2.9	2.3	4.5	2.1	4.1
35	250	15	12	7.7	12	5.1	8.8	3.8	4.1	3.1	5.6	2.6	4.7	2.2	2.5	1.9	3.6	1.7	3.2	1.5	1.8	1.4	2.7	1.3	2.5
66	500	16	13	8.1	13	4.1	9.3	4.1	4.3	3.3	5.9	2.7	5	2.3	2.6	2	3.8	1.8	3.4	1.6	1.9	1.5	2.8	1.4	2.6
110	750	12	9.6	6	9.6	4	6.8	3	3.2	2.4	4.3	2	3.7	1.7	1.9	1.5	2.8	1.3	2.5	1.2	1.4	1.1	2.1	1	1.9

注：220V 基准短路容量取 2000MVA。

当电网公共连接点的最小短路容量不同于上表基准短路容量时，按式（2-19）修正表 2-4 的谐波电流允许值：

$$I_n = \frac{S_{k1}}{S_{k2}} I_{np} \tag{2-19}$$

式中　S_{k1}——公共连接点的最小短路容量（MVA）；

　　　S_{k2}——基准短路容量（MVA）；

　　　I_{np}——上表中的第 n 次谐波电流允许值（A）；

　　　I_n——短路容量为 S_{k1} 时的第 n 次谐波电流允许值。

5）关联评述。

① 变压器是电力部门与用户电气系统的电源交接点（亦称 PCC 点），采集和监测母线谐波涉及用电系统的谐波水平与影响污染电网环境的评估（THD_U、I_n 允许值）。

② 母线谐波的监测和治理关联到配电网谐波污染所造成的用电设备发热、谐波损耗和用电系统的正常运行。

③ 母线谐波监测提升了互联网谐波监测动态显示平台的分析水平，推动了谐波治理的新技术和新设备的开发应用，如无源滤波器、有源滤波器及混合型有源滤波器的研究应用等。

（5）变压器功率因数的关联分析

企业用电系统中有功功率的传输和转化过程，需要无功功率的支撑，即配电网传输元件和绝大多数用电设备具有电感性，需要从电网吸收无功功率。

1）功率因数 $\cos\varphi$ 的定义。

功率因数是指交流电路中电压与电流之间的相位角的余弦，亦称为力率。

功率因数可用电压、电流相量图和功率三角形来说明其矢量关系，如图 2-5 和图 2-6 所示。

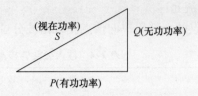

图 2-5　电压、电流相量图　　　　图 2-6　交流电路的功率三角形

用电企业为享受国家功率因数调整电费奖励办法，采用无功补偿提高功率因数。

所谓无功补偿即利用无功电容的容性电流与用电系统中感性电流差 180°的互相抵消来实现减少感性电流的补偿作用。补偿原理如图 2-7 所示。

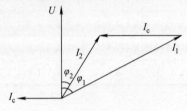

图 2-7　补偿电路的相量图

I_1、φ_1—补偿前的负载电流、相位角　I_2、φ_2—补偿后的负载电流、相位角　I_c—电容性补偿电流

2）功率因数的计算公式。

$$\cos\varphi = \frac{P}{\sqrt{3}UI} \tag{2-20}$$

$$\cos\varphi = \frac{P}{\sqrt{3}UI} = \frac{P}{S} \tag{2-21}$$

$$\cos\varphi = \frac{P}{\sqrt{3}UI} = \frac{A_P}{\sqrt{A_P^2 + A_Q^2}} \tag{2-22}$$

式中　P——有功功率（W）；

　　　U——用电电压（V）；

　　　I——用电电流（A）；

　　　S——视在功率（VA）；

　　　A_P——某一时间内消耗的有功电量（kWh）；

　　　A_Q——某一时间内消耗的无功电量（kvarh）。

3）关联评述。

① 电力用户提高功率因数后，可享受国家力率调整电费奖励，减少电费支出与用电成本，提升企业市场竞争能力。

② 提高功率因数后，可减少无功电力需求，减少电力系统电能消耗，且可提高供用电设备供电能力。

③ 提高功率因数后，可减少电力系统有关设备的电压降，改善电能质量，提升电力系统的安全稳定性。

④ 降低电能损耗，减少设备压降及提高设备出力的计算公式如下：

$$\Delta P = \beta^2 P_k \left(1 - \frac{\cos^2\varphi_1}{\cos^2\varphi_2}\right) = \left(\frac{P}{S_N\cos\varphi_1}\right)^2 \times \left(1 - \frac{\cos^2\varphi_1}{\cos^2\varphi_2}\right)P_k \tag{2-23}$$

$$\Delta U_{\mathrm{T}} = \frac{\Delta Q_{\mathrm{c}} U_{\mathrm{k}}}{S_{\mathrm{N}}} \tag{2-24}$$

$$\Delta S = (\cos\varphi_2 - \cos\varphi_1) S_{\mathrm{N}} \tag{2-25}$$

2. 负载率、负荷率和线损率的关联分析

变压器的经济运行与负载率、负载波动和线损率等有关，本书阐述的是变压器侧的负载率、负荷率和线损率的关联因素能效分析。

（1）变压器负载率的关联分析

1）负载率 β（或称负载系数 β）的定义。

根据国标 GB/T 13462—2008《电力变压器经济运行》中定义负载系数（标准中为平均负载系数）β 为一定时间内变压器平均输出视在功率与变压器额定容量之比。

根据行业标准 DL/T 985—2022《配电变压器能效技术经济评价导则》中定义负载率 β 为变压器的负载电流与额定电流之比的百分数。

上述两个标准中，负载系数 β 若以百分数表示，即为负载率 β。

2）负载系数 β、β_{jz} 的计算公式。

按 GB/T 13462—2008 和 DL/T 985—2022 规定的计算式为

$$\beta = \frac{S_2}{S_{\mathrm{N}}} = \frac{P}{S_{\mathrm{N}}\cos\varphi_2} \tag{2-26}$$

$$\beta = \frac{I_2}{I_{\mathrm{N}}} \tag{2-27}$$

综合功率经济负载系数为

$$\beta_{\mathrm{jz}} = \sqrt{\frac{P_{0\mathrm{z}}}{K_{\mathrm{T}} P_{\mathrm{kz}}}} = \sqrt{\frac{P_0 + K_{\mathrm{Q}}(I_0\% S_{\mathrm{N}})}{K_{\mathrm{T}}(P_{\mathrm{k}} + K_{\mathrm{Q}} U_{\mathrm{k}}\% S_{\mathrm{N}})}} \tag{2-28}$$

3）变压器经济运行区有关 β 的界定。

经济运行区间：$[\beta_{\mathrm{jz}}^2, 1]$；最佳经济区间：$[1.33\beta_{\mathrm{jz}}^2, 0.75]$；

欠载运行区间：$[0, \beta_{\mathrm{jz}}^2]$；过载运行区间：$[1.0, 1.3]$。

4）关联评述。

① 负载率（或称负载系数）是评价变压器经济运行的主要指标和依据，也是它的关联价值。实际操作中，可根据不同容量变压器的 P_0、P_{k}、I_0 和 K_{u}，以及常规参数 $\cos\varphi = 0.95$、无功经济当量 $K_{\mathrm{Q}} = 0.04$、负载形状系数 $K_i = 1.05$、负载波动系数 $K_{\mathrm{T}} = 1.1025$（$K_{\mathrm{T}} = K_i^2$），求得变压器三个运行区间的具体上、下限范围，以备快速查表判定。

② 改善用电方式，调整负载曲线，改变负载系数后的节电效益：

$$\Delta P_{\mathrm{z}} = (\Delta P_{\mathrm{z2}} - \Delta P_{\mathrm{z1}}) S_{\mathrm{N}} \tag{2-29}$$

③ 负载率的大小涉及变压器设备的利用率与用户基建的投资成本，单纯追求 β_{jz} 的最佳值将影响到变压器容量选择的经济合理性。

④ 负载率与供电可靠性有时存在一定的矛盾，如负载率的增大影响到工厂企业主变故障（两台并列运行中的一台故障）状况下，80% 重要负载转移的运行可靠性，或如政府大厦、机关事业单位百分之百负载转移的安全可靠性。总之，负载率的合理选用必须因地制宜地综合考虑设备利用率、投资回收以及综合经济与可靠性等诸多因素。

（2）变压器负荷率的关联分析

1）负荷率 γ_{T} 的定义。

负荷率是指在 T 小时内，平均负荷功率（或平均视在功率）与最大负荷功率（或最大视在功率）之比的百分数，它是衡量用电负荷波动的重要指标，负荷率越大，负荷越平稳，波动越小。

2）负荷率的计算公式。

$$\gamma_{\mathrm{T}} = \frac{P_{\mathrm{P}}}{P_{\mathrm{max}}} \times 100\% \qquad (2\text{-}30)$$

$$或\ \gamma_{\mathrm{T}} = \frac{S_{\mathrm{P}}}{S_{\mathrm{max}}} \times 100\% \qquad (2\text{-}31)$$

式中　P_{P}——平均负荷功率（kW）；

P_{max}——最大负荷功率（kW）；

S_{P}——平均视在功率（kVA）；

S_{max}——最大视在功率（kVA）。

3）企业用电日负荷率的标准和要求。

GB/T 3485—1998《评价企业合理用电技术导则》和 GB/T 16664—1996《企业供配电系统节能监测方法》中有关企业用电日负荷率的标准和要求见表 2-5、表 2-6。

表 2-5　GB/T 3485—1998 日负荷率

GB/T 3485—1998			
连续	三班	二班	一班
≥95%	≥85%	≥60%	≥30%

表 2-6　GB/T 16664—1996 规定日负荷率

GB/T 16664—1996			
连续	三班	二班	一班
≥90%	≥80%	≥55%	≥30%

4）关联评述。

优化负荷特性、均衡用电班制、提高负荷率的价值与意义为：

① 实施均衡用电，降低变配电网（变压器和线路）的能耗，见表 2-7。

表 2-7　变压器、线路提高负荷率节电计算式

	有功功率节约（$\gamma'\% \to \gamma''\%$）	无功功率节约（$\gamma'\% \to \gamma''\%$）
单台变压器	$\Delta\Delta P = (K'_{\mathrm{T}} - K''_{\mathrm{T}})S^2 \dfrac{P_{\mathrm{k}}}{S_{\mathrm{N}}^2}$	$\Delta\Delta Q = (K'_{\mathrm{T}} - K''_{\mathrm{T}})S^2 \dfrac{Q_{\mathrm{k}}}{S_{\mathrm{N}}^2}$
多台变压器并列运行	$\Delta\Delta P = (K'_{\mathrm{T}} - K''_{\mathrm{T}})S^2 \dfrac{\sum\limits_{i=1}^{m} P_{\mathrm{k}i}}{\sum\limits_{i=1}^{m}(S_{\mathrm{N}i})^2}$	$\Delta\Delta P = (K'_{\mathrm{T}} - K''_{\mathrm{T}})S^2 \dfrac{\sum\limits_{i=1}^{m} Q_{\mathrm{k}i}}{\sum\limits_{i=1}^{m}(S_{\mathrm{N}i})^2}$
电力线路	$\Delta\Delta P_1 = (K'_{\mathrm{T}} - K''_{\mathrm{T}})S^2 R_{\mathrm{lk}}$	$\Delta\Delta Q_1 = (K'_{\mathrm{T}} - K''_{\mathrm{T}})S^2 X_{\mathrm{lk}}$
变压器线路组	$\Delta\Delta P_\sigma = (K'_{\mathrm{T}} - K''_{\mathrm{T}})S^2 (R_{\mathrm{k}} + R_{\mathrm{lk}})$ $= (K'_{\mathrm{T}} - K''_{\mathrm{T}})S^2 R_{\sigma \mathrm{k}}$	$\Delta\Delta P_\sigma = (K'_{\mathrm{T}} - K''_{\mathrm{T}})S^2 (X_{\mathrm{k}} + X_{\mathrm{lk}})$ $= (K'_{\mathrm{T}} - K''_{\mathrm{T}})S^2 X_{\sigma \mathrm{k}}$

$K_{\mathrm{T}} = K_{\mathrm{f}}^2$，$K_{\mathrm{f}}$——负荷曲线形状系数

$$K_{\mathrm{f}} = \sqrt{T}\, \frac{\sqrt{\sum\limits_{i=1}^{m} A_i^2}}{\sum\limits_{i=1}^{m} A_i}$$

式中　T——统计期（工作代表日、月工作日或年工作日）（h）；

　　A_i——每小时的电量（kWh）。

② 充分利用峰谷电价优惠政策，减小峰荷，降低最大需量的基本电费。

③ 提高发供电设备利用率，节约基本建设投资。

④ 助力需求响应，实施有序用电及电力负荷管理。

⑤ 提高电网的安全运行性能。

（3）变压器线损率的关联分析

1）变压器线损率 a 的定义。

线损率是电网供给企业用电系统受电端经变压器至低压配电线路末端所损耗的电量之和占系统总供给电量的百分数。它是企业变配电系统一项重要的技术经济指标。线损率的高低反映出电力用户在变配电网传输、转换和分配电能过程中的效率，同时也反映出企业的技术管理水平。

2）线损率的计算公式。

按 GB/T 16664—1996 规定的计算公式为：

$$a = \frac{\sum_{i=1}^{n_1} \Delta E_{si} + \sum_{i=1}^{n_2} \Delta E_{sxi}}{E_r} \times 100\% \qquad (2\text{-}32)$$

式中　ΔE_{si}——每台变压器损耗（kW），$\Delta E_s = P_0 t + \beta^2 P_k t$；

　　ΔE_{sxi}——每条线路损耗（kWh），$\Delta E_{sx} = m I_i^2 R t \times 10^{-3}$；

　　E_r——实际供给电量（kW）；

　　n_1——变压器台数；

　　n_2——线路条数；

　　I_i——相电流方根值（A）；

　　R——每相导线电阻（Ω）；

　　t——运行时间（h）；

　　m——相数系数，单相 $m=2$，三相三线 $m=3$，三相四线 $m=3.5$。

3）用电线损率的评价指标要求。

① 根据 GB/T 3485—1998 和 GB/T 16664—1996 中有关企业用电线损率（变压器和线路损耗）指标分别不超过或符合以下要求：

对于一次变压 $a < 3.5\%$；

对于二次变压 $a < 5.5\%$；

对于三次变压 $a < 7.0\%$。

② 变压器线损率的指标要求见表 2-8。

表 2-8　变压器线损率

变压器	最大损耗率值	经济运行损耗率值
10kV 油浸变压器	3.0%（小容量）	≤2.0%（小容量）
10kV 干式变压器	3.0%（小容量）	≤3.0%（小容量）
35kV 电力变压器	1.5%	≤1.45%
110kV 电力变压器	1.4%	≤1.30%

③ 据相关部门统计，变压器电能损耗（线损率）占整个电力系统电能损耗的 2% ~ 2.4%，按最优能效统计变压器的线损率 $\Delta P_z < 2\%$。

4）关联评述。

① 提高和简化电压等级，减少变压重复损耗与合理升压降损。

② 合理调整变压器负荷，缩小供电半径，减少迂回供电。

③ 合理选用节能变压器，提升经济运行能效。

④ 提高用电功率因数，减少变压器无功综合能耗。

3. 变压器电压分接头和短路阻抗的关联分析

（1）变压器电压分接头的关联分析

为应对电网电压的波动与偏差，稳定配电网在各负载中心的电压，以提高电能质量，在主变压器的制造中均设计与配置了电压分接开关。

1）电压分接开关的定义。

变压器电压分接开关是用来改变绕组匝数以调整电压的装置。一般双线组变压器中只在高压侧装设，三绕组变压器中在高、中压侧装设。按照变压器的调压方式，分为无励磁调压分接开关和有载调压分接开关。

2）运行电压 U_1 不等于分接开关电压 U_x 时，变压器损耗计算公式为

有功功率损耗：
$$\Delta P_x = \left(\frac{U_1}{U_x}\right)^2 P_0 + \beta^2 \left(\frac{U_x}{U_1}\right)^2 P_k \tag{2-33}$$

无功功率损耗：
$$\Delta Q_x = \left(\frac{U_1}{U_x}\right)^2 Q_0 + \beta^2 \left(\frac{U_x}{U_1}\right)^2 Q_k \tag{2-34}$$

综合功率损耗：
$$\Delta P_{xx} = \Delta P_x + K_Q \Delta Q_x + K_P \Delta P_x \tag{2-35}$$

3）电压分接开关的分接范围。

按 GB/T 17468—2019《电力变压器选用导则》有关电压分接开关的分接范围归纳见表 2-9。

表 2-9 变压器分接开关范围

无励磁调压分接范围		有载调压分接范围		
推荐	在保证分接范围不变的情况下，正、负分接档位可以改变	电压	推荐	在保证分接范围不变的情况下，正、负分接档位可以改变
±5% 或 ±2×2.5%	如： +1×2.5%　+3×2.5% 　　 −3×2.5%　−1×2.5%	10kV 及以下	±2×2.5%	如： +1×2.5% 　　 −3×2.5%
		20kV 35kV	±3×2.5%	如： +2×2.5% 　　 −4×2.5%
		66kV 及以上	±6×1.25% ±8×1.25%	正、负分档位可以改变

4）电压分接开关调压节电的原则要求。

① 电源运行电压 U_1 较高时，选用较高的电压分接头 U_x，以降低负载侧电压，总损耗有所下降（铁损减少量大于铜损增加量）；

② 电源运行电压 U_1 较低时，选用较低的电压分接头 U_x，以提高负载侧电压，总损耗有所下降（铜损减少量大于铁损增加量）。

③ 负载系数较小时，选用较高的电压分接头 U_{x}，以降低负载侧电压，总损耗有所下降（铁损减少量大于铜损增加量）；负载系数较大时，选用较低的电压分接头 U_1，以提高负载侧电压，总损耗有所下降（铜损减少量大于铁损增加量）。

5）关联评述。

① 提高电网电压偏差的调压适应能力，改善和稳定变压器二次电压质量，提升配网的安全经济运行水平。

② 合理调节变压器二次电压能降低用电设备损耗，提高用电效率以及减少电费支出。

③ 变压器电压分接头优选的分析及其降损效果，未涉及所有用电设备调压后的用电能效，调压节电的能效在于追求变压器本体及用电系统设备的综合节电效果，应着重其节能的总电量而非提效的百分数。

④ 电压分接头的优化选择，既符合 DL/T 1102—2021《配电变压器运行规程》规定的运行电压在 ±10% 范围内变化，又能挖出节电潜力。

（2）变压器短路阻抗的关联分析

变压器短路阻抗也称阻抗电压，它是变压器并联运行的重要指标。它与变压器制造成本和动、热稳定有关，也与供电质量、系统稳定及继电保护有关联。

1）变压器短路阻抗 U_{k} 的定义。

短路阻抗是变压器二次短路电流达到额定值时，一次侧施加的电压与额定电压之比的百分数。

2）短路阻抗的计算公式。

$$U_{\mathrm{k}}\% = \frac{U_{\mathrm{k1}}}{U_{\mathrm{N1}}} \times 100\% \tag{2-36}$$

式中　U_{k1}——二次短路电流达到二次额定电流时，一次侧施加的电压值；

$\quad\quad U_{\mathrm{N1}}$——变压器一次侧额定电压值。

3）变压器短路阻抗及电压降的相量图。

短路阻抗表现为变压器阻抗的大小，阻抗表达式为 $Z_{\mathrm{T}} = R_{\mathrm{T}} + jX_{\mathrm{T}}$。$Z_{\mathrm{T}}$ 的大小（特别是 X_{T}）影响到变压器的无功压降与无功功率损耗，其相量如图 2-8 所示。

由图 2-8 可知，阻抗电压百分数的两个分量与变压器容量有关：电阻电压百分数 $U_{\mathrm{r}}(= I_2 R_{\mathrm{r}})$ 随变压器容量的增大而减小，而电抗电压百分数 $U_{\mathrm{x}}(= I_2 X_{\mathrm{T}})$ 随变压器容量

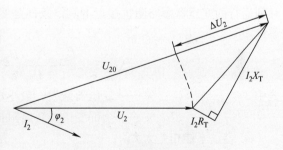

图 2-8　变压器电压降相量图

的增加而增大。一般大型变压器 $U_{\mathrm{k}}\%$ 可达 10% ~ 15%，中小型变压器在 5% 左右。

4）关联评述。

① 短路阻抗是变压器并联运行容量分配的重要条件，一般两台变压器的 U_{k} 相差 ≤10%。

② 短路阻抗大小与无功消耗、电压调整率（压降）以及制造成本呈正比，与短路电流、短路动力呈反比。

③ 变配电系统中，变压器的短路阻抗越大，电压降越大，负载损耗也越大。

④ 大型钢铁企业特别是民营企业，为享受峰谷优惠电价，实施白天休息，夜晚上班，

110（220）kV 主变深夜满载运行，短路阻抗（10%～14%）造成二次压降较大，电压质量下降，影响电炉设备的生产效率；白天主变轻空载运行，主变二次电压偏高，达到或超过国标规定的电压偏差（+7%或+5%），造成能耗增加，并威胁用电设备的安全经济运行。

4. 经济运行方式的关联分析

变压器经济运行方式是指多台变压器有功损耗或综合功率损耗最小化的运行方式，也即为两台及以上变压器并列运行或分列运行的经济运行方式的优选。

在选择经济运行方式前，应绘制出两种（以常见两台变压器为例）组合方式的损耗负载特性曲线 $\Delta P_Z = f(S)$，经比较分析，确定其两台或单台变压器能耗最小的经济运行方式。

（1）单台变压器的经济运行

2.1.4 节阐述了单台变压器动态能效分析的相关内容，单台变压器按综合损耗率曲线来计算、分析和评价其经济运行区，以求得最小能耗。

（2）多台变压器的经济运行

一般工业企业为确保生产的安全可靠运行，往往设置两台或两台以上同容量的变压器并列运行，其经济运行方式的基本要求和损耗定量计算如下：

1）变压器并列运行的基本要求。

为了达到理想的并列运行要求，并列运行的各变压器必须满足下列 4 个条件：

① 一、二次额定电压和绕组联结组标号必须相同。

若不相同，则前者将烧毁变压器，后者将大大增加环流损耗，这在安全上是绝不允许的。

② 电压比应相同。

若电压比不等，则在空载并列运行时将产生环流，少则增加变压器损耗，多则将导致故障。

③ 短路阻抗应接近。

根据《配电变压器运行规程》规定，变压器并列运行时，短路阻抗相差不能超过10%。并列运行的变压器短路阻抗接近的具体条件是变压器短路组抗的差值 ΔU_k 应满足式（2-37）要求：

$$\Delta U_k\% = \frac{U_{kmax}\% - U_{kmin}\%}{U_{kp}\%} \times 100\% \leqslant 5\% \qquad (2\text{-}37)$$

式中　$U_{kmax}\%$、$U_{kmin}\%$——变压器最大、最小短路阻抗百分数；

　　　　$U_{kp}\%$——全部变压器短路阻抗百分数的算术平均值。

④ 容量不能相差太大。

《配电变压器运行规程》规定，并列运行的变压器，其容量比不能大于3:1。

随着变压器容量差的增大，阻抗比之差也随之增大，这将引起变压器环流增大，导致负载分配不平衡，增加有功损耗和无功损耗，因此并列变压器容量比不应超过3:1，是符合经济运行要求的。

一般工业企业从安全生产要求出发，单台变压器容量应能承受并列运行时 70% 的 I 类负载和 II、III 类大于 50% 的负载。

2）两台变压器并列运行方式的计算和优选。

本部分以常见的变压器运行方式为例，阐述最优运行方式的计算。

① 两台变压器并列运行。

假设有变压器 A 和 B，可运行方式有 A、B 单独运行和 A、B 并列运行，图 2-9 所示为 3 种运行方式的损耗—负载曲线。

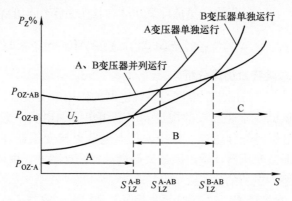

图 2-9　两台变压器 3 种运行方式的损耗—负载曲线

由图 2-9 可见其优选评价为：

a. 当负载小于 $S_{LZ}^{A\text{-}B}$ 时，A 变压器单独运行最为经济；

b. 当负载大于 $S_{LZ}^{A\text{-}B}$ 且小于 $S_{LZ}^{B\text{-}AB}$ 时，B 变压器单独运行最为经济；

c. 当负载大于 $S_{LZ}^{B\text{-}AB}$ 时，A 变压器与 B 变压器并列运行最为经济。

其中 $S_{LZ}^{A\text{-}B}$、$S_{LZ}^{A\text{-}AB}$、$S_{LZ}^{B\text{-}AB}$ 为两变压器交点，也称临界点。

② 曲线交点（也称临界点）的计算。

曲线交点可以根据各关系曲线联立求解，公式为

$$S_{LZ}^{A\text{-}B} = \sqrt{\frac{P_{OZA} - P_{OZB}}{\dfrac{P_{KZB}}{S_{NB}^2} - \dfrac{P_{KZA}}{S_{NA}^2}}} \tag{2-38}$$

$$S_{LZ}^{A\text{-}AB} = \sqrt{\frac{P_{OZB}}{\dfrac{P_{KZA}}{S_{NA}^2} - \dfrac{P_{KZA} + P_{KZB}}{(S_{NA} + S_{NB})^2}}} \tag{2-39}$$

$$S_{LZ}^{B\text{-}AB} = \sqrt{\frac{P_{OZA}}{\dfrac{P_{KZB}}{S_{NB}^2} - \dfrac{P_{KZA} + P_{KZB}}{(S_{NA} + S_{NB})^2}}} \tag{2-40}$$

式中　P_{OZA}、P_{OZB}——变压器 A、B 空载有功损耗（kW）；

　　　P_{KZA}、P_{KZB}——变压器 A、B 短路有功损耗（kW）；

　　　S_{NA}、S_{NB}——变压器 A、B 额定容量（kVA）。

③ 变压器经济运行方式前后的节电效果。

变压器经济运行方式的节电效果，主要取决于空载损耗和短路损耗节电的差值。

a. 节约的空载损耗为

$$\Delta(\Delta P_{01-2}) = 2\Delta P_0 - \Delta P_0 = \Delta P_0 \tag{2-41}$$

式中　ΔP_0——单台变压器的空载损耗（kW）。

b. 节约的短路损耗为

$$\Delta(\Delta P_{k1-2}) = \frac{1}{4} \times 2 \times \Delta P_k \times \frac{S_{max}^2}{S_N^2} - \Delta P_k \frac{S_{max}^2}{S_N^2} = -0.5\Delta P_k \frac{S_{max}^2}{S_N^2} \tag{2-42}$$

式中　ΔP_k——单台变压器运行的短路损耗（kW）；

　　S_{max}——变电站的最大负荷（kVA）。

综上可以得到 1 台比 2 台节约（负值即表示 2 台比 1 台节约）的总功率损耗为

$$\Delta(\Delta P_{1-2}) = \Delta(\Delta P_{01-2}) + \Delta(\Delta P_{k1-2}) = \Delta P_0 - 0.5 \times \Delta P_k \frac{S_{max}^2}{S_N^2} \tag{2-43}$$

5. 最大需量和基本电费的优选分析

电力用户主变压器往往是用户配电网与系统电网的供用电交接点，也是电力商品的电能计量点。根据国网《供电营业规则》的规定。用电用户缴纳电费一般由基本电费、电度电费、力调电费和照明电费四部分组成。其中，基本电费可按变压器容量（包括直供电动机容量）报装计费或按通过变压器计量点以最大需量计费，计费方式由用户自行选择。

（1）最大需量和基本电费的定义

1）最大需量——在统计期内（一般按月统计）按 1min 转差式连续 15min 变压器平均负荷的最大值。

2）需量基本电费——按计量月内连续 15min 平均负荷的最大值（即最大需量）计付的基本电费。

3）容量基本电费——按照用户申报接装变压器容量（包括直供高压电机容量）计付的基本电费。

（2）基本电费的计算

1）按变压器容量缴纳的基本电费 = 变压器容量 S × 容量基本电价（元/kVA）。

2）按变压器需量缴纳的基本电费 = 最大需量 P_{max} × 需量基本电价（元/kW）。

（3）国网《供电营业规则》有关基本电费与电度电费的规定

1）受电变压器容量为 315kVA 及以上的工业生产用户可实施两部制电价制度的规定；

2）最大需量电价电费与变压器容量电价电费制度由用户自行选择；

3）最大需量负荷小于 40% 变压器容量时，基本电费按 40% 变压器容量核定以最大需量计费；

4）在基本电费结算期内，实际用电负荷（实时最大需量）超过供电协议核定批准的契约负荷（核定的最大需量）时，高出部分要加倍付费（按当地供电部门规定执行）。

（4）基本电费申报误区

两部制电价电费中，申报容量基本电费或需量基本电费可由用户自行选择，但在实际报装申请中，存在如下误区；

1）建厂设计时，按 1.1 倍最大负荷选用变压器容量和为满足 5 年发展规划的扩容，往往造成变压器容量偏大，从而多缴容量基本电费。

2）缺少最大需量历史统计数据，盲目申报变压器容量基本电费。

3）用电管理不善，未进行容量与需量电价电费缴付方式的比较和分析。

4）缺少最大需量监测在线统计数据可循，缺少负荷控制手段等。

据有关基本电费申报方式调研资料介绍：某工业小区 100 家电力用户中有 10% 即 10 家电力用户签订供用电协议中未进行容量与需量电价电费分析比较，盲目申报变压器容量电价电费，从而多付基本电费共 100 万元，平均每户损失 10 万元的电费支出，可见财务盈亏十分骇人。

（5）"临界系数"优选基本电费的介绍

1）临界最大需量运行游标与记忆显示系数——容量电价电费与需量电价电费相等时的一个系数，即容量基本电价与需量基本电价之比，数学公式为

$$基本电费临界系数 = \frac{容量基本电价}{需量基本电价}$$

2）临界系数的区划分解示意图如图 2-10 所示。

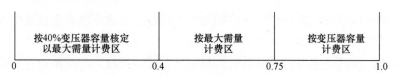

图 2-10　临界系数区划分解示意图

3）基本电费优选方法为以下几种。

① 用电需量在 $0.75 < \dfrac{P_{\max}}{S} \leqslant 1.0$ 时，即 $0.75S < P_{\max} \leqslant 1.0S$ 时，优选变压器（含直供高压电机）容量计付基本电费最经济便宜；

② 用电需量在 $0.4 < \dfrac{P_{\max}}{S} \leqslant 0.75$ 时，即 $0.4S < P_{\max} \leqslant 0.75S$ 时，优选最大需量计付基本电费最经济便宜；

③ 用电需量在 $0 < \dfrac{P_{\max}}{S} \leqslant 0.4$ 时，即 $0S < P_{\max} \leqslant 0.4S$ 时，无选择地按《供电营业规则》规定，即按 40% 变压器容量核定，以最大需量计付基本电费。

上述方法的最大优点是不需要进行人工计算与比较，只需按临界系数来合理、快捷地评价决策以支付最为经济合理的基本电费。

4）最大需量运行游标与记忆显示如图 2-11 所示。

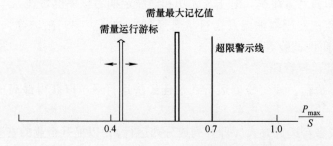

图 2-11　最大需量运行游标与记忆显示

（6）关联评述

1）监控变压器节点的最大需量或最大负荷优选基本电费的计算方式，可合理减少基本电费的支出，降低企业用电成本，提高产品市场竞争能力。

2）采用最大需量计费，增强负荷调控意识、促使削峰填谷，提高电网设备利用率，减少系统备用容量，降低基建投资。

3）系统与配电网负荷的平衡，降低了电网的电能损耗，提升了电能质量。

2.1.6 节电技术与管理措施

2000 年国家颁布的《节约用电管理办法》规定：供用电单位要"加强用电管理，采取技术上可行，经济上合理的节电措施，减少电能的直接和间接损耗，提高能源效率和保护环境"。

变压器是国民经济各行各业中广泛应用的电气设备，但也是供用电设备中重要的耗电器件，配电网中的中小型变压器，面广量大，降低变压器运行能耗，加强节电技改和运行管理中节能潜力巨大，实现变压器的安全高效经济运行，将获得较大的经济效益和社会效益。

1. 变压器的节电技术

（1）选用高效优质、淘汰低效高能耗的变压器

按最近发布的国标 GB 20052—2020《电力变压器能效限定值及能效等级》要求，应优先选用 2、1 级节能变压器，留用 3 级普通能效的变压器，低于 3 级能效，即 P_0、P_k 高于 3 级标准者应于限期淘汰。

（2）推广应用技术可行、经济合理的节电技术

采用国内目前行之有效的节电技术如下：

1）避峰填谷，均衡负荷曲线，提高负荷率，降低电能损耗；

2）调整和改善三相不平衡情况，降低零线电能损耗，确保变压器额定出力；

3）合理配置集中或分散的无功补偿装置，降低无功功率消耗，提升用户力率奖励水平；

4）正确选用变压器电压分接头档位，提升电压水平，降低变压器本体能耗；

5）合理选用谐波治理装置（无源滤波器、有源滤波器及混合有源滤波器等），以提高电能质量，减少谐波损耗等。

2. 加强变压器能效管理和运行管理

1）建立能效管理制度，加强对负荷率、电压及无功和谐波定期考核评价管理。

2）加强巡视检查，及时监视变压器油温及运行状态（如漏油、声响、振动等），并按相关法规要求对变压器进行预防性试验等。

3）工厂企业变压器的经济运行管理。

① 及时有效地调整变压器负荷，使变压器运行在最佳经济运行区，以获得最高的运行效率及最少的电能损耗；

② 正确选择变压器单台或多台运行方式（即并列或分列运行），以提升企业的安全、经济水平。

2.2 配电线路能效诊断分析、贯标评价与节能

配电网是电能传输和分配的重要组成部分。配电网能效是指配电网在电能传输、转换、控制和分配过程中所呈现的电能利用效率。用户配电线路是指高压、中压、低压架空线路、电缆、室内配电干线等，其电压等级一般为 10kV 以下，少数也有 35kV 以上。一般大中型企业供配电线路的电能利用率在 97%～99%，即线损率为 1%～3% 之间。降低线损是贯彻节约用电，实现经济运行，提高经济效益的重要途径。

2.2.1　配电线路能效模型

1. 配电线路能效分析的电能平衡模型（见图 2-12）

2. 配电线路能效分析的结构（见图 2-13）

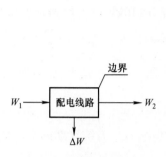

图 2-12　电能平衡模型

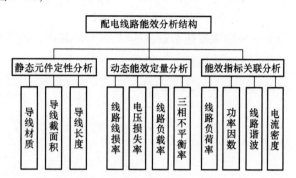

图 2-13　配电线路能效分析结构

2.2.2　线路阻抗与电能损耗计算

（1）线路阻抗计算

1）导线电阻的计算。

单位长度导线的交流电阻可按式（2-44）计算：

$$\gamma_0 = \rho/S (\Omega/km) \tag{2-44}$$

式中　ρ——导线材料的电阻系数（$\Omega \cdot mm^2/km$）；

S——导线标准截面积（mm^2）。

当导线温度为 20℃时，$\rho_{铜} = 18.5 \Omega \cdot mm^2/km$，$\rho_{铝} = 31.2 \Omega \cdot mm^2/km$。

注：在电能监测平台服务器能效分析中，暂不考虑导线的温度变化引起电阻值的变化。

2）导线（电缆）电抗的计算。

铜及铝导线的电抗

$$X_0 = 2\pi f \left(4.6 \lg \frac{2D_j}{d} + 0.5\mu \right) \times 10^{-4} \tag{2-45}$$

式中　X_0——导线电抗（Ω/km）；

f——交流电频率（Hz）；工频时 $f = 50Hz$；

D_j——三相导线间的几何均距（mm）；

d——导线外径（mm）；

μ——导线材料的相对磁导率，对有色金属 $\mu = 1$。

钢芯铝绞线的电抗计算较困难，一般用查表法求得。

电缆的电抗值通常由制造厂提供，也可按表 2-10 单位电抗 X_0 值估算所得。

表 2-10　三相电缆电抗 X_0 估算值

电压等级	1kV	6～10kV	35kV
单位电抗 X_0	0.06Ω/km	0.08Ω/km	0.12Ω/km

（2）线路电能损耗计算

线路电阻电能损耗计算公式：

$$\Delta P = Nk I_{av}^2 R \times 10^{-3} (kW) \tag{2-46}$$

式中　N——配电变压器低压出口电网结构常数，三相三线制取 $N=3$，三相四线制取 $N=$

3.5，单相二线制取 $N=2$；

　　　　k——功率损耗系数，$k=k_d k_T k_t$，其中，k_d 为固定损耗（110kV 以上线路存在电晕、

电导损耗，一般取 $k_d=1.05$），k_T 为负载波动系数 [$k_T=k_i^2$，形状系数 $k_i=$

$\sqrt{T}(\sqrt{\sum_{i=1}^{T} A_i^2} / \sum_{i=1}^{T} A_i)$]，其中，$T$ 为统计期时间（h），A_i 为每小时电量

（kWh），k_t 为导线温度系数（一般取 $k_t=1.05$）；

　　　　I_{av}——导线通过的平均电流，$I_{av}=\dfrac{1}{U_{av}T}\sqrt{\dfrac{1}{3}(A_P^2+A_Q^2)}$ 其中，U_{av} 为统计期的平均电压

（V），A_P 为线路有功电量（kWh），A_Q 为线路无功电量（kWh）；

　　　　R——线路电阻，$R=r_0 \times L$，其中，r_0 为单位长度线路电阻（Ω/kW）；L 为线路长度

（km）。

2.2.3　配电线路能效的静态元件分析与评价

配电线路能效的静态元件是指线路规则、设计和应用中，线路材质、线路截面积和线路长度是否符合国家和行业规范所规定的指标要求，而不同于变压器静态分析指标的 P_0、P_k 的能效限值与等级。

配电线路能效的静态分析指标如图 2-14 所示。

1. 线路导体的材质要求

配电线路的导体材质取决于线路电压的高低、传输容量的大小，以及敷设条件等。根据 GB 50613—2010《城市配电网规划设计规范》要求，见表 2-11。

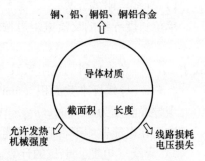

图 2-14　静态元件指标参数示意图

表 2-11　各电压等级的配电线路的导体材质要求

电压等级	35~110kV	10（6）~20kV	0.38kV/0.22kV
材质要求	钢芯铝绞架空线或钢芯铝合金绞架空线	钢芯铝绞架空线和高压交联聚乙烯绝缘地埋电缆线	分相式和集束式的架空绝缘线或低压交联聚乙烯地埋电缆线

2. 导线和电缆的截面要求

导线和电缆的截面积应满足发热、电压损耗和机械强度的要求。对电缆，应校验其短路热稳定性；对于硬裸母线，应校验其短路热稳定性和动稳定性。对于较长的大电流线路或 35kV 及以上高压线路，应满足经济电流密度的要求；对低压线路，应满足与其保护设备（熔断器或低压熔断器）的配合要求。

根据 GB 50613—2010《城市配电网规划设计规范》要求，按不同电压等级的导线截面积推荐，如下介绍。

（1）高压线路——按经济电流密度、允许发热和机械强度校验的线路截面积见

表 2-12 ～ 表 2-14

表 2-12　导线和电缆的经济电流密度　　　　（单位：A/mm²）

线路类别	导线材料	年最大负荷利用时间		
		<3000h	3000～5000h	>5000h
架空线路	铜	3.00	2.25	1.75
	铝	1.65	1.15	0.90
电缆线路	铜	2.50	2.25	2.00
	铝	1.92	1.73	1.54

注：按计算所得的经济截面积值选相近的标准截面积值。

表 2-13　35～110kV 架空线路（普通钢芯）导体截面积选择

电压/kV	钢芯铝绞线导体截面积/mm²					
110	630	500	400	300	240	185	—
66		500	400	300	240	185	150
35				300	240	185	150

注：截面积较大时，可采用双分裂导线，如 2×185mm²、2×240mm²、2×300mm² 等。

表 2-14　35～110kV 电缆截面积选择

电压/kV	电缆截面积选择/mm²							
110	1200	1000	800	630	500	400	300	240	—
66	—	800	—	500	400	300	240	185
35	—	—	630	500	400	300	240	185

（2）中压线路——按允许电压损失和短路热稳定与机械强度校验导线截面积见表 2-15

表 2-15　主变容量与 10kV 出线间隔及线路导线截面积配合推荐表

35～110kV 主变容量/MVA	10kV 出线间隔数	10kV 主干线截面积/mm²		10kV 分支线截面积/mm²	
		架空	电缆	架空	电缆
63	12 及以上	240、185	400、300	150、120	240、185
50、40	8～14	240、185、150	400、300、240	150、120、95	240、185、150
31.5	8～12	185、150	300、240	120、95	185、150
20	6～8	150、120	340、185	35、70	150、120
12.5、10、63	4～8	150、120、95	—	95、70、50	—
3.15、2	4～8	95、70	—	50	—

注：1. 中压架空线路通常为铝芯，沿海高盐雾地区可采用铜绞线。
　　2. 表中推荐的电缆线路为铜芯，也可采用相同载流量的铝芯电缆。在沿海或污秽严重地区，可选用电缆线路。
　　3. 对于专线用户较为集中的区域，可适当增加变电站 10kV 出线间隔数。

（3）低压线路——按 GB 50054—2011《低压配电设计规范》和 GB 50613—2010《城市配电网规划设计规范》要求，按长期允许发热的载流量的低压导线截面积见表 2-16

表 2-16　低压配电线路导线截面积推荐表

导线型式	主干线截面积/mm²				分支线截面积/mm²			
架空绝缘线	240	185	150	120	—	95	70	50
电缆线路	240	185	150	—	120	95	70	—
N 线	低压三相四线制中的 N 线截面积，宜与相线截面积相同							
PE 线	当相线截面积≤16mm²，宜和相线截面积相同；相线截面积 >16mm²，宜取 16mm²；相线截面积 >35mm²，宜取相线截面积的 50%							

注：表中架空线路导线为铝芯，电缆线路导线为铜芯。

（4）按机械强度校验导线的允许最小截面积见表 2-17 和表 2-18

表 2-17　架空裸导线的允许最小截面积　（单位：mm²）

导线种类	35kV	6 ~ 10kV	1kV 及以下
铝及铝合金线	35	35	16*
铜芯铝绞线	35	25	16

注：* 表示与铁路交叉跨越时应为 35mm²。

表 2-18　绝缘导线线芯的允许最小截面积　（单位：mm²）

敷设方式			铝芯	铜芯
照明灯头引下软线（室内、室外有别）			1.5 ~ 2.5	0.5 ~ 1.0
导线敷设于绝缘子上，支撑点间距 L	室内	L≤2m 时	2.5	1.0
	室外	L≤2m 时	2.5	1.5
	室内外	2m < L≤6m 时	4	2.5
		6m < L≤16m 时	6	4
		16m < L≤25m 时	10	6
横板或护套导线扎头直敷			2.5	1.0
线槽敷设			2.5	0.75
穿管敷设			2.5	1.0
PE 线和 PEN 线	单芯线作 PEN 干线时		16	10
	多芯线作 PEN 干线时		4	
	有机械保护的单芯线作 PE 线		2.5	
	无机械保护的单芯线作 PE 线		4	

3. 导线和电缆的长度要求（见表 2-19）

表 2-19　各电压等级的导线和电缆长度指标

电压等级	高压 35 ~ 110kV	中压 10（6）~ 20kV	低压 0.38kV/0.22kV
建议长度	110kV：L < 50km 66kV：L < 25km 35kV：L < 15km	一般规定： 城市：L < 5km 郊区：L < 10km 农村：L < 20km 工厂内：L < 2km	供电半径： 市中心区：L < 150m 市区：L < 250m 城镇：L < 400m 农村：L < 500m

2.2.4　配电线路能效的动态运行分析与评价

1. 线损率的动态分析

配电网线路能效动态运行指标有线损率、电压损失率、负载率（或负载系数）和三相不平衡度四个指标参数，如图 2-15 所示。

其中，高、中压线路能效动态指标主要有线损率、电压损失率和负载率；低压线路能效动态运行指标为线损率、电压损失率、负载率和三相不平衡度。

（1）线路线损率计算

$$\Delta P_Z\% = \frac{\Delta P}{P_1} \times 100\% = \frac{kr_0 L P_1}{10 U_1^2 \cos^2\varphi} \times \% \quad (2-47)$$

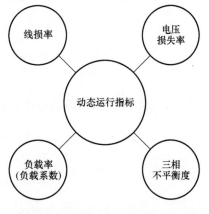

图 2-15　动态运行指标参数示意图

式中　P_1——线路首端平均功率（kW）；

U_1——线路首端电压（kV）；

$\cos\varphi$——线路首端功率因数。

其中，高压线路，$k = k_d k_T k_t$；中压线路，$k = k_T k_t$，$k_d = 1$；低压线路，$k = k_T k_t$。

（2）经济运行的线损率要求

按 GB/T 3485—1998《评价企业合理用电技术导则》中，其总线损率分别应不超过以下指标，见表 2-20。表 2-21 为不同供电区与电压线损率设定参考要求。

表 2-20　不同变压级数的线损率指标要求

线损率\n配电网	总线损率\n（线路 + 变压器）	指标经验拆分	
		线损率	变损率
一级变压	3.5%	1% ~ 3%	2.5% ~ 0.5%
二级变压	5.5%	2% ~ 4%	3.5% ~ 1.5%
三级变压	7.0%	3% ~ 5%	4.0% ~ 2.0%

表 2-21　配电网线损率指标设定参考要求

名称	线损率	变损率
大中型工业企业用户	1% ~ 3%	1% ~ 2%
110kV 及以上电压线路	0.5% ~ 1%	—
35 ~ 66kV 线路	1% ~ 3%	—
10（6）~ 20kV 线路	2% ~ 3%	1.5% ~ 2.5%
低压配电网线路	4% ~ 6%	3% ~ 5%

（3）关联评述

参考变压器负载率关联评述的相关内容。

2. 电压损失的动态分析

由于线路电阻和电抗的存在，当负荷电流通过线路时，其线路的两端产生的电压损耗称为电压损失。下面分别推导集中负荷与不同分散负荷的电压损失计算（见图 2-16 负荷在末端的线路相量图）。

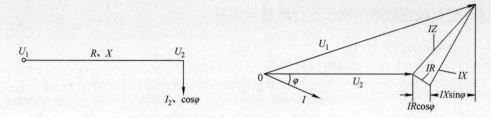

图 2-16 负荷在末端的线路相量图

（1）高、中、低压线路集中负荷的电压损失计算

$$\Delta U = \sqrt{3}I(R\cos\varphi + X\sin\varphi) \times 10^{-3} = \sqrt{3} \times \frac{P_2}{\sqrt{3}U_2\cos\varphi}(R\cos\varphi + X\sin\varphi) \times 10^{-3} \tag{2-48}$$

$$= \frac{P_2R + \tan\varphi P_2 X}{U_2} \times 10^{-3} = \frac{(r_0 + \tan x_0)P_2 L}{U_N} \times 10^{-3}$$

式中　r_0、x_0——导线单位长度的电阻和电抗（Ω/km）；

　　　　L——线路长度（km）；

　P_2、U_2——线路末端的平均功率（kW）和电压（kV）；

　　　　U_N——线路额定电压（kV）；

　　　$\tan\varphi$——线路末端的功率因数角的正切值。

（2）中、低压线路分散负荷的电压损失计算

1）分散负荷率 f 是指线路某统计期内分散负荷的平均值与其末端集中负荷最大值之比。

2）对于分散负荷分布的中、低压配电线路，其电压损失与分散负荷率呈正比。

电压损失与分散负荷率的示意图如图 2-17 所示。

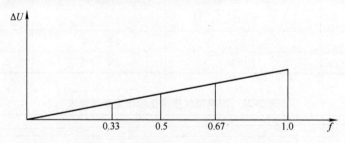

图 2-17 电压损失与分散负荷率示意图

根据相关文献：

　　末端集中负荷时，$f = 1.0$；

　　均匀分布负荷时，$f = 0.5$；

　　末端较大的负荷分布时，$f = 0.67$；

　　首端较大的负荷分布时，$f = 0.33$；

　　中间较大的负荷分布时，$f = 0.5$。

分散负荷分布的电压损失为

$$\Delta U = f \times \Delta U \tag{2-49}$$

（3）线路经济运行的电压损失要求

根据 DL/T 1773—2017《电力系统电压和无功电力技术导则》和 GB/T 12325—2008

《电能质量 供电电压偏差》中有关电压损失率的要求，见表 2-22。

表 2-22 不同电压等级线路的电压损失率限值

线路电压等级	220kV	35 ~ 110kV	10(6)kV	0.38kV	0.22kV
电压损失率限值	0 ~ 10%	−3% ~ 7%	±7%	±7%	+5% ~ −10%

（4）关联评述

线路电压损失超限或过大，将影响线路末端用电企业的安全生产和经济效益，其具体表现为以下几点。

1）降低灯光照度，影响生产工作场所工作效率和交通道路的畅通与安全。

2）影响电机及其他拖动系统设备的出力，导致生产效率下降。

3）电炉等电加热设备电热量减少，影响产品质量和企业竞争力。

4）电化学工业反应能力下降，化工产品产量减少，效率降低，企业用电成本提高。

若线路末端电压偏高，对恒功率用电设备来说，将因过电流导致过热、绝缘性能降低而影响寿命，严重时将引起设备损坏或火灾等事故。

改善电压损失过大的技术措施有：减少无功传输、提高线路功率因数、增加导线截面积、降低电流密度等。

3. 线路负载率的动态分析

线路负载率是衡量线路传输利用率和它的传输效率，是评价线路设计和运行的技术经济指标。

（1）线路负载率的计算

线路负载率 β 是在统计期内线路运行的平均负载与线路额定负载之比的百分数。

$$\beta = \frac{I_{av}}{I_N} \times 100\% = \frac{P_{av}}{P_N} \times 100\% \tag{2-50}$$

（2）线路经济运行的负载率要求

线路负载率是反应线路实际的负载水平，一般有重载、轻载和过载的评估规定，见表 2-23。

表 2-23 线路负载率的评估规定

评估规定	重载率	轻载率	过载率
年内平均传输负载/额定负载	>70%	<30%	>100%

（3）关联评述

参考变压器负载率关联评述的相关内容。

4. 线路三相不平衡度的动态分析

根据 GB/T 15543—2008《电能质量 三相电压不平衡》规定，不平衡度指三相电力系统中三相不平衡的程度。用电压、电流负序基波分量或零序基波分量与正序基波分量的方均根值百分比表示。

（1）线路不平衡度计算式：

$$\varepsilon_{U2} = \frac{U_2}{U_1} \times 100\% \tag{2-51}$$

$$\varepsilon_{U0} = \frac{U_0}{U_1} \times 100\% \qquad (2\text{-}52)$$

式中　ε_{U2}、ε_{U0}——电压负序和零序不平衡度（%）；

U_1、U_2、U_0——三相电压的正序、负序、零序分量的方均根值（V）。

若换为 I_1、I_2、I_0，则为相应的电流不平衡度 ε_{I2} 和 ε_{I0} 的表达式。

1）三相系统（无零线分量）电压、电流不平衡度计算（GB/T 15543—2008）。

$$\varepsilon_2 = \sqrt{\frac{1 - \sqrt{3 - 6L}}{1 + \sqrt{3 - 6L}}} \times 100\% \qquad (2\text{-}53)$$

$$\varepsilon_0 = 0$$

其中，$L = (a^4 + b^4 + c^4)/(a^2 + b^2 + c^2)$；$a$、$b$、$c$ 为已知三相电量（电压或电流量）。

2）三相四线低压系统不平衡度计算。

$$\varepsilon_{I0} = (I_0/I_1) \times 100\% \qquad (2\text{-}54)$$

式中　I_0——三相四线制中的零线电流（零序分量方均根值）（A）；

I_1——三相四线制中的相线电流（正序分量方均根值）（A）。

（2）三相四线低压系统不平衡度的附加损耗计算

$$\Delta P = \left[\frac{(I_A - I_B)^2 + (I_B - I_C)^2 + (I_C - I_A)^2}{3} R + I_0^2 R_0 \right] \times 10^{-3} \text{（kW）} \qquad (2\text{-}55)$$

式中　I_A、I_B、I_C——三相电流方均根值（A）；

R——每相导线电阻（Ω）；

R_0——零线电阻（Ω）。

（3）电压不平衡度限值

按 GB/T 15543—2008 国标规定：电力系统公共连接点电压不平衡度限值为

1）电网正常运行时，负序电压不平衡度不超过 2%，短时不能超过 4%；

2）低压系统零序电压限值暂不做规定，但各相电压必须满足 GB/T 12325—2008 供电电压偏差的规定要求。

（4）关联评述

参考变压器不平衡度关联评述的相关内容。

2.2.5　配电线路能效的关联分析与评价

配电线路能效在运行中常受到诸多关联因素的影响，如负荷波动的负荷率（γ）、负荷吸收无功的功率因数、配电网背景谐波与负荷引起特征、非特征谐波，以及导线的电流密度等。

关联分析中，由于配电线路与变压器某些指标的定义、计算和关联评述有相似之处，故下述分析中不再赘述。

1. 线路负荷率的关联分析

线路负荷率的高低标志负荷曲线波动的程度，负荷率越高表明负荷波动越小，越接近平均值，负荷曲线越平直。负荷率关联分析中的指标定义、计算、标准要求和关联评述等与变压器分析类同。

2. 线路功率因数的关联分析

与变压器功率因数关联分析类同，此处不再重复。

3. 线路谐波的关联分析

供用电系统大量非线性负载产生的谐波电流通过供配电线路注入电网，使公用电网的电压波形产生畸变，严重污染了供配电网的环境，并威胁着供配电网中各种电气设备的安全、经济运行。

（1）谐波指标的定义

谐波、谐波分量和总谐波畸变率以及谐波含有率的定义，可见前面章节中变压器母线谐波的关联分析相关内容。以下仅讨论背景谐波和特征谐波。

背景谐波与特征谐波的定义。

1）背景谐波是指电力系统中大量变压器和并联电抗器（铁心）群体产生的谐波和早已由非线性负载污染电网产生谐波的总和。就目前电网环境而言，一般 10～110kV 电力系统其背景谐波的 THD_U 在 0.5～1.0 之间。

2）特征谐波是指电力电子换流器在对称平衡和触发角、导通角相同的工况下工作时产生特定次数谐波电流的成分。其中

单相桥式整流特征谐波　　　　$h = 4k \pm 1$　（$k = 1、2\cdots\cdots$）

三相桥式整流特征谐波　　　　$h = kp \pm 1$　（$k = 1、2\cdots\cdots$）

式中　h——谐波电流次数；

　　　p——整流脉动数（三相半接时，$p = 3$；三相全接时，$p = 6$；三相 Y/Δ 双电桥时，$p = 12$）；

　　　k——常数。

在工业企业中，如化工、化肥、电子等行业存在大量较大功率的三相桥式整流特征谐波，一般为 5、7、11 次谐波。

对称、平衡的三相桥式整流特征谐波电流符合下面算式：

$$I_h = I_1 / h \tag{2-56}$$

式中　I_h——某次谐波电流值；

　　　I_1——基波电流有效值。

3）非特征谐波指整流装置的三相电压不对称及触发角误差或产生畸变时，整流装置将产生 2、3 次谐波及以外的谐波分量。

4）间谐波。谐波频率为工频非整流数倍的分量

$$h = (1/2、1/3\cdots\cdots)f_1 \tag{2-57}$$

交流电弧炉不仅属于典型的谐波污染源和闪变发生源，也是典型的间谐波发生源。它实际上是一般冲击性负荷产生的间谐波。

通断控制功率的调功器和电压调整的电气设备在工作过程中将产生间谐波，例如电烤箱、熔炉、电焊机，通断控制的调压器等。

5）次谐波。低于工频的间谐波称为次谐波。次谐波可看成直流和工频之间的谐波（$h < f_1$）。

（2）谐波的计算公式

1）谐波的计算公式：同 2.1.5 节中谐波的关联分析相关内容。

2）线路谐波功率损耗的计算。

线路高次谐波电流所占比重较小，且不易测量，为方便计算常省略高次谐波电流，仅计算 2 次谐波至 5 次谐波所造成的损耗。

谐波功率损耗计算公式：

$$P_h = \sum_{h=2}^{5} I_h^2 R_h \qquad (2\text{-}58)$$

式中　R_h——某次谐波电阻，$R_h = \sqrt{h}R_1$；

　　　I_h——某次谐波电流值。

日谐波电能损耗计算公式：

$$\Delta W_h = \sum_{h=2}^{5} \Delta P_h t \qquad (2\text{-}59)$$

式中　t——日测试时间内谐波持续时间（h）。

（3）谐波电压、电流的限值

公用电网谐波电压总畸变率与各谐波电压含有率和注入公共连接点的谐波电流允许值同变压器能效分析中谐波关联分析的相关内容。

（4）关联评述

参考变压器谐波关联分析中的相关评述。

4. 线路电流密度的关联分析

配电系统中，通过导线有效截面的负荷电流（即导线的电流密度），将直接影响线路电能损耗与线损率，以及运行线路的电压损失。目前国内供配电线路在设计、运行中采用何种电流密度来评价考核，尚无统一标准。在 GB/T 3485—1998《评价企业合理用电技术导则》中提出：导线按经济电流密度选择导线截面积。但在实践中往往用经济电流密度和安全电流密度两种电流密度分别予以设计选用。

（1）经济电流密度和安全电流密度的定义

经济电流密度是指导线截面积按不同年最大负荷利用小时的经济电流计算设计的经济负载电流。亦即综合考虑电能损耗与线路投资及维修管理费用几方面因素总的经济效益最好的截面积称经济截面积，对应于经济截面积的电流密度为经济电流密度 J_{ec}。

安全电流密度指导线在40℃下环境温度允许长期发热（70℃）时电流值与导线截面积的比值。在许多手册中安全电流也称为导线热稳定极限电流或允许载流量等。

（2）计算公式

经济电流密度＝经济电流/导线截面积；

安全电流密度＝热稳定极限电流/导线截面积。

我国规定的经济电流密度见表2-24。

表 2-24　我国规定的经济电流密度　（单位：A/mm²）

导线材料	年最大负荷利用小时数		
	300h 以下	3000~5000h	5000h 以上
铝线、铜芯铝线	1.65	1.15	0.90
铜线	3.00	2.25	1.75
铝芯电缆	1.92	1.73	1.54
铜芯电缆	2.50	2.25	2.00

（3）关联评述

1）按电流密度来设计、评价导线的安全、经济运行，主要关注的是降低电能损耗和兼顾节约有色金属，目前国内推荐为：35～110kV 按经济电流密度来设计选择导线截面积；10～20kV 及 0.38kV/0.22kV，按安全电流密度来设计选择导线截面积。

2）在线路输送负荷不变的情况，换大导线截面积，降低导线电流密度，可以减少线路电阻，达到降损节电的效果。

换导线后降低损耗的百分比为

$$\Delta P = \frac{\Delta P_1 - \Delta P_2}{\Delta P_1} \times 100\% = \frac{3I^2(R_1 - R_2)}{3I^2 R_1} = \left(1 - \frac{R_2}{R_1}\right) \times 100\% \tag{2-60}$$

$$\Delta(\Delta A) = \Delta A \left(1 - \frac{R_2}{R_1}\right) \tag{2-61}$$

式中　　R_1、R_2——换导线前、后的导线电阻（Ω）；

ΔA——换线前的损耗电量（kWh）；

$\Delta(\Delta A)$——换线后的线损节约电量（kWh）。

换大截面积导线降低损耗的百分比见表 2-25。

表 2-25 换大截面积导线降低损耗百分比

换导线前		换大截面积导线后		降低损耗百分比（%）
型号	电阻/(Ω/km)	型号	电阻/(Ω/km)	
LGJ-50	0.65	LGJ-70	0.46	29.2
LGJ-70	0.46	LGJ-95	0.33	28.3
LGJ-95	0.33	LGJ-120	0.27	18.2
LGJ-120	0.27	LGJ-150	0.21	22.2
LGJ-150	0.21	LGJ-185	0.17	19.0
LGJ-185	0.17	LGJ-240	0.132	22.4
LGJ-240	0.132	LGJ-300	0.107	18.8

2.2.6 节电技术与管理措施

1. 供配电线路节电技术

在三相交流电路中，线路的有功损耗可用下式计算：

$$\Delta P_L = 3I^2 R \times 10^{-3} = \frac{P^2}{U^2 \cos^2 \varphi} R \times 10^{-3}$$

分析上述计算公式可知，影响供电线路损耗的因素有如下几个参数，线路损耗 ΔP_L 与输送有功功率 P^2 和网络电阻 R 呈正比，线路损耗 ΔP_L 与供电电压 U^2 和功率因数 $\cos^2 \varphi$ 呈反比。

由此可知，降低供电线路损耗的节电技术有以下几种。

（1）合理使用电力，减少负荷功率

1）合理选择用电设备，避免"大马拉小车"，减少容量配置，提高设备效率，降低线损。

2）提高用电负荷率，降低负荷曲线波动，均衡用电，并平衡三相负荷。资料表明，负荷率提高 10%，线损可降低 2%。

（2）合理提高线路电压

1）简化电压等级，减少变压次数和变电重复容量是降损节电的一项有效的技术措施，一般减少一次变压，可减少1%~2%的有功损耗。

2）线路升压改造，可提高传输容量，大大降低线损。降损效果可按下式计算：

$$\Delta P_L\% = \left(1 - \frac{U_{N1}^2}{U_{N2}^2}\right) \times 100\%$$

3）合理调整运行电压，适度调整变压器分接头或有载调压变压器，及在母线上投切无功补偿设备，可获得降损节电效果。

（3）提高负荷功率因数

当输送有功功率和供电电压一定时，线损与负荷功率因数呈反比。因此，实现无功功率的就地平衡，提高负荷功率因数，减少输送的无功电流能有效地降低网络损耗。其计算公式为

$$\Delta P_L\% = \left[1 - \left(\frac{\cos\varphi_1}{\cos\varphi_2}\right)^2\right] \times 100\%$$

（4）减少线路电阻

1）合理选择导线截面积。在电力线路设计中，对于35kV及以上高压输电线路和6~10kV高压配电线路的导线截面积，一般按经济电流密度选择，选后再以机械强度、发热条件、电压损失等技术条件加以校验。对于1kV以下的动力或照明低压线路截面积，由于负荷电流较大，一般按发热条件、机械强度和电压损失等条件选择；对于电力电缆截面积的选择，有时要按短路时的热稳定性来校验。

2）增大导线截面积，以应对负荷容量的扩大，对截面积偏小导线进行技术改造，增大其截面积。主要技术措施为导线换粗改造和增加并线，以增加截面积降低线损，其计算公式为

$$\Delta P_{L2}\% = \Delta P_{L1}\% \left(1 - \frac{R_2}{R_1}\right)$$

3）改变线路迂回。对已建成的投运线路，如存在线路迂回折转，进行裁弯取直处理，以缩短线路长度，减小线路电阻，降低线损。

（5）合理化网络结构与网络优化运行

1）低压配电网的接线方式颇多，根据国家有关规定，通常有单相二线制、三相三线制、三相四线制等三种接线方式。一般来说，单相二线制用于生活照明供电，三相三线制用于动力供电，三相四线制用于照明和动力混合供电。

表2-26为在所供负荷相同、线电压相同、导线截面积相同、配电距离相等以及负荷的功率因数为1.0时，各种接线方式的技术经济比较。

表 2-26　各种接线方式的技术经济比较

接线方式	单相二线制	三相三线制	三相四线制
接线图			

（续）

接线方式	单相二线制	三相三线制	三相四线制
供电功率	$P = UI_1$	$P = \sqrt{3}UI_3$	$P = 3UI_4$
导线总量	$V = 2S_1L$ 100%	$V = 3S_3L$ 150%	$V = 4S_4L$ 200%
导线截面积	S_1 100%	$S_3 = \dfrac{2}{3}S_1$ 66.7%	$S_4 = \dfrac{1}{2}S_1$ 50%
线电流	$I_1 = \dfrac{P}{U}$ 100%	$I_3 = \dfrac{I_1}{\sqrt{3}}$ 57.5%	$I_4 = \dfrac{I_1}{3}$ 33.3%
电压降	$\Delta U_1 = 2I_1R_1 = 2\dfrac{I_1\rho L}{S_1}$ 100%	$\Delta U_3 = \sqrt{3}I_3R_3 = \dfrac{3}{2}\dfrac{I_1\rho L}{S_1}$ 75%	$\Delta U_4 = I_4R_4 = \dfrac{2}{3}\dfrac{I_1\rho L}{S_1}$ 33%
供电损耗	$\Delta P_1 = 2I_1^2R_1 = 2\dfrac{I_1^2\rho L}{S_1}$ 100%	$\Delta P_3 = 3I_3^2R_3 = \dfrac{3}{2}\dfrac{I_1^2\rho L}{S_1}$ 75%	$\Delta P_4 = 3I_4^2R_4 = \dfrac{2}{3}\dfrac{I_1^2\rho L}{S_1}$ 33%

注：V 为导线总量；S_1、S_3、S_4 为导线截面积；L 为线路长度。

由表 2-26 可见，电压降和供电损耗均最小的是三相四线制，以下依次是单相二线制、三相三线制。因此，一般多选用照明和动力混用的三相四线制供电接线方式。

2）选择最小线损的配电变压器安装位置，使配电变压器接近负荷中心，避免单侧供电，迂回供电；当低压线路总长度（电阻）相等，供电容量相同时，分支线越多，线损就越小。

3）环网经济运行方式的推广。环网供电是目前国内广泛使用的供电方式。研究表明，在均一环网中，功率分布与各线段电阻呈反比，此时环网中线损最小，这种有功功率最小的分布称为功率经济分布。由此可见，均一环网采用闭环运行可以取得很好的节电效果。

2. 降低配电线损的管理措施

降低配电线损的管理措施主要有以下几种。

1）建立健全线损管理体制和职责。统一领导、分级管理、分工负责，实现线损的全过程管理。

2）指标管理。主要指线损率指标管理和线损小指标管理，企业小指标管理为企业自定的考核内部统计与管理制度等。

3）关口计量管理。所有关口计量配置的设备和精度等级要满足 DL/T 448—2016《电能计量装置技术管理》规程的要求，并按月做好关口表计所在母线的电能平衡。220kV 及以下电压等级母线电量不平衡率不超过 ±1%，110kV 及以下电压等级母线电量不平衡率不超过 ±2%。

4）供电线路巡检管理。建立线路巡检制度，定期检查线路漏电、偷电以及污尘清洗等防护措施。

参 考 文 献

[1] 中国电力企业联合会科技服务中心，胡景生．变压器能效与节电技术［M］．北京：机械工业出版社，2007．
[2] 牛迎水．变压器最优能效技术与节能管理［M］．北京：中国电力出版社，2016．
[3] 胡景生，赵跃进．配电变压器能效标准实施指南［M］．北京：中国标准出版社，2007．
[4] 雷鸣．电力网降损节能手册［M］．北京：中国电力出版社，2005．
[5] 王承民，刘莉．配电网节能与经济运行［M］．北京：中国电力出版社，2012．
[6] 胡景生，胡国元．配电网经济运行［M］．北京：中国标准出版社，2008．
[7] 牛迎水．配电网能效评估与降损节能手册［M］．北京：中国电力出版社，2015．
[8] 广东电网公司广州供电局．企业供用电系统综合管理与节能［M］．北京：中国电力出版社，2011．
[9] 国家发展改革委，国家电网公司．电力需求侧管理工作指南［M］．北京：中国电力出版社，2007．
[10] 国家电网公司电力需求侧管理指导中心．电力需求侧管理实用技术［M］．北京：中国电力出版社，2005．
[11] 周梦公．工厂系统节电与节电工程［M］．北京：冶金工业出版社，2008．
[12] 江日洪．城市供配电实用技术［M］．北京：中国电力出版社，2007．
[13] 孙宝成，金哲．现代节电技术与节电工程［M］．北京：中国水利水电出版社，2005．

第3章

电动机及其拖动系统

电动机及其拖动系统是由电源装置、电动机、机械传递机构和工作机械组成的机电系统。电动机的拖动系统主要指风机、水泵和空气压缩机等机械。

目前，我国电机系统的能源利用率比国际先进水平低10%～30%，运行效率比国际先进水平低10%～20%，风机系统的节电潜力比国际先进水平低20%～60%，水泵系统比国际先进水平低20%～40%，压缩机系统比国际先进水平低20%～40%。

我国电动机及其拖动系统节能潜力巨大，据测算，若将电机系统运行效率提高2%将可在全国范围内节电200亿kWh。下面将分别叙述电动机、风机、水泵和空气压缩机系统的能效诊断分析、贯标评价与节能。

3.1 异步电动机能效诊断分析、贯标评价与节能

电动机是将电能转换为机械能的功率传递装置，其广泛应用于工业、商业、农业、公共设施和家用电器等各个领域。电动机消耗电能占整个工业用电量的70%左右。目前，国内交流电动机产业中，普通三相异步电动机所占比例最高为87%，单相异步电动机占4%，同步电动机占5%，直流电动机占4%。据有关资料分析，电机系统效率提高5%～8%，可实现年节电1300亿～1400亿kWh，相当于2～3个三峡电站的年发电量。因此，提高电动机本体及其拖动系统的能效水平，对节约能源和环境保护具有十分重要的意义。

3.1.1 异步电动机能效模型

三相异步电动机能效模型主要有异步电动机电能平衡模型和异步电动机能效分析结构两部分。

1. 三相异步电动机电能平衡模型（见图3-1a）

由图3-1a可见：

1）P_1、P_2为电动机的输入、输出功率，其中P_2为电动机电能转化为机械能的拖动功率。

2）ΔP为电动机的电能损耗，其损耗ΔP由定子铜损P_{Cu1}、转子铜损P_{Cu2}、铁心损耗P_{Fe}、机械损耗P_{fw}（包括风、摩擦损耗）和杂散损耗P_s五部分组成。

2. 三相异步电动机能效分析结构（见图3-1b）

由图3-1b可见：

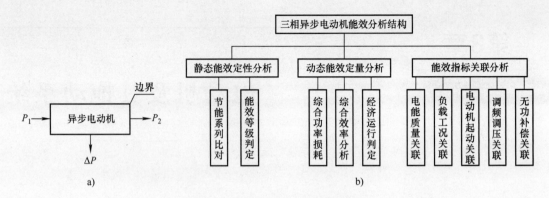

图 3-1 三相异步电动机能效模型

a）三相异步电动机电能平衡模型 b）三相异步电机能效分析结构

1）电动机静态能效定性分析中，节能系列比对为制造厂产品出厂系列按 GB 18613—2020 比对属于 YX_3、YE_2 或 YE_3 的能效系列，能效等级判定为制造厂提供的出厂额定功率是否符合国标的指标要求。

2）动态能效定量分析中，通过互联网平台的在线用电效率定量计算、分析，判定是否符合经济运行的区域范围。

3）能效指标关联分析中，主要阐述电能质量、负载工况（包括功率因数）和电动机起动、调频调压等关联影响。

3.1.2 异步电动机工作特性

三相异步电动机的工作特性是指电动机在额定电压和频率下的转速、电流、功率因数、电磁转矩和效率等与电动机的轴输出机械功率之间的关系，一般采用函数曲线描述。正确了解电动机的工作特性曲线，保证运行在最佳的工作状态是减少电能损耗的重要措施，也是提升电动机运行效率的技术手段和途径。异步电动机的工作特性曲线如图 3-2 所示。

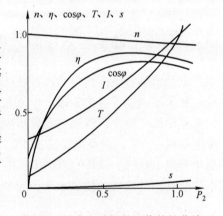

1. 转速特性：$n = f(P_2)$

异步电动机在额定电压和额定频率下，转速 n 随输 图 3-2 异步电动机的工作特性曲线

出功率 P_2 变化的曲线 $n = f(P_2)$ 称为转速特性。由图 3-2 可见，当电动机空载时，电动机的轴输出机械功率为零，此时电动机只需要较少的能量来克服风阻、摩擦等阻力的影响，其空载转速近似等于同步转速 n_1。

当电动机负载增加时，电动机电流增加，电磁转矩上升，随着轴上输出功率 P_2 的增大，转速 n 稍有下降。所以异步电动机的转速特性为一条稍向下倾斜的一条曲线（见图 3-2 异步电动机的工作特性曲线 n）。

2. 定子电流特性：$I = f(P_2)$

异步电动机在额定电压和额定频率下，定子电流 I 随输出功率 P_2 变化的曲线 $I = f(P_2)$ 称为定子电流特性。

当电动机空载时，转子电流近似为零，定子电流 I 几乎全部为励磁电流 I_0。当电动机负载增大时，转子电流增大，定子电流及磁动势也随之增大，电动机转速下降，定子电流几乎随输出功率 P_2 按正比例增加（见图 3-2 异步电动机的工作特性曲线 I）。

3. 功率因数特性：$\cos\varphi = f(P_2)$

异步电动机在额定电压和额定频率下，定子功率因数 $\cos\varphi$ 随输出功率 P_2 变化的曲线 $\cos\varphi = f(P_2)$ 称为功率因数特性。

在电动机空载时，定子电流主要用于产生旋转磁场，为空载电流的无功分量，电动机的功率因数很低，一般为 0.2 左右。随着电动机轴功率的增加，转子电流和定子电流中的有功分量增加，使功率因数提高。对于小型异步电动机，其额定负载时的功率因数在 0.75 ~ 0.90 范围内；对于中型电动机，功率因数在 0.8 ~ 0.92 范围内（见图 3-2 异步电动机的工作特性曲线 $\cos\varphi$）。

4. 转矩特性：$T = f(P_2)$

异步电动机在额定电压和额定频率下，电磁转矩 T 随输出功率 P_2 变化的曲线 $T = f(P_2)$ 称为转矩特性。

异步电动机的转矩平衡方程式为

$$T = T_2 + T_0 = \frac{P_2}{\omega} + \frac{\Delta P_0}{\omega} \tag{3-1}$$

式中，ω 为转子的机械角速度，$\omega = \frac{2\pi n}{60}$；$T_0$ 为空载转矩；T_2 为电磁转矩。

当异步电动机的负载不超过额定值时，角速度 ω 变化很小，而空载损耗

$$\Delta P_0 = \Delta P_{fw} + \Delta P_s \tag{3-2}$$

基本不变，这样可以认为空载转矩 T_0 也基本不变，所以异步电动机的电磁转矩特性 $T = f(P_2)$ 近似为一条斜率为 $\frac{1}{\omega}$ 的直线（见图 3-2 异步电动机的工作特性曲线 T）。

5. 效率特性：$\eta = f(P_2)$

异步电动机在额定电压和额定频率下，效率 η 随输出功率 P_2 变化的曲线 $\eta = f(P_2)$ 称为效率特性。

异步电动机的效率计算公式为

$$\eta = \frac{P_2}{P_1} = 1 - \frac{\Delta P}{P_1} \tag{3-3}$$

上述 ΔP 总损耗包括电动机的铁损 P_{Fe}、定子铜损 P_{Cu1}、转子铜损 P_{Cu2}、机械损耗 P_{fw} 和杂散损耗 P_s。

$$\Delta P = P_{Fe} + P_{Cu1} + P_{Cu2} + P_{fw} + P_s \tag{3-4}$$

当异步电动机空载时，轴输出功率 $P_2 \approx 0$，其效率 $\eta = 0$。当负载增加时，电动机总损耗增加较慢，效率曲线上升很快。当不变损耗等于可变损耗时，效率达到最大值。

随着总负载继续增大，可变损耗增加很快，其效率反而减小（见图 3-2 异步电动机的工作特性曲线 η）。对于普通异步电动机，当输出功率 $P_2 = 0.75 P_N$ 时，电动机效率最高。

3.1.3　电动机损耗与效率计算

电动机从电源输入电能后，通过电磁作用，从轴上输出机械能。在此过程中电动机本身也将消耗掉一部分电能，此部分能量即为电动机的损耗。如何降低电动机的损耗，提高电动

机的效率是电动机节能的重要任务。

1. 异步电动机的损耗

对于三相异步电动机而言，损耗可细分为五个部分，即 P_{Fe}、P_{Cu1}、P_{Cu2}、P_{fw}、P_s。

1）P_{Fe}——铁心损耗，是铁心在磁场中产生的磁滞损耗和涡流损耗，又称空载有功损耗。对叠片铁心通常磁滞损耗占主要成分；所以铁心损耗与 f 的 1.3 次方成正比，铁心损耗又与磁密的平方成正比，而磁密与端电压 U 近似成正比，其计算公式如下：

$$P_{Fe} \approx Kf^{1.3}\beta^2 \tag{3-5}$$

$$P_{Fe} \propto U^2 \tag{3-6}$$

铁心损耗一般占电动机总损耗的 20%～25%。

2）P_{Cu1}——定子铜损，按其变化规律可分为与负载变化无关的不变铜损耗，与负载电流成平方关系的可变铜损耗两部分。

电动机空载时，定子铜损为

$$P_{Cu0} = 3I_0^2\gamma \tag{3-7}$$

电动机负载后，定子铜损为

$$P_{Cu1} = 3(I_1^2 - I_0^2)\gamma_1 - P_{Cu0} \tag{3-8}$$

当电源电压不变时，可认为 P_{Cu0} 为常数，不随负载变化，而可变的铜损耗部分 $3(I_1^2 - I_0^2)\gamma_1$ 则随负载的增加而急速增大。

3）P_{Cu2}——转子铜损（或转子铝损），是转子铜（或铝）绕组有电流通过而产生的电阻损耗。转子铜损也称转差功率损耗，它等于由定子传到转子的电磁功率的转差倍。故转子铜损可为下列计算式：

$$P_{Cu2} = s(P_1 - P_{Cu1} - P_{Fe}) = sP_m \tag{3-9}$$

转子铜（或铝）损耗为可变的负载损耗。P_{Cu1} 和 P_{Cu2}（或 P_{Al2}）之和占总损耗的 20%～70%。

4）P_{fw}——机械损耗（也称风摩损耗），是指电动机的冷却风扇和轴承转动所产生的通风和摩擦损耗。计算公式如下：

$$通风损耗：P_v = kQ^3 \tag{3-10}$$

$$摩擦损耗：P_T = 9.81\mu GV_s \tag{3-11}$$

式中　　Q——冷却气体的流量；

　　　　k——常数；

　　　　μ——摩擦系数；

　　　　G——轴承承受的负荷；

　　　　V_s——轴的线速度。

机械损耗与电压无关，但电动机容量越大，通风损耗将越大，在总损耗中所占比例也增大，机械损耗一般占总损耗的 10%～50%。

5）P_s——杂散损耗（也称附加损耗），是指定子漏磁通和定、转子的各种高次谐波在导线、铁心及其他金属部件内所引起的损耗。这些损耗占总损耗的 10%～15%。

2. 电动机的效率计算

（1）异步电动机的能量转换流程图与能量平衡图（见图 3-3）

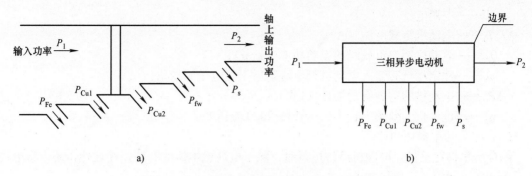

图 3-3　异步电动机的能量转换流程图与能量平衡图

a）能量转换流程图　b）能量平衡图

从电动机效率计算公式和电动机能量转换流程图可见，电动机的效率与电动机设计时对各项损耗的控制有直接的关系，也就是说，提高电动机设计效率的过程就是降低各项损耗的过程。

（2）效率计算公式［见式（3-3）和式（3-4）］

3. 电动机综合功率损耗与综合效率的计算

本节异步电动机综合功率损耗与综合效率的计算内容为对电动机运行中有功功率、无功功率以及综合功率损耗和综合效率的计算、分析与评估。

（1）有功功率损耗的计算

异步电动机的有功功率损耗（简称有功损耗）可分为不变损耗与可变损耗两部分。计算公式可写为

$$\Delta P = \Delta P_0 + \beta^2 \left(\sum P_N - \Delta P_0 \right) \tag{3-12}$$

式中　ΔP——电动机的有功损耗（kW）；

　　ΔP_0——电动机的空载有功损耗（kW）；

　　β——负载系数，$\beta = \dfrac{P_2}{P_N}$；

　　P_2——电动机输出功率（kW）；

　　P_N——电动机额定功率（kW）；

ΔP_N 为电动机额定负载时的有功损耗（kW）

$$\Delta P_N = \left(\frac{1}{\eta_N} - 1 \right) P_N \tag{3-13}$$

　　η_N——电动机额定效率，P_N 与 η_N 的数值从电动机额定工况试验或从工厂资料获得。

（2）无功功率损耗的计算

与有功功率损耗类似，电动机的无功功率损耗（简称无功损耗）也可分为与负载无关及与负载有关的两大部分，即

$$\Delta Q = Q_0 + \beta^2 (Q_N - Q_0) \tag{3-14}$$

$$Q_0 = \sqrt{3U^2 I_0^2 \times 10^{-3} - \Delta P_0^2} \tag{3-15}$$

$$Q_N = \frac{P_N}{\eta_N} \times \tan\varphi_N \tag{3-16}$$

式中　ΔQ——电动机的无功损耗（kvar）；

　　Q_0——电动机的空载无功损耗（kvar）；

U——电源电压（V）；

I_0——电动机空载电流（A）；

Q_N——电动机额定负载时的无功功率（kvar）；

φ_N——额定运行时输入电动机相电流落后于线电压的相角；

ΔP_0——电动机的空载有功损耗（kW）。

η_N——电动机的效率（由 GB 18613—2020 查得）

（3）综合功率损耗的计算

综合功率损耗是指在电动机经济运行时，除了电动机本体的有功损耗之外，还应将电动机无功功率引起的线路损耗考虑在内。

在任意负载下，电动机的综合功率损耗 ΔP_C 按式（3-17）计算：

$$\Delta P_C = \Delta P_0 + \beta^2 (\Delta P_N - \Delta P_0) + K_Q [Q_0 + \beta^2 (Q_N - Q_0)] \tag{3-17}$$

式中　ΔP_C——电动机的综合功率损耗（kW）；

K_Q——无功经济当量（kW/kvar）。

当电动机直连发电机母线或直连已进行无功补偿的母线时，K_Q 取 $0.02 \sim 0.04$；二次变压 K_Q 取 $0.05 \sim 0.07$；三次变压 K_Q 取 $0.08 \sim 0.1$。

在运行中的负载系数可用电动机输入功率 P_1 和电动机额定参数与空载参数进行计算。

$$\beta = \frac{-P_N/2 + \sqrt{P_N^2/4 + (\Delta P_N - \Delta P_0)(P_1 - \Delta P_0)}}{\Delta P_N - \Delta P_0} \tag{3-18}$$

当采用 $\beta = P_2/P_1$ 公式计算 β 时，由于无法取得电动机轴上的 P_2 时，可采用上式进行计算[1]。

（4）综合效率的计算

电动机综合效率与电动机效率的不同之处，在于考虑了电动机无功功率所引起电网变压器和线路上的有功功率损耗，它是一个综合效率的概念。

1）电动机的综合效率计算。

$$\eta_C = \frac{P_2}{P_1} \times 100\% = \frac{\beta P_N}{\beta P_N + \Delta P_C} \times 100\% \tag{3-19}$$

式中　η_C——电动机的综合效率（%）；

P_1——电动机的输入功率（kW）；

P_2——电动机输出的有功功率（kW）；

ΔP_C——电动机的综合功率损耗。

$$\Delta P_C = \Delta P_0 + \beta^2 (\Delta P_N - \Delta P_0) + K_Q [Q_0 + \beta^2 (Q_N - Q_0)] \tag{3-20}$$

2）电动机额定综合效率计算。

$$\eta_{CN} = \frac{P_N}{P_N + \Delta P_{CN}} \times 100\% \tag{3-21}$$

式中　η_{CN}——电动机的额定综合效率（%）；

ΔP_{CN}——电动机额定综合功率损耗；

$$\Delta P_{CN} = \Delta P_N + K_Q Q_N \tag{3-22}$$

3.1.4　异步电动机能效的静态定性分析与评价

根据制造厂铭牌提供的电动机额定容量、极数和效率指标，与国家标准进行比对，在企业互联网能效平台展示出该电动机能效等级，即可比对认定该电动机产品是否为先进的节能产品，或符合能效等级的 1、2 或 3 级产品，还是低效的淘汰产品。

1. 低压异步电动机能效限定值及能效等级

我国交流低压异步电动机能效经历了五代产品的开发升级，并相继制定和发布了 GB 18613—2002、GB 18613—2006、GB 18613—2012、GB 18613—2020 国家标准。

（1）GB 18613—2020 国标适用范围

1000V 以下、50Hz 三相交流电源供电；额定功率在 0.12 ~ 1000kW 范围的异步电动机。

（2）能效限定值与能效等级的定义

1）电动机能效限定值——在标准规定测试条件下，允许电动机效率最低的标准值。

2）电动机能效等级——各级电动机在额定输出功率下的实测功率能效等级。

（3）电动机能效限定值与能效等级的评价

1）电动机能效限定值在额定输出功率的效率不低于表 3-1 中 3 级的规定值。

2）电动机能效等级分为 3 级，其中 1 级能效最高。

表 3-1　三相异步电动机各能效等级

额定功率 /kW	效率（%）											
	1 级				2 级				3 级			
	2 极	4 极	6 极	8 极	2 极	4 极	6 极	8 极	2 极	4 极	6 极	8 极
0.12	71.4	74.3	69.8	67.4	66.5	69.8	64.9	62.3	60.8	64.8	57.7	50.7
0.18	75.2	78.7	74.6	71.9	70.8	74.7	70.1	67.2	65.9	69.9	63.9	58.7
0.20	76.2	79.6	75.7	73.0	71.9	75.8	71.4	68.4	67.2	71.1	65.4	60.6
0.25	78.3	81.5	78.1	75.2	74.3	77.9	74.1	70.8	69.7	73.5	68.6	64.1
0.37	81.7	84.3	81.6	78.4	78.1	81.1	78.0	74.3	73.8	77.3	73.5	69.3
0.40	82.3	84.8	82.2	78.9	78.9	81.7	78.7	74.9	74.6	78.0	74.4	70.1
0.55	84.6	86.7	84.2	80.6	81.5	83.9	80.9	77.0	77.8	80.8	77.2	73.0
0.75	86.3	88.2	85.7	82.0	83.5	85.7	82.7	78.4	80.7	82.5	78.9	75.0
1.1	87.8	89.5	87.2	84.0	85.2	87.2	84.5	80.8	82.7	84.1	81.0	77.7
1.5	88.9	90.4	88.4	85.5	86.5	88.2	85.9	82.6	84.2	85.3	82.5	79.7
2.2	90.2	91.4	89.7	87.2	88.0	89.5	87.4	84.5	85.9	86.7	84.3	81.9
3	91.1	92.1	90.6	88.4	89.1	90.4	88.6	85.9	87.1	87.7	85.6	83.5
4	91.8	92.8	91.4	89.4	90.0	91.1	89.5	87.1	88.1	88.6	86.8	84.8
5.5	92.6	93.4	92.2	90.4	90.9	91.9	90.5	88.3	89.2	89.6	88.0	86.2
7.5	93.3	94.0	92.9	91.3	91.7	92.6	91.3	89.3	90.1	90.4	89.1	87.3
11	94.0	94.6	93.7	92.2	92.6	93.3	92.3	90.4	91.2	91.4	90.3	88.6
15	94.5	95.1	94.3	92.9	93.3	93.9	92.9	91.1	91.9	92.1	91.2	89.6
18.5	94.9	95.3	94.6	93.3	93.7	94.2	93.4	91.7	92.4	92.6	91.7	90.1
22	95.1	95.5	94.9	93.6	94.0	94.5	93.7	92.1	92.7	93.0	92.2	90.6
30	95.5	95.9	95.3	94.1	94.5	94.9	94.2	92.7	93.3	93.6	92.9	91.3
37	95.8	96.1	95.6	94.4	94.8	95.2	94.5	93.1	93.7	93.9	93.3	91.8
45	96.0	96.3	95.8	94.7	95.0	95.4	94.8	93.4	94.0	94.2	93.7	92.2
55	96.2	96.5	96.0	94.9	95.3	95.7	95.1	93.7	94.3	94.6	94.1	92.5
75	96.5	96.7	96.3	95.3	95.6	96.0	95.4	94.2	94.7	95.0	94.6	93.1

（续）

额定功率 /kW	效率（%）											
	1 级				2 级				3 级			
	2 极	4 极	6 极	8 极	2 极	4 极	6 极	8 极	2 极	4 极	6 极	8 极
90	96.6	96.9	96.5	95.5	95.8	96.1	95.6	94.4	95.0	95.2	94.9	93.4
110	96.8	97.0	96.6	95.7	96.0	96.3	95.8	94.7	95.2	95.4	95.1	93.7
132	96.9	97.1	96.8	95.9	96.2	96.4	96.0	94.9	95.4	95.6	95.4	94.0
160	97.0	97.2	96.9	96.1	96.3	96.6	96.2	95.1	95.6	95.8	95.6	94.3
200	97.2	97.4	97.0	96.3	96.5	96.7	96.3	95.1	95.8	96.0	95.8	94.6
250	97.2	97.4	97.0	96.3	96.5	96.7	96.5	95.4	95.8	96.0	95.8	94.6
315 ~ 1000	97.2	97.4	97.0	96.3	96.5	96.7	96.6	95.4	95.8	96.0	95.8	94.6

2. 高压异步电动机能效限定值及能效等级

我国交流高压异步电动机能效经历了三代产品的演变，并于 2024 年颁发了 GB 30254—2024《高压三相笼型异步电动机能效限定值及能效等级》。

（1）GB 30254—2024 国标适用范围

3 ~ 10kV 电压等级，50Hz 三相交流电源供电；额定功率在 200 ~ 22400kW。

（2）能效限定值与能效等级的定义

1）电动机能效限定值——在标准规定测试条件下，允许电动机效率最低的标准值；

2）电动机能效等级——各级电动机在额定输出功率下的实测功率能效等级。

（3）高压异步电动机能效限定值与能效等级的评价

1）高压异步电动机能效限定值在额定输出功率的效率不低于能效等级表中 3 级的规定值；

2）高压异步电动机能效等级分为 3 级（见表 3-2），其中 1 级能效最高。

表 3-2　高压异步电动机能效等级

电压	容量	型号	能效等级		
			1 级（%）	2 级（%）	3 级（%）
3(3.3) ~ 6kV	200 ~ 1800kW	IC01	92.9 ~ 96.6	91.8 ~ 96.2	90.7 ~ 95.7
	2000 ~ 25000kW	IC11 IC21	95.7 ~ 97.6 （10000kW）	95.1 ~ 97.2 （10000kW）	94.5 ~ 96.9 （10000kW）
10kV	200 ~ 22400kW	IC31 IC81W	92.6 ~ 97.3 （10000kW）	91.6 ~ 96.9	90.4 ~ 96.3

3.1.5　异步电动机能效的动态定量分析与评价

本节内容主要阐述异步电动机的运行的综合效率与经济运行区的判定。

按 GB/T 12497—2006《三相异步电动机经济运行》规定，三相异步电动机经济运行区的判定如下。

1. 以对比电动机"综合效率"的判定准则

1）电动机综合效率大于或等于额定综合效率，表明电动机对电能利用是"经济的"；

2）电动机综合效率小于额定综合效率但大于额定综合效率的 60%，则表明电动机对电能利用是"基本合理的"；

3）电动机综合效率小于额定综合效率的 60%，表明电动机对电能利用是"不经济的"。

2. 以输入功率（电流）与额定输入功率（电流）之比判断电动机的工作状态

在现场计算电动机综合效率有困难的情况下，也可用电动机输入功率（电流）与额定输入功率（电流）之比来判断电动机的工作状态。

1）此例在 85%～100% 以内属于"经济使用范围"；

2）此例在 65%～85% 以内属于"允许使用范围"；

3）此例在 65% 以下属于"非经济使用范围"。

3. 异步电动机输入功率比或输入电流比的运行动态游标分析（见图 3-4）

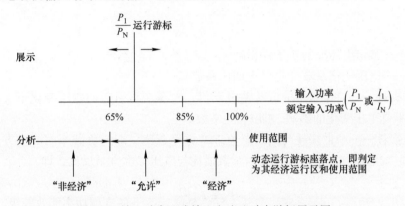

图 3-4　输入功率比或输入电流比动态游标展示图

3.1.6　异步电动机能效的关联分析与评价

三相异步电动机能耗除与电动机制造本体能耗有关外，还与电能质量以及运行中负载率、负载工作制、电动机起动方式和调速调压等因素有关。

1. 电能质量的关联分析

供配电电源的电能质量，如电压波动、三相电压不平衡以及非正弦波形，往往会影响到异步电动机的运行能耗。

（1）电源电压波动对异步电动机能耗的影响

1）根据 GB/T 12325—2008《电能质量 供电电压偏差》规定：20kV 及以下三相供电电压偏差为标准电压的 ±7%；220V 单相供电电压偏差为标称电压的 +7%、-10%。

上述供电电压偏差允许范围是由系统负荷变化引起无功潮流波动而导致供电电压的偏差。

2）根据电动机行业规定，电动机正常运行的电压范围为额定电压的 95%～110%。即允许电动机端电压的波动范围为 -5%～10%。该行业标准规定的电压波动范围是输出功率基本不变的工况下，确保电动机性能符合规定要求和电动机的使用寿命。

3）电压变化对电动机效率的定性分析。电动机电压的变化主要涉及电动机固定损耗与可变损耗的高低，从而影响电动机的运行效率：如电源电压降低时主要引起铁损耗和励磁电流产生铜损耗的减少，而负载铜损耗和杂散损耗都随电压降低而升高，所以可分析为

① 降低电压对电动机效率的影响为：轻载时使电动机效率提高，重载时使效率降低。

② 升高电压对电动机效率的影响为：重载时励磁电流的增加引起空载损耗的增加与负载电流减少导致铜损耗的降低大致相补偿，故效率增加不多。

③ 轻载时空载损耗占主要地位，电压升高时效率降低。

从上述分析可见，小型多极电动机励磁电流较大，空载铜损和铁损占比较大，这类电动机轻载运行时，适宜降压节电运行。

4）电压变化对电动机效率的定量分析。

① 电压变化时电动机总损耗的计算公式为

$$\Delta P = P_{fw} + P_{SN}\frac{\beta^2}{K_u^2} + P_{FeN}K_u^2 + P_{Cu2N}\frac{\beta^2}{K_u^2} + P_{Cu0}K_u^2 + (P_{Cu1N} - P_{Cu0})\frac{\beta^2}{K_u^2} \tag{3-23}$$

ⓐ 定子铁损耗——电压变化时，电动机主磁通呈正比例地改变，故定子铁损耗与电压二次方成正比。

$$P_{Fe} = P_{FeN}K_u^2 \tag{3-24}$$

式中 P_{FeN}——额定电压时的定子铁损耗；

K_u——电压变化系数（也称为调压系数）。

ⓑ 机械损耗——对于通常的低转差电动机，电压变化引起的磁通变化不大，所以可认为机械损耗不受电压变化的影响，即 P_{fw} 为常数。

ⓒ 杂散损耗——杂散损耗与负载电流二次方呈正比，即与负载率的二次方呈正比。在电压降低时负载电流分量增大，可认为杂散损耗与电压二次方呈反比，即

$$P_S = P_{SN}\frac{\beta^2}{K_u^2} \tag{3-25}$$

ⓓ 转子铜损耗——电压变化时主磁通呈正比例地变化，转子电流反比于电压变化，即转子铜损耗与电压二次方呈反比，并与负载率的二次方呈正比。

$$P_{Cu2} = P_{Cu1N}\frac{\beta^2}{K_u^2} \tag{3-26}$$

ⓔ 定子铜损耗——电压降低时励磁电流近似呈正比例地减少，而负载电流分量增大（定子电流为励磁电流 I_0 与转子电流折合值 I_2' 的矢量和）。分析可认为定子铜损耗随负载变化的部分，随电压二次方呈反比变化，而不随负载变化的定子铜损耗部分则与电压二次方呈正比，即：

$$P_{Cu1} = P_{Cu0} \cdot K_u^2 + \left(P_{Cu1N} - P_{Cu0}\frac{\beta^2}{K_u^2}\right) \tag{3-27}$$

② 电压变化时电动机效率的计算公式：

通用计算式： $$\eta = \left(1 - \frac{\Delta P}{P_1}\right) \times 100\% \tag{3-28}$$

经验计算式：

$$\eta = \beta / [\beta + P_0/P_e - 0.2(1/\eta_e - 1)(1 - U^2/U_e^2)] + \beta^2 (U_e/U)^2 [(1/\eta_e - 1) - P_0/P_e] \tag{3-29}$$

式中 β——负载率；

U——电动机实际端电压；

P_0——在电动机额定电压 U_e 下的空载输入功率（kW）；

P_e——电动机的额定功率；

η_e——电动机的额定效率。

5）分析评价。

国内外许多资料表明，电压低于额定值不超过10%，对一个系统、一个工厂往往是节电的。例如，在保证供电电压合格范围内，降低配电压2%～3%，无论对住宅、商业、工业负载都会起到节电的效果。工厂减压运行（-5%左右）同样能够节电，而升压（+5%左右）则增加电能消耗。当然减压范围不能太大，否则会引起电动机过载能力降低及某些过电流等问题。但在-5%范围内，一般不会出现这些问题。

电压变化在负载不同时对电动机效率影响是不同的，在重载时在一定范围提高电压（从342V提高到380V）可以提高效率，再提高（412V）则效率反而下降。但轻载时，电压从342V上升则效率越来越低。因此合理调整电路电压及个别调整电动机端电压，可以达到节能的效果。

（2）三相电压不平衡时异步电动机运行损耗分析

1）三相电压不平衡的原因。主要是三相负载的不对称，如用电系统中的单相电焊机、单相加热器、单相空调及照明负载不对称等。

2）三相电压不平衡对异步电动机效率的影响。三相电压不平衡将使异步电动机中产生三相不平衡电流。用对称分量法可以分成正序、负序及零序电流。当定子绕组丫联结时，则零序电流为零。其中正序电流产生旋转磁场，使电动机产生正向转矩而运转，负序电流产生反向旋转磁场，使电动机产生反向转矩而起制动作用，最终引起电动机输出功率减少，致使电动机效率降低。反向磁场还将使电动机温度升高，严重时将烧毁电动机。所以电动机在三相电压不平衡状况下运行，是不经济和不安全的。

3）电压不平衡度的计算。电压不平衡的程度用不平衡度来表示，其计算公式为

电压不平衡度 = 负序分量/正序分量 ×100% ≈（最大电压 - 平均电压）/平均电压 ×100%

据统计，当电压不平衡度为3.5%时，电流不平衡度将达20%～25%，会使电动机损耗增加约20%，所以，电源的质量是电动机安全运行和经济运行的重要保证。

4）电动机电压不平衡度的规定。

根据 GB/T 755—2019 有关三相不平衡度的规定，三相交流电动机应能在三相电源系统的电压负序分量不超过正序分量的1%（长时间运行），或不超过1.5%（不超过几分钟的短时运行）且零序分量不超过正序分量1%的条件下运行。

（3）非正弦波形电源对异步电动机能效的影响分析

1）配电系统中非线性负载的广泛应用是配网特征谐波滋生的主要根源。通常配网系统中存在大量的5次、7次、11次谐波污染源。在电动机设计中，一般通过绕组的接线方式将3次及3次倍数的谐波消除或削弱，也会采用短节距绕组来削弱5次或7次谐波的影响，但这些谐波仍然还是会导致绕组的趋肤效应和邻近效应增加，使线路损耗增加；同时还会导致铁心的涡流、磁滞损耗增加，从而引起电动机的额外发热。

2）在三相异步电动机中，谐波电流和谐波磁动势，其5次、7次谐波将产生5倍、7倍基波同步磁通，而5次、7次磁动势旋转与基波方向相反，从而降低了电动机的转矩和工作效率。

3）交流电动机供电电压的谐波电压因数（HVF）应不超过以下数值。

GB/T 755—2019 规定：

单相电动机和三相电动机供电电压的谐波电压因数应不超过 0.02。

计算公式：
$$HVF = \sqrt{\sum_{n=2}^{h} \frac{U_k^2}{n}} \qquad (3\text{-}30)$$

式中　U_k——谐波电压的标幺值（以额定电压 U_N 为基值）；

　　　n——谐波次数（对三相交流电动机不包含 3 及 3 的倍数）。

2. 负载率对异步电动机效率的关联分析

（1）定义

负载率——电动机输入功率与其额定功率之比，以百分率表示的负载系数称为负载率。

电动机效率——电动机输出功率与输入功率之比的百分率。

（2）计算公式

负载率：
$$\beta = \frac{P_2}{P_1} \times 100\% \qquad (3\text{-}31)$$

电动机效率：
$$\eta = \frac{P_2}{P_1} = \frac{P_2}{P_2 + \Delta P} = \frac{1}{1 + \dfrac{\Delta P}{P_2}} = \frac{1}{1 + \dfrac{P_0 + P_L}{P_2}} = \frac{1}{1 + \dfrac{P_0 + P_L}{\beta P_N}} \qquad (3\text{-}32)$$

总损耗：
$$\Delta P = P_0 + P_L \qquad (3\text{-}33)$$

式中　P_1——电动机输入功率；

　　　P_2——电动机输出功率；

　　　P_0——不随负载变化的损耗，即空载损耗，包括铁损耗和风摩损耗（也称摩擦损耗）；

　　　P_L——随负载变化的损耗，即可变损耗，包括定子、转子绕组电流损耗和负载损耗；

　　　P_N——电动机的额定功率（kW）。

异步电动机最大效率时的负载率计算公式为 $\beta' = \sqrt{\dfrac{P_0}{P_{LN}}}$ $\qquad (3\text{-}34)$

电动机最大效率：
$$\eta' = \frac{1}{1 + 2\dfrac{\sqrt{P_0 P_{LN}}}{P_N}} \qquad (3\text{-}35)$$

式中　P_{LN}——电动机额定功率时的可变损耗。

（3）关联影响分析

由交流异步电动机效率和功率因数曲线图（见图 3-5）可知：

1）当负载功率小于额定功率一定范围内，电动机有可能获得其效率的最大值，即 $\beta = 0.5 \sim 1.0$，$\eta' \approx 92\%$。

2）当负载功率小于额定功率较大范围时，则效率和功率因数都会大幅度降低，导致电动机和拖动设备的系统总损耗有所增加。即 $\beta < 0.5$ 时，η 及 $\cos\varphi$ 将会大幅下降，为此选择电动机时负载率不能过低。

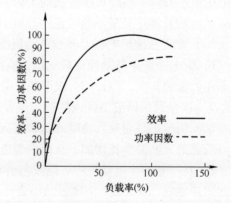

图 3-5　电动机 $\eta = f(\beta)$、$\cos\varphi = f(\beta)$ 曲线

3. 负载工作制对电动机效率的关联分析

1）恒定负载工作制——其电动机损耗 P_v 不随时间而变，因此可选用在恒定负载时，损耗低、效率高的电动机。

2）电动机起动和断续周期工作制——其损耗 P_v 由起动加速时的损耗与负载时的损耗组成，可选用高起动转速的电动机。

4. 异步电动机起动方式对效率的关联分析

异步电动机的起动是指异步电动机定子接入电源后，转子从静止状态到稳定运行状态的过程。电动机在起动过程中，通常要求具有足够大的起动转矩，以拖动负载较快地达到稳定运行状态，而起动电流又不能太大，以免引起电网电压波动过大，影响电网上其他负载的正常工作。因此，衡量异步电动机起动性能的主要指标是起动转矩倍数与起动电流倍数。

（1）异步电动机起动性能的主要指标

1）起动转矩倍数 K_T——电动机起动转矩与额定转矩之比，其表达式为

$$K_T = T_{st}/T_N \tag{3-36}$$

2）起动电流倍数 K_i——电动机起动电流与额定电流之比，其表达式为

$$K_i = I_{st}/I_N \tag{3-37}$$

（2）异步电动机起动的指标要求

异步电动机起动受制于下列指标要求：

1）起动电流倍数[14]

$$K_i = \frac{I_{1st}}{I_{1N}} \leq \frac{1}{4}\left[3 + \frac{电源总容量（kVA）}{起动电机容量（kVA）}\right] \tag{3-38}$$

2）起动电源在电网中的电压降不超过 10% ~ 15%（对经常起动的电动机取 10%，对不经常起动的电动机取 15%）。

（3）电动机起动方式的关联影响分析

三相异步电动机的起动方式直接影响到电网电能质量与系统安全稳定，以及电动机本体能效、寿命和传动系统的稳定运行。由于异步电动机起动性能差，直接起动将带来许多问题。

1）起动电流很大，造成对电网产生冲击；4 ~ 7 倍的起动电流将导致电网电压瞬间下降很多，对其他运行中的设备造成不良影响。

2）直接起动会造成电动机损耗增加，使电动机绕组发热，加速绝缘老化，影响电动机寿命；同时机械冲击过大往往会造成电动机转子鼠笼条、端环断裂、转轴扭曲、传动齿轮损伤和传动带撕裂等问题。

3）电动机直接起动会对拖动和机械系统造成冲击，如风机、水泵的压力突变，往往造成风机、水泵系统管道、阀门的损伤，减少使用寿命，或影响机械传动精度，影响正常的工作过程等。

为解决异步电动机起动带来的种种问题，为提高电动机及其拖动系统的能效和经济运行，以及避免对电网系统带来不良影响，故目前在电动机起动技术方面建议并推荐变频软起动节能技术。

5. 电动机调压节电的关联分析

（1）调压节电的基本原理

降低轻载或空载定速电动机的电压，可以降低电动机的励磁电流和铁损，从而产生节电

的效果。降低电动机的供电电压不能降幅太大，否则电动机的转矩会下降过大，在负载不变的情况下，可能导致转差率升高，转子电流上升，如果铁损的降耗速度小于因电流增加导致的铜损上升的速度，则电动机的总损耗反而会增加。

（2）调压方式及其优缺点

1）降低电压的调压方式共有下述几种：串联电抗、有级自耦、无级自耦和晶闸管调压等。

2）几种调压方式的优缺点见表3-3。

表3-3 几种调压方式的比较

比较 \\ 方式	串联电抗	有级自耦	无级自耦	晶闸管
优点	1. 无滤波干扰 2. 电抗量可调	1. 无谐波干扰 2. 可靠性较高	1. 连续平滑调速 2. 无谐波干扰	1. 方便实现软起动 2. 调速快 3. 体积小
缺点	1. 调速慢 2. 体积大	1. 有级调压 2. 体积大	体积大	有谐波干扰

（3）调压节电实践分析

异步电动机调压节电实质为电动机的降压节电，也有降低铁损耗和小范围的调速目的，它是有转差损耗的低效的节能措施，针对面广量大的中小型电动机以及电压的正偏差，调压节电方式的应用仍取得了较好的节电效果。其适用原则归纳如下：

1）有降压裕度，且降压后的最低电压不得低于国标规定的电压下限值，一般调压范围为 -6%、-8%、-10% 三档范围。

2）适用中小型异步电动机，特别是小型和微型分马力电动机。因为此类电动机效率较低，铁损占比较大，降压后铁损减小潜力较大，节电效果较好。

3）适用异步电动机轻、空载运行工况，一般电动机的负载率小于25%以下时，均能取得满意的节电效果。

4）适用于恒转矩和变转矩（平方转矩）负载，特别适用风机、水泵的调压节电，且一般都具有降压节能的效果。

上述四项适用原则，在调压时必须同时考虑，缺一不可。

6. 电动机变频调速的节电关联分析

（1）变频调速的节电原理

合理地改变电动机电源的频率 f 及其转速 n，以降低电动机转速与功率消耗 P 是节电的基本原理。其电源频率与电动机轴上输出功率计算公式如下：

$$n = \frac{60f}{P}(1 - S) \tag{3-39}$$

$$P_2 = \frac{Tn}{9550} \tag{3-40}$$

式中　S——电动机的转差率；

　　　T——电动机的转矩。

（2）异步电动机的调速节电方法

电动机调速节电共有下述三大类，如图3-6所示。

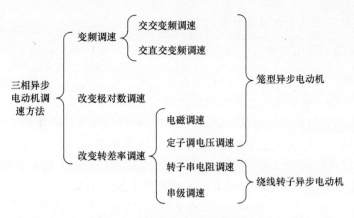

图 3-6　三相异步电动机调速方法

（3）不同机械负载特性下的调速节电原理比较

由式（3-40）可见，不同的负载特性，其转速与负载转矩和输出功率有所不同，见表3-4。

表 3-4　负载转矩特性及电动机输出功率与转速的关系

负载特性	负载转矩、电动机输出功率与转速的关系		负载实例	转矩-转速特性
	转矩	功率		
恒功率	$T \propto \dfrac{1}{n}$	$P_2 = \dfrac{T_n}{9555} = C$	卷取机，轧机、机床主轴	
恒转矩	$T = C$	$P_2 \propto n$	卷扬机、起重机、辊式运输机、印刷机、造纸机、压缩机、挤压机	
平方转矩	$T \propto n^2$	$P_2 \propto n^3$	液体负载，如风机、泵类	
递减转矩	T 随 n 的减少而增加	P_2 随 n 的减少而减少	各种机床的主轴电动机	
负转矩	负载反向旋转的恒转矩		卷扬机、起重机的重物下放	

（4）不同负载特性的节电效果分析（见表3-4）

1）恒功率负载的输出功率近似恒定。$P_2 = C$（常数），转矩与转速大致呈反比，$T \propto \dfrac{1}{n}$。

由表3-4可见，当负载转速降低时转矩升高，无论电动机是否调速输出功率 P_2 基本不变，所以对这类负载（卷取机、轧机和机床主轴）调速没有节电效果。

2）恒转矩负载的转矩大致恒定，$T = C$（常数），机械功率与转速呈正比，$P_2 \propto n$。

由表3-4可见，当负载转速降低时转矩不变，输出功率 P_2 减小。所以对这类负载（卷扬机、起重机、辊式运输机、印刷机、造纸机、压缩机和挤压机）都有节电效果。

3）平方转矩负载（或称变转矩负载）的转矩与转速平方呈正比，输出功率与转速的立方呈正比。

由表3-4可见，当负载转速调低时，变转矩负载的风机、水泵的流量与转速呈正比，转矩与转速、输出功率与转速分别呈二次方和三次方关系，对流体负载，如风机、水泵类均有较好的节电效果。

4）递减功率负载的输出功率 P_2 随转速的减小而减小，转矩 T 随转速的减小而增大，如各类机床的主传动轴电动机属于此类机械负载。

5）负转矩负载为反向旋转形成的工作转矩，如电梯、提升机、起重机的重物下放时为此类机械负载。

7. 异步电动机无功补偿的关联分析

（1）电动机无功补偿的基本原理

交流电网的负载中，异步电动机占了绝大多数，而异步电动机运行时，必须从电网吸收无功功率，以用于建立主磁场所需的励磁无功功率，另一部分无功功率则消耗在漏磁上。实践表明，无功功率不足的电力系统，有可能出现电压大幅度下降，甚至使异步电动机停转，系统故障等重大事故。所以为了降低供电线路损耗及确保供电质量，宜对交流异步电动机进行无功就地补偿。

所谓"无功就地补偿"是指无功功率消耗在哪里，就在哪里补偿。对异步电动机来说，把电容器直接并联在电动机侧，以提供电动机所需要的无功功率。电动机无功就地补偿的示意图如图3-7所示。

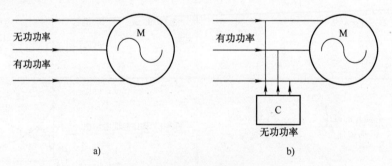

图3-7 异步电动机就地补偿示意图

a）补偿前 b）补偿后

（2）异步电动机无功补偿的有关标准

1）国家标准GB/T 3485—1998《评价企业合理用电技术导则》中规定，在安全、经济合理的条件下，对异步电动机采取就地补偿无功功率，提高功率因数，降低线损，达到经济运行。

2）电力部标准 DL 499—2001 中规定："低压功率在 4kW 以上的电动机都要进行功率因数就地补偿"。

3）GB/T 12497—2006 要求电动机无功功率就地补偿。

4）各省市有关部门对异步电动机的无功补偿也制定了相关的标准和措施。

（3）电动机无功补偿容量的计算

为防止过补偿引起的自励磁过电压，一般按电动机空载时功率因数补偿到略小于 1 较为合适。其计算公式如下：

$$Q_C = \sqrt{3} U_N I_0 \tag{3-41}$$

式中　Q_C——就地补偿电容量；

$\quad U_N$——电动机的额定电压；

$\quad I_0$——电动机的空载电流。

（4）无功补偿技术的经济效益

1）降低配变电网的电能损耗，节电量计算见式（3-42）。

$$\Delta E_C = \Delta P_u T_{ec} \tag{3-42}$$

式中　ΔE_C——节电量（kWh）；

$\quad \Delta P_u$——无功补偿后，节约的有功功率（kW）（其主要为降低了配电线路损耗 ΔP_L 和配变损耗 ΔP_T）；

$\quad T_{ec}$——年运行时间（h）。

其中，$\Delta P_u = K_Q Q_C$；

$\quad K_Q$——无功经济当量，一般取 0.1 进行计算。

$\Delta P_u = \Delta P_L + \Delta P_T$；

$\quad \Delta P_L$——配电线路损耗。

$\quad \Delta P_T$——配电变压器损耗。

2）减小配电线路压降，提升电网电能质量。

配电线路压降为

$$\Delta U = \frac{PR + QX}{U_N} \tag{3-43}$$

式中　R——线路电阻；

$\quad X$——线路电抗。

3）减少配网损耗，提高供电能力。

无功就地补偿后，增加了有功输送功率，见式（3-44）。

$$\Delta P = P_2 - P_1 = S_1 (\cos\varphi_2 - \cos\varphi_1) \tag{3-44}$$

式中　ΔP——提高的供电功率（kW）；

$\quad P_2$——无功补偿后输送功率（kW）；

$\quad P_1$——无功补偿前输送功率（kW）；

S_1、$\cos\varphi_1$——无功补偿前的视在功率（VA）和功率因数；

$\quad \cos\varphi_2$——无功补偿后的功率因数。

4）提高功率因数及相应减少电费。

异步电动机进行无功就地补偿后，使电动机侧功率因数提高至供电部门的要求值以上。一般工业企业功率因数标准为 0.9，超过 0.9 供电部门可进行奖励，从而减少了电费的支出。

5）减轻供电线路、控制开关的负载，延长其使用寿命。

由于采取异步电动机无功就地补偿，供电线路的负载电流下降，发热减少，而控制开关故障率也随之降低，使用寿命相应增加，同时日常维修费用也相应减少。

从上述分析可以看出，企业采用异步电动机无功就地补偿后，经济效益显著，是值得大力推广的节电技术之一。

（5）电动机无功就地补偿必须注意的问题

1）补偿要适中，防止产生自励磁。即切断电动机电源后，转动惯性产生自励磁过电压。为防止自励磁过电压，无功就地补偿应满足以下要求：

$$Q_c = 0.9 U_e I_0 \tag{3-45}$$

2）防止产生谐振。在无功补偿容量设置上，应该防止 RLC 电路产生谐振。

3）限制并联电容器投入时的涌流。投入电容器后会产生合闸浪涌电流，一般要求电容器投入时的浪涌电流限制在电容器额定电流 100 倍以下（$100 I_{ce}$）；同时可采用带电阻起动的断路器投切或加装串联电抗，以限制浪涌电流。

4）防止过电压产生。无功就地补偿后，将会引起电容器端的电压升高。按有关国家标准规定，工频长期过电压值最多不超过 1.1 倍额定电压。要求选用的电容器 Q_c 较大时，必须满足 $Q_c < 0.1 S_s$（S_s 为电容器安装处的短路容量）的要求。

3.1.7　节电技术与管理措施

1. 异步电动机的节电技术

1）合理选用电动机类型：优选高效节能品牌，以降低电动机本体能耗。

2）合理优选电动机容量：提高运行负载率，以满足电动机在 70% ~ 100% 之间的经济运行区运行。

3）电动机拖动变流量传动设备，宜采用变频调速技术，以提高电动机及其拖动系统的利用效率。

4）提高功率因数：并联适量无功电容补偿，以减少配网无功消耗，节约和减少配网电耗。

5）轻空载运行电动机可施行降压运行，以降低铁损，实现节能。

6）电动机更新改造：更换损耗大的电动机，并对老旧机进行工艺改造，如风叶改造、绝缘更新、采用磁性槽楔等。

7）其他节能技术：如合理采用永磁电动机、电动机的软起动技术应用等。

2. 异步电动机的节电管理措施

1）保证电动机运行环境良好，保证电动机温升不超过标准。

2）加强电动机的运行管理，定期进行现场巡视，监测温度、振动、声响，定期进行电气预防性试验。

3）利用互联网监测平台，定期记录电动机运行电流 I、负载率 β，以及综合功率损耗 ΔP_c，及时监视核心能效指标和游标，做到常态化、制度化监测评价。

3.2　风机系统能效诊断分析、贯标评价与节能

风机是用来输送气体和提高气体压力的用电设备。风机系统是指由电动机、拖动机构、控制装置和管网，以及各子系统和配套部件等组成的通用机械系统。

　　由于风机及其配套设备生产厂家众多，质量参差不齐，设备效率平均为 75% 左右。再由于运行工况常偏离设计最佳工况点，容量偏大，压头偏高，以及厂房的闸阀和风门节流调节等问题，致使浪费了大量宝贵电力，为此，风机本体能效及其系统能效的提升，具有巨大的节能潜力。

3.2.1　风机系统能效模型

1. 电动机节点与风机节点组成的节点链模型（见图 3-8）

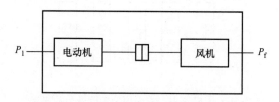

图 3-8　风机系统节点链模型

2. 风机系统节点链组成的区块链模型（见图 3-9）

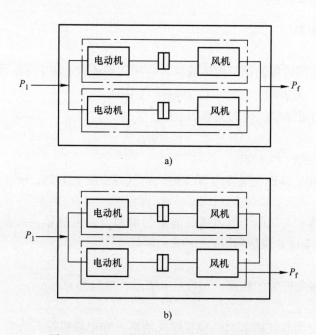

a)

b)

图 3-9　风机系统节点链组成的区块链模型
a）风机系统增容 区块链模型（由两节点链并联组成）
b）风机系统增压 区块链模型（由两节点链串联组成）

3. 风机系统各节点功率与效率模型和能效分析结构图（见图 3-10）

　　风机系统总效率为 $\eta = \eta_d \eta_t \eta_f$，其中 P_1——电动机输入功率；η——风机系统总效率；P_2——电动机输出机械功率；η_d——电动机的效率；P——风机的电功率；η_t——传动机构（联轴器）的效率；P_f——风机的输出功率；η_f——风机的效率。

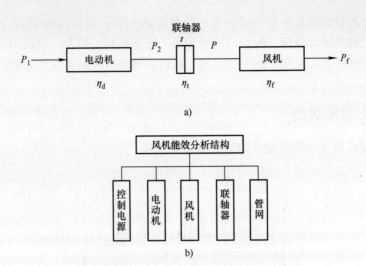

图 3-10　风机功率、效率模型和能效分析结构图
a）风机功率、效率模型　b）能效分析结构

3.2.2　风机的基本特性

1. 风机的基本参数

（1）流量

流量是指单位时间内所输送的流体数量。它用体积流量 q_v 来表示，常用单位为 m^3/s 或 m^3/h；质量流量用 q_m 来表示，常用单位为 kg/s 或 kg/h；

体积流量 q_v 与质量流量 q_m 间的关系如下：

$$q_m = \rho q_v \tag{3-46}$$

式中　ρ——气体的密度（kg/m^3）。

当大气压力为 101.3kPa，温度为 20℃时，空气的密度取 $1.2kg/m^3$。

（2）全压

全压是指单位体积的气体经过风机后能量的增加值，用符号 p 来表示，单位为 Pa，常用 kPa、MPa。风机全压 p 包括静压 p_s 和动压 p_d 两部分。

（3）转速

转速是指风机轴每分钟的转速，用符号 n 表示，单位为 r/min。

（4）功率

风机的功率可分为有效功率 P_f、风机输入功率 P 和电动机输入功率 P_1。

1）有效功率 P_f。

有效功率是指单位时间内流经风机的流体实际得到的能量，即风机的输出功率，用符号 P_f 表示，单位为 kW。有效功率可由风机的输出流量与风压的乘积求得，即

$$P_f = \frac{q_v \rho}{1000} \tag{3-47}$$

2）风机输入功率 P。

风机输入功率是指电动机传到风机轴上的功率，又称轴功率，用符号 P 表示，单位为 kW。风机输入功率通常由电测法确定，即用功率表测出电动机输入功率 P_1，则

$$P = P_2 \eta_t = P_1 \eta_d \eta_t \tag{3-48}$$

式中　P_1、η_d——电动机输入功率及效率；

　　　　P_2——电动机输出机械功率；

　　　　η_t——传动装置效率（见表 3-5）。

表 3-5　传动装置效率

传动方式	传动装置效率 η_t
电动机直连传动	1.0
联轴器传动	0.98
三角传动带传动	0.95
齿轮减速传动	0.94 ~ 0.98

3）电动机输入功率 P_1。

电动机输入功率是指电源输入电动机的输入功率，用 P_1 表示；

风机系统各功率之间的关系为 $P_f < P \leqslant P_2 < P_1$，如图 3-11 所示。

（5）效率

效率指风机输出功率与输入功率之比的百分数，用符号 η_f 表示。即

$$\eta_f = \frac{P_f}{P} \times 100\% \tag{3-49}$$

上述效率的实质是反映风机在传递能量过程中传递功率被有效利用的程度。

2. 风机的特性曲线

风机输送机械功率可用流量 Q 和全压 P 的乘积来反映。图 3-12 即为 No5、No6 二台模型风机的 P-Q 特性曲线及流量 Q 与轴功率 N、效率 η 的 N-Q、η-Q 曲线。

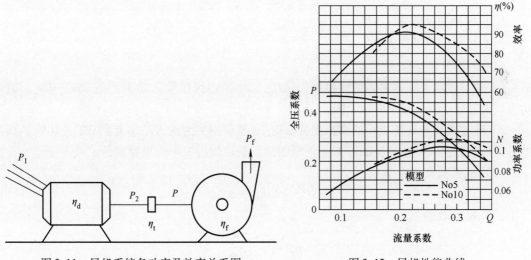

图 3-11　风机系统各功率及效率关系图　　　图 3-12　风机性能曲线

由于风机是在特定系统中运行的，其流量 Q 将根据生产工艺的需要来决定，全压则根据管道阻力和工艺要求来决定，当风机运行点落在低效区域时，风机的运行就不经济。因此，掌握应用性能曲线，可以正确选择并经济合理地使用风机。

3.2.3 风机损耗与效率计算

风机的原理是把输入电动机的电能转换为气体能量的机械能，在转换过程中不可避免地存在各种损失，这些损失用相应的效率来衡量。

按照风机性质其损失可分为机械损失、容积损失和流动损失三种。图 3-13 为风机的输入功率、机械损失、容积损失和流动损失之间的能量转换流程和能量平衡图。

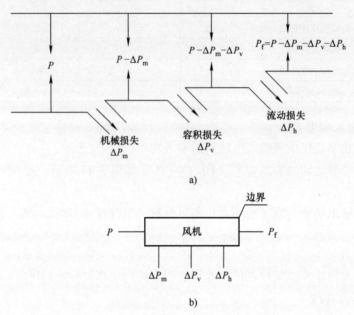

图 3-13　风机能量转换流程和能量平衡图
a）能量转换流程　b）能量平衡图

1. 机械损失及效率（ΔP_{m}、η_{m}）

（1）风机的机械损失 ΔP_{m}

包括两部分摩擦损失

1）轴与轴承及填料之间的摩擦损失 ΔP_{m1}，一般占风机输入功率 P 的 1% ~ 3%。输入功率较大时取下限，较小时取上限。

2）叶轮圆盘与气体之间的摩擦损失 ΔP_{m2}，该项损失为输入功率 P 的 2% ~ 10%，圆盘摩擦损失随转速和叶轮外径的增加而急剧增加，在机械损失中占重要成分。

（2）机械损失总功率

$$\Delta P_{\mathrm{m}} = \Delta P_{\mathrm{m1}} + \Delta P_{\mathrm{m2}} \tag{3-50}$$

（3）机械效率

$$\eta_{\mathrm{m}} = \frac{P - \Delta P_{\mathrm{m}}}{P} \tag{3-51}$$

机械效率 η_{m} 与比转数有关，一般离心风机 $\eta_{\mathrm{m}} = 0.92 ~ 0.98$。

2. 容积（泄漏）损失及效率（ΔP_{v}、η_{v}）

（1）容积（泄漏）损失其是由转动的叶轮与固定机壳之间存在间隙泄漏和气体回流造成的泄漏产生的能量损失，称为容积损失（也称泄漏损失）。离心风机容积损失 ΔP_{v} 以 kW

表示。

（2）容积效率

$$\eta_{\mathrm{v}} = \frac{P - \Delta P_{\mathrm{m}} - \Delta P_{\mathrm{v}}}{P - \Delta P_{\mathrm{m}}} \tag{3-52}$$

风机容积效率 η_{v} 一般为 $0.88 \sim 0.95$。

3. 流动损失及效率（ΔP_{h}、η_{h}）

（1）流动损失 ΔP_{h}

包括"摩擦损失"和"冲击损失"两部分

1）摩擦损失，系气体经过进气口、集流器、叶片通道及机壳时摩擦产生的阻力损失。

2）冲击损失，系工况变化及撞击、涡流造成的冲击损失。

（2）流动效率

$$\eta_{\mathrm{h}} = \frac{P - \Delta P_{\mathrm{m}} - \Delta P_{\mathrm{v}} - \Delta P_{\mathrm{h}}}{P - \Delta P_{\mathrm{m}} - \Delta P_{\mathrm{v}}} \tag{3-53}$$

4. 风机的效率

风机的效率是衡量风机经济运行的重要指标，其计算公式如下：

$$\eta_{\mathrm{r}} = \frac{q_{\mathrm{vsg1}} p_{\mathrm{F}} k_{\mathrm{p}}}{1000 P_{\mathrm{r}}} \times 100\% \tag{3-54}$$

式中　η_{r}——风机效率；

q_{vsg1}——风机进口滞止容积流量（$\mathrm{m^3/s}$）；

p_{F}——风机压力（Pa）；

k_{p}——压缩性修正系数；

P_{r}——叶轮功率，即供给风机叶轮的机械功率（kW）。

$$p_{\mathrm{F}} = p_{\mathrm{sg2}} - p_{\mathrm{sg1}} \tag{3-55}$$

式中　p_{sg2}——风机出口滞止压力（Pa）；

p_{sg1}——风机进口滞止压力（Pa）。

3.2.4　静态、动态和关联分析与评价

1. 风机系统的静态能效分析与评价

风机能效评价中"压力系数"与"比转速"的诠释如下。

压力系数与比转速是无因次参数，它与计算单位、几何尺寸、转速和气体密度等因素无关，通过相似原理的换算，得到风机的压力系统 ψ 和比转速 n_{s}，从而简便地查询到最高风机效率。其换算公式如式（3-56）~式（3-58）。

压力系数计算：

$$\psi = \frac{p_{\mathrm{F}} k_{\mathrm{p}}}{\rho_{\mathrm{sg1}} u^2} \tag{3-56}$$

式中　ψ——压力系数；

ρ_{sg1}——通风机进口滞止密度，（$\mathrm{kg/m^3}$）；

u——通风机叶轮叶片外缘的圆周速度，（m/s）。

以风机最高效率点的压力系数作为该风机的压力系数。

比转速计算公式：

1）单级单吸入式离心通风机比转速按式（3-57）计算：

$$n_s = 5.54n \frac{q_{vsg1}^{1/2}}{\left(\dfrac{1.2p_F k_p}{\rho_{sg1}}\right)^{3/4}} \tag{3-57}$$

式中　n_s——风机比转速；

　　　　n——风机主轴的转速（r/min）。

2）单级双吸入式离心通风机比转速按式（3-58）计算：

$$n_s = 5.54n \frac{(q_{vsg1}/2)^{1/2}}{\left(\dfrac{1.2p_F k_p}{\rho_{sg1}}\right)^{3/4}} \tag{3-58}$$

以风机最高效率点比转速作为该风机比转速。

（1）风机的能效等级

风机种类众多，功能不一，此处仅介绍有代表性的离心通风机和轴流通风机的能效。风机的能效等级分为 3 级，其中 1 级能效量高，3 级能效最低。规定如下：

1）离心通风机。

① 在稳定工作区内最高通风机效率 η_r 应不低于表 3-6、表 3-7 的规定；

② 采用普通电动机直联型式（A 式传动）的离心通风机在稳定工作区内最高通风机效率应不低于表 3-6、表 3-7 的规定。

③ 双吸入式离心通风机在稳定工作区内其效率 η_r 1、2 级按表 3-6、表 3-7 中的规定下降 1 个百分点，3 级下降 3 个百分点。

④ 暖通空调用离心通风机在稳定工作区内其效率 η_r 1、2 级按表 3-6、表 3-7 中的规定下降 1 个百分点，3 级下降 3 个百分点。

⑤ 当进口有进气箱时，在稳定工作区内其各等级效率 η_r 应按表 3-6、表 3-7 中的规定下降 4 个百分点。

2）轴流通风机。

① 在稳定工作区内最高通风机效率应不低于表 3-8 的规定。

② 采用普通电动机直联型式（A 式传动）的轴流通风机在稳定工作区内最高通风机效率应不低于表 3-8 的规定。

③ 当进口有进气箱时，按表 3-8 的规定下降 3 个百分点。

④ 当出口带扩散筒时效率值应不低于表 3-8 中 $0.55 \leqslant \gamma < 0.75$，机号 $\geqslant$ No10 的规定，当风机出口无扩散筒时，效率值应比表 3-8 提高 2 个百分点。

⑤ 对动叶可调（在运行中完成动叶片角度同步调节功能）的轴流通风机，在进口无进气箱，出口无扩散筒条件下，效率值 1 级应不低于 89.5%，2 级应不低于 87%，3 级应不低于 82%。

⑥ 可逆转轴流通风机，效率值按表 3-8 中的规定下降 8 个百分点。

3）外转子电动机（单相及三相多速式、三相六极及以上除外）直联传动型式的前向多翼离心通风机，最高机组效率应不低于表 3-9 的规定。

表 3-6　离心通风机 (0.95≤ψ<1.55) 能效等级

压力系数 ψ	比转速 n_s	效率 η_r(%)																	
		No2<机号 ≤No2.5			No2.5<机号 ≤No3.5			No3.5<机号 ≤No4.5			No4.5<机号 ≤No7			No7<机号 ≤No10			机号>No10		
		3级	2级	1级	3级	2级	1级	3级	2级	1级	3级	2级	1级	3级	2级	1级	3级	2级	1级
1.35≤ψ<1.55	45<n_s≤65	43	58	61	46	59	62	49	60	63	52	61	64	56	64	67	59	65	68
1.05≤ψ<1.35	35<n_s≤55	45	62	65	48	63	66	51	64	67	54	65	68	59	68	71	63	69	72
0.95≤ψ<1.05	10≤n_s<20	49	65	70	52	66	71	55	67	72	58	68	72	62	70	75	65	73	78
0.95≤ψ<1.05	20≤n_s<30	52	66	71	55	67	72	58	68	73	61	69	73	63	71	76	66	75	80

表 3-7　离心通风机 (0.25≤ψ<0.95) 能效等级

压力系数 ψ	比转速 n_s	效率 η_r(%)								
		No2<机号<No5			No5≤机号<No10			机号≥No10		
		3级	2级	1级	3级	2级	1级	3级	2级	1级
0.85≤ψ<0.95	5≤n_s<15	62	72	75	65	75	78	69	78	81
0.85≤ψ<0.95	15≤n_s<30	65	74	77	68	77	80	72	80	83
0.85≤ψ<0.95	30≤n_s<45	68	76	79	71	79	82	75	82	85
0.75≤ψ<0.85	5≤n_s<15	62	70	75	65	75	78	68	78	61
0.75≤ψ<0.85	15≤n_s<30	65	72	78	68	75	81	70	78	84
0.75≤ψ<0.85	30≤n_s<45	68	75	80	71	78	83	72	81	85
0.65≤ψ<0.75	10≤n_s<30	62	70	77	63	72	79	64	73	83
0.65≤ψ<0.75	30≤n_s<50	65	72	82	66	75	83	67	76	84
0.55≤ψ<0.65	20≤n_s<45	64	74	81	70	76	85	73	80	86
0.55≤ψ<0.65	45≤n_s<70	69	75	82	73	79	86	75	82	87
0.45≤ψ<0.55	10≤n_s<30	67	74	79	69	76	81	71	79	85
0.45≤ψ<0.55	30≤n_s<50	71	77	82	73	79	84	75	81	86
0.45≤ψ<0.55	50≤n_s<70	73	78	83	75	80	85	77	82	87
0.35≤ψ<0.45	50≤n_s<65	70	79	84	72	81	86	75	83	88
0.35≤ψ<0.45	65≤n_s<80	No2≤机号<No3.5：63 73 78；No3.5≤机号<No5：66 78 83			73	82	87	76	84	89
0.25≤ψ<0.35	65≤n_s<85	—			70	79	84	72	81	86

表 3-8　轴流通风机能效等级

轮毂比 γ	效率 η_r(%)								
	No2.5≤机号<No5			No5≤机号<No10			机号≥No10		
	3级	2级	1级	3级	2级	1级	3级	2级	1级
γ<0.3	55	66	69	58	69	72	60	73	77
0.3≤γ<0.4	59	68	71	61	71	74	63	75	79
0.4≤γ<0.55	61	70	73	64	73	76	66	77	81
0.55≤γ<0.75	63	72	75	67	75	78	69	79	83

注：子午加速轴流通风机轮毂比按轮毂出口直径计算。

表 3-9　外转子电动机直联传动型式的前向多翼离心通风机能效等级

压力系数 ψ	比转数 n_s	效率 η_c（%）														
		机号≤No2			No2<机号≤No2.5			No2.5<机号≤No3.5			No3.5<机号≤No4.5			机号>No4.5		
		3级	2级	1级	3级	2级	1级	3级	2级	1级	3级	2级	1级	3级	2级	1级
1.0≤ψ<1.1	$n_s>50$	36	43	46	37	50	54	39	50	53	43	55	60	50	60	63
	30<n_s≤50	35	42	45	35	49	53	38	49	52	42	54	59	49	59	62
1.1≤ψ<1.2	$n_s>50$	35	43	46	36	49	52	38	49	52	42	55	59	49	59	62
	30<n_s≤50	34	42	45	35	48	51	37	48	51	41	54	58	48	58	61
1.2≤ψ<1.3	$n_s>50$	33	43	46	35	49	52	37	48	51	41	55	58	48	58	61
	30<n_s≤50	32	42	45	34	48	51	36	47	50	40	54	57	47	57	61
1.3≤ψ<1.4	$n_s>50$	33	42	46	35	48	51	37	47	51	41	54	57	47	57	61
	30<n_s≤50	31	41	44	33	47	50	35	47	50	39	53	56	46	56	60
1.4≤ψ	$n_s>50$	32	41	44	34	47	50	36	47	51	40	53	56	46	56	60
	30<n_s≤50	30	40	43	32	46	49	34	50	50	38	52	55	45	55	59

（2）风机的能效限定值

使用全尺寸风机进行性能试验，以稳定工作区内最高机组效率作为能效等级的考核值，风机能效限定值如下：

1）离心通风机能效限定值。

① 在稳定工作区内最高通风机效率 η_r 应不低于表3-6、表3-7中3级的规定。

② 采用普通电动机直联型式（A式传动）的离心通风机在稳定工作区内最高通风机效率应不低于表3-6、表3-7中3级的规定。

③ 双吸入式离心通风机在稳定工作区内其效率 η_r 按表3-6、表3-7中3级的规定下降3个百分点。

④ 暖通空调用离心通风机在稳定工作区内其效率 η_r 按表3-6、表3-7中的规定下降3个百分点。

⑤ 当进口有进气箱时，在稳定工作区内其各等级效率 η_r 应按表3-6、表3-7中3级的规定下降4个百分点。

2）轴流通风机能效限定值。

① 在稳定工作区内最高通风机效率应不低于表3-8中3级的规定；

② 采用普通电动机直联型式（A式传动）的轴流通风机在稳定工作区内最高通风机效率应不低于表3-8中3级的规定；

③ 当进口有进气箱时，按表3-8中3级的规定下降3个百分点；

④ 当出口带扩散筒时效率值应不低于表3-8中 0.55≤γ<0.75，机号≥No10 的3级的规定，当风机出口无扩散筒时，效率值应比表3-8中3级提高2个百分点；

⑤ 对动叶可调（在运行中完成动叶片角度同步调节功能）的轴流通风机．在进口无进气箱，出口无扩散筒条件下，效率值应不低于82%；

⑥ 可逆转轴流通风机，效率值按表3-8中3级规定下降8个百分点。

3）对于采用外转子电动机（单相及三相多速式、三相六极及以上除外）直联型式的前向多翼离心通风机，最高机组效率应不低于表 3-9 中 3 级的规定。

2. 风机系统的动态能效分析与评价

（1）经济运行评价指标的计算

1）机组额定效率：

$$\eta_{je} = \frac{P_e}{P_{ie}} \times 100\% \tag{3-59}$$

式中　η_{je}——机组额定效率；

　　　P_e——额定状态下，机组输出的有效功率；

　　　P_{ie}——额定状态下，电源输入机组的有效功率。

机组额定效率也可用下列简化公式计算：

$$\eta_{je} = \eta_{de}\eta_{te}\eta_{ne}\eta_{fe} \tag{3-60}$$

式中　η_{de}——电动机额定效率；

　　　η_{te}——传动机构效率；

　　　η_{ne}——调速装置效率；

　　　η_{fe}——风机额定效率。

2）机组运行效率：

$$\eta_j = \frac{\sum_{i=1}^{n} P_i t_i}{\sum_{i=1}^{n} W_i} 100\% \tag{3-61}$$

式中　η_j——记录期内机组总的平均运行效率；

　　　P_i——记录期内机组在第 i 种负荷下运行，风机输出的有效功率；

　　　t_i——记录期内机组在第 i 种负荷下的运行时间；

　　　W_i——记录期内机组在第 i 种负荷下运行时，电源输入机组的电量；

　　　n——记录期内的负荷变化的次数。

3）系统管网泄漏率：

$$\lambda_1 = \frac{Q_s - Q'}{Q_s} \times 100\% \tag{3-62}$$

式中　λ_1——系统管网泄漏率；

　　　Q_s——输入管网的总容积流量；

　　　Q'——管网输出的总容积流量。

4）输入单位容积介质电耗：

$$\varepsilon = \frac{\sum_{i=1}^{n} W_i}{\sum_{i=1}^{n} Q_i t_i} \tag{3-63}$$

式中　ε——输出单位容积介质电耗（kWh/m^3）；

　　　Q_i——记录期内机组在第 i 种负荷下运行时通风机输出风量（m^3/h）。

（2）风机系统经济运行的判定与评价

1）对设备选型的判别与评价。

① 设备的额定功率大于电动机和风机 GB 18613—2020 和 GB 19761—2020 中规定的能效限定值，则认定设备符合选型经济运行要求；

② 设备的额定效率大于电动机和风机 GB 18613—2020 和 GB 19761—2020 中规定的能效限定值，则认定设备选型经济运行合理；

③ 设备的额定效率小于电动机和风机 GB 18613—2020 和 GB 19761—2020 中规定的能效限定值，则认定设备和选型不经济。

2）对机组运行的判别与评价。

用记录期内实测机组运行效率与机组的额定效率之比值来衡量：

① 其比值大于 0.85，则认定机组运行经济；

② 其比值为 0.70～0.85，则认定机组运行合理；

③ 其比值小于 0.70，则认定机组运行不经济；

④ 机组总效率的动态游标示意如图 3-14 所示。

3）对管网运行的判别与评价。

应在记录期内进行泄漏测试。

① 一般送、排风系统管网泄漏率小于 5%，则认定管网运行经济；

② 管网泄漏率在 5%～10% 之间，则认定管网运行合理；

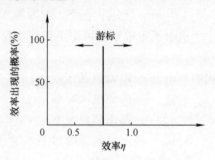

图 3-14　机组总效率的动态游标示意图

③ 管网泄漏率大于 10%，则认定管网运行不经济。

4）对系统运行的判别与评价。

① 系统所有设备、机组和管网同时达到上述选型、运行效率和泄漏率的经济运行要求，则认定系统运行经济；

② 系统所有设备、机组和管网其中有达到上述选型、运行效率和泄漏率所要求的运行合理要求，并没有运行不经济项时则认定系统运行合理；

③ 系统所有设备、机组和管网有一项被判定为运行不经济，则认定系统运行不经济。

不同风机系统输送单位容积介质电耗符合相关标准的为经济运行，不符合相关标准的为不经济。

3. 风机系统能效的关联分析与评价

风机系统能效的关联分析，主要阐述风机各种调节能效的比较、风机转速与风门的最优综合调节，以及电动机的联合运行效果等内容。

（1）风机各种调节能效的比较

在特定的管道系统中，风机的出力可通过某些调节手段来实现。然而调节方法和调节深度的不同，对风机系统的功率消耗及效率影响也不同。目前，风机的调节方法有节流调节、导向器调节、变速调节、动叶调节和静叶角度调节等几种。

1）节流调节是调节风机的出口风门或挡板的开度，即用人为增加通风系统的阻力（或改变风道特性曲线）的办法来控制风机的流量。

节流调节方法最安全可靠，但不经济。因为当风门、挡板关小时，风机所产生的压头并非全部有效地用于克服原来管道的阻力，而有部分风压被风门、挡板关小后额外增加的阻力所消耗掉。因此，一般仅在小型风机上使用。

2）导向器调节是用改变装在风机入口处导向叶片角度来变更风机的流量。这种调节方法的原理在于改变风机的吸气角度，从而改变风机的风压和流量（类似改变风机性能）。

导向器调节与节流调节的区别在于同时降低流量和风压，虽然此调节方法增加了涡流损失，但相比于节流调节会增加风压损失而言，导向器调节比节流调节损耗小，比较经济。试验结果表明，当风机在额定出力的 50% ~ 60% 下运行时，采用简易导向器调节比节流挡板调节能使风机的耗电量节省 30% ~ 35%。

3）变速调节是用改变风机转速来改变风机的风量。对于同一风机，在气体质量不变的情况下，风机产生的风压与其转速二次方呈正比，而流量与其转速呈正比。因此，随着风机转速的改变，风机特性曲线随之改变，致使风机的风压和风量相应跟着改变。

变速调节最佳的方案是变频调速，其是调节范围最大、经济性最佳的调节方法，变频调速适应负载率变化大，且可实施软启动的情况，是目前节能市场极力推广的调节手段。

4）动叶调节是通过改变风机叶轮上叶片的安装角度来达到调节流量的目的，也就是通过改变风机的 q-p 特性曲线的形状和位置来达到改变风机工作点的目的。

在动叶调节不仅压力特性曲线要变化时，其功率特性曲线、效率曲线也相应变化。动叶片调节角度越大，撞击与涡流的能量损失也越大，对效率的影响相对也较大。

实践证实，轴流通风机的动叶调节范围及经济性均较理想。尽管调节系统较复杂（尤其是自动式），目前仍被广泛采用。如电站、矿井及隧道等所用的大型轴流通风机，普遍采用动叶调节方法，因为对节能和减小噪声是有利的。

5）静叶角度调节。对离心通风机，改变扩压器叶片安装角，能使性能曲线左右平移以扩大稳定工作范围，但不能改变叶轮对气体所做的功。若与其他调节方法联合使用，其调节效果明显提高。这种调节机构较复杂。对轴流通风机，改变中间导流器叶片安装角，使叶轮进口速度三角形变化，这样，改变了叶轮对气体的做功。它与一般进口导流器具有相同的作用，这种调节方法经济性比较好，但调节机构较为复杂。

（2）风机转速与风门的最优综合调节

在选择调速或风门调节时，要兼顾风量和风压两个指标，否则会带来不良效果。

（3）风机的联合运行

由于管路系统或工程实际的需要，在使用中还有采用两台及以上的风机联合运行的方式。联合运行方式有串联与并联两种。

1）风机的并联运行。

并联运行就是两台或两台以上风机同时驱动流体向同一管路系统输送的工作方式。并联运行的主要目的有三部分：①增加流量；②根据工作需要通过改变运行台数来调整流量；③考虑运行的安全。

并联运行的特点是，并联后的压力与并联前的两台风机压力相等，总流量为两台风机流量之和。

风机在管路系统中的并联运行分为两种情况，即相同性能的风机并联运行和不同性能的风机并联运行。现对风机并联运行的工作特性分析如下：

① 相同性能风机的并联运行。

并联运行时风机总流量小于两台风机单独运行时的流量之和，这是流量增加后管道阻力增加所造成的，当并联台数越多时，总流量增加的比例越小。

② 不同性能风机的并联运行。

并联运行时，台数越多其增加的流量越小，故不同性能的风机并联运行并不经济。

2）风机的串联运行。

风机依次串联在同一管路系统中，输送同一流量流体的工作方式为串联运行。风机串联运行除了能提高风机的全压，还有安全、经济的作用。

串联运行的特点是，经过每台风机的流量相同，而全压依次提高。风机在管路系统中同样可分为相同性能和不同性能两种串联运行的方式。

① 相同性能风机的串联运行。

串联后的总压力增加了，但小于两台风机单独运行时的压力之和。串联后的总流量增加了，且大于每台风机单独运行时的流量。管路性能曲线越陡峭，而风机性能曲线较平坦，串联后压力增加得越明显。

② 不同性能风机的串联运行。

为使串联运行的风机能取得较好的效果和最大的正常工作范围，应注意如下几类：

· 串联运行中流体逐渐升级，后续风机的材料强度应满足要求；
· 串联运行的风机性能尽可能接近或相匹配，且以平坦 p-q 性能为佳；
· 由于操作技术复杂，一般不宜采用不同性能风机的串联运行。

3.2.5 节电技术与管理措施

1. 风机系统的节电技术

（1）风机系统的节电技术

风机在工业企业中使用较广泛，据统计其用电量占到全国发电量的 10% 左右。有的设备在一四季中风量变化很大，这就要求风机在设计工况和各种使用工况都要有较高的效率。因此，如何正确选用风机以及采取何种节能措施，对提高风机系统效率有着举足轻重的作用。

（2）高效风机的置换技术

我国在用风机标注效率一般为 55% 左右，而实际上由于各方面的原因，其实际运行效率在 40% ~ 45% 。目前高效风机的标注效率可以高达 80% ，扣除传动以及系统的损失等，风机的效率至少可以维持在 77% 以上，其节能空间在 20% 以上。

采用高效风机实际上就是根据现有系统的工况点，以及风机的特性曲线，校核风机的运行效率，以高效率、低能耗的风机来置换运行效率低、能耗过高的风机，以达到节约能源的目的。高效风机置换主要适用于现有风机额定工况效率低下、风机长期运行于非高效区的风机。

（3）风机变频调速技术

当风机负荷有经常性变化或有明显季节性变化时，可采用调速办法，如多速电机、变频器调速技术等来解决。调速是风机技术改造中广泛使用的一种方法。通过调速使风机性能曲线移动，来适应负荷的变化，使风机运行尽量处于高效区域，减少节流损失。

变频调速技术可对转速实现无级调节，还可实现大电动机的起停，避免起动时的电流冲击，同时降低了对电网的容量要求和无功损耗，是目前主流的调速技术。应当注意到，由于变频器本身耗电，以及变频器对电动机性能的影响，采用变频调速会产生 4% ~ 8% 的效率下降。因此，使用变频技术时应具体问题具体分析。

（4）风机系统集中控制技术

对于一些通风要求比较高的行业和工艺场所，一般的风机都是以群配置的。在系统负荷不稳定或负荷变化比较大的情况下，可以考虑应用风机系统集中控制技术。

风机系统集中控制技术可以根据末端对风量和风压的实际需求，按照设定的周期，实时地调整风机的开启台数以及风机运行的工况，使系统能够尽量长时间地在高效区运行，以提高系统效率。

（5）送风管网优化技术

对现有管网系统进行实地勘察、检测和综合评估，在此基础上进行管网改造，具体包括风管泄漏改造、风管保温改造、风管管网局部阻力改造、风管清洗等。通过实行对管网的优化，降低系统设备的能耗，减少送风过程中的能耗，以达到节能的目的。

（6）风机的叶形和结构改造技术

1）风机的设计、工艺制造、原材料使用近来有较大的革新，如采用机翼型的 A-72 通风机效率已达 90% 以上，比一些旧的低效风机效率提高很多。因此风机的改造中可以采用高效型叶轮代替旧的低效风机叶轮，原有风机外壳和电动机仍可使用。轴流通风机采用玻璃钢或铝合金扭曲型叶片代替 Y-12 型平板叶片，效率可提高 40% 以上。

2）风机的结构改造可改善风机气流的流动状态，提高效率。通过改进进气室的结构，采用流线型集流器代替一般圆柱形集流器，效率可提高 8% 左右；采用对数螺旋形外壳；控制蜗壳舌部与叶轮之间的间隙；保持一定的扩散角；轴流通风机加装集流圈、集流罩、整流罩等，效率可提高 8% ~ 10%。

3）轴流通风机可更改叶片角度，满足变化的工况要求。

2. 风机系统的节电管理措施

1）制定有关规章制度，定岗定期对风机系统开展巡视检查和维护；

2）对风机系统核心能效指标进行分析，并做出相应的改进和调控措施，确保风机系统的经济性；

3）对风机系统中有关电气设备按规定进行电气预防性试验，以保证系统设备的安全、经济运行。

3.3　泵类系统能效诊断分析、贯标评价与节能

泵是将电动机的机械能转换成液体能量的设备，是用来增加液体的位能、压能和动能（高速液流）的通用机械。

泵类系统是指电动机、拖动设备、控制设备，以及管网等组成的通用机械系统。根据统计，全国泵类系统的用电量约占全国用电量的 20.9%。

3.3.1　泵类系统能效模型

1. 电动机节点与泵节点组成的节点链模型（见图 3-15）

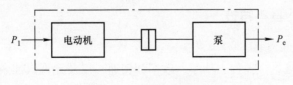

图 3-15　泵节点链模型

2. 泵节点链组成的区块链模型（见图 3-16）。

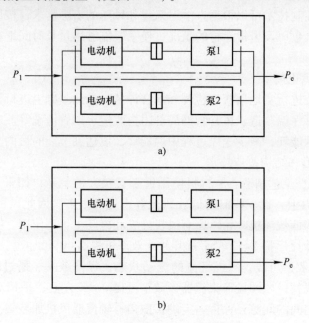

a)

b)

图 3-16　泵节点链组成的区块链模型

a) 泵增容结构区块链模型（由两节点链并联而成）　b) 泵增压结构区块链模型（由两节点链串联而成）

3. 泵区块链各节点功率与效率模型及能效分析结构（见图 3-17）

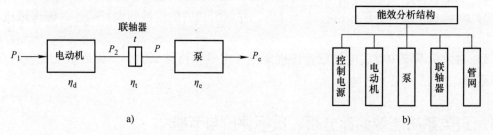

a)　　　　　　　　　　　　　　　　　　　b)

图 3-17　泵区块链功率、效率模型和能效分析结构图

a) 功率与效率模型　b) 能效分析结构

泵类系统总效率

$$\eta_P = \eta_d \eta_t \eta_e \tag{3-64}$$

式中　η_d——电动机的效率；

η_t——传动装置（联轴器）的效率；

η_e——泵的效率。

3.3.2　泵类系统的基本特性

1. 泵的基本参数

泵的基本参数有流量、扬程、功率、效率和转速，以及允许汽蚀余量等。

（1）流量 q

流量是指单位时间内泵输送流体的数量。可表达为体积流量 q_v、质量流量 q_m，体积流

量 q_v 与质量流量 q_m 之间的关系可用如下公式换算：

$$q_m = \rho q_v \tag{3-65}$$

式中　ρ——液体密度。

（2）扬程 H

扬程是指泵的压头，即指水泵能够扬水（液体）的高度，通常用 H 表示，单位为米（m）。

扬程计算公式如下：

$$H = \frac{p_2 - p_1}{\rho g} + \frac{v_2^2 - v_1^2}{2g} + z_2 - z_1 \tag{3-66}$$

式中　H——扬程（m）；

p_1 和 p_2——泵进出口处液体压强（Pa）；

v_1 和 v_2——液体在泵进出口处的流速（m/s）；

z_1 和 z_2——液体进出口高度（m）；

g——重力加速度（m/s²）。

（3）全压 p

单位体积流量通过泵后的能量增加值用压力表示，称为全压（压差）。全压与扬程之间可以互相换算，其换算公式如下：

$$p = \rho g H \tag{3-67}$$

（4）功率

泵功率可分为有效功率、轴功率、电动机的配用功率等。没有明确指明时，泵的功率一般指轴功率。

1）有效功率 P_e 是指单位时间内流经泵的流体实际得到的能量，用 P_e 表示。

有效功率可由泵的输出流量与扬程的乘积求得，即

$$P_e = \frac{\rho g q_v H}{1000} \tag{3-68}$$

2）轴功率 P 是指电动机传到泵轴上的功率，又称输入功率，用 P 表示，单位为 kW。

轴功率通常由电测法确定，即用功率表测出电动机输入功率 P_1，则

$$P = P_2 \eta_t = P_1 \eta_d \cdot \eta_t \tag{3-69}$$

式中　P_2、η_d——电动机输出功率及电动机效率；

η_t——传动装置效率，刚性联轴器 $\eta_t = 1$，三角形带传动 $\eta_t = 0.85$。

（5）效率 η

泵的效率通常指泵的总效率，即泵输出功率与泵输入功率之比的百分数，用 η 表示。

$$\eta = \frac{P_e}{P} \times 100\% \tag{3-70}$$

（6）转速 n

转速是指泵叶轮每分钟的转数。泵的转速越高，流量、扬程也越大，但提高转速要受到材料强度、泵汽蚀、泵效率等因素的制约。

（7）汽蚀余量 Δh

汽蚀余量是标志泵汽蚀性能的重要参数，用 Δh 表示。汽蚀余量又称净正吸入水头，它也是确定泵的几何尺寸安装高度的重要参数。

2. 泵的特性曲线

（1）离心泵特性曲线（见图3-18）

由图3-18可知，离心泵性能曲线有三种形式：

1）陡降型。如图3-18曲线a所示，这种曲线有25%~30%的斜度，当流量变动很小时，扬程变化较大。这种性能适用于扬程变化大，而要求对流量影响小的情况，如火电厂中的循环水泵。

2）平坦型。如图3-18曲线b所示，这种曲线具有8%~12%的斜度，当流量变化很大时，扬程变化很小。这种性能适用于流量变化大，而要求对扬程影响小的情况，如火电厂中的锅炉给水泵，凝结水泵等。

3）驼峰型。如图3-18曲线c所示，其扬程随流量的变化是先增加后减小，曲线上k点对应扬程的最大值H_k和q_{vk}。在k点左边为不稳定工作段，在该区域工作，会导致泵与风机的工作不稳定。

（2）轴流泵特性曲线（见图3-19）

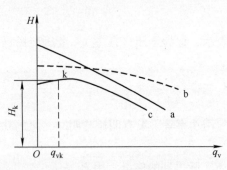

图3-18　离心泵性能曲线

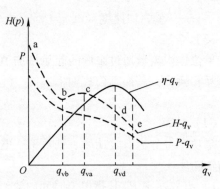

图3-19　轴流泵特性曲线

由图3-19可知：

1）泵的H-q_v特性曲线是一条陡降的倒S形曲线，其中曲线bc段为叶轮的叶片中产生二次回流的原因导致；

2）泵的P-q_v特性曲线为一条下降趋势的曲线，其中曲线$q_v=0$时，轴功率最大；

3）泵的η-q_v特性曲线其与离心泵比较，高效工况区偏窄，原因是失速现象的尾涡流损失和二次回流的撞击损失造成。

（3）混流泵的性能介于离心泵与轴流泵之间。

3. 管路特性曲线

管路特性曲线是流体在管路中克服阻力（包括静扬程和动态阻力）与流量之间的关系曲线。

图3-20为泵的管路特性曲线。扬程OA段（即曲线起点A至坐标O点）管路为静扬程。扬程H随流量q_v按二次抛物线规律变化。

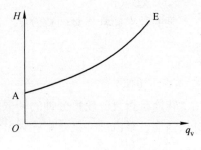

图3-20　泵的管路特性曲线

管路特性曲线表明：对一定的管路系统来说，管路特性曲线的形状、位置、取决于管路装置、流体性质和流动阻力。

流动阻力的计算公式为

$$h_w = \varphi q_v^2 \tag{3-71}$$

其中，φ 为管路综合阻力系数，亦称为管路阻抗，它与管路中流体种类、密度和黏度、管长、管路截面的几何特征、管壁粗糙度，积垢、积灰、结焦、堵塞、泄漏及管路系统中局部装置的个数、种类和阀门开度等因素有关。

（1）管路的并联工作特点

如果管路系统是由不同直径的简单管段并联而成，则管路系统总的性能曲线由并联的管段性能共同决定，并联管段的工作特性如下：

1）各并联管段上单位质量流体的阻力应相等，否则就会失去平衡；

2）管路系统中的流量等于各管段流量之和；如图 3-21 所示。将 Ⅰ、Ⅱ 两条简单管段的性能曲线在同一扬程下将流量相加，便得到并联管路总的性能曲线 Ⅰ + Ⅱ。

（2）管路的串联工作特点

若管路系统是由不同管径的简单管段串联而成，则管路系统总的性能曲线取决于串联管路的工作特点。由图 3-22 可见，串联管路的工作特点如下：

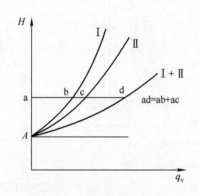

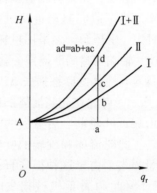

图 3-21　管路并联性能曲线　　　图 3-22　管路串联性能曲线

1）各串联管路的流量相等；

2）总阻力损失为各管段阻力损失之和。

如图 3-22 所示，将 Ⅰ、Ⅱ 两条简单管段的性能曲线按同一流量下将扬程叠加，便得到两管串联后总的性能曲线 Ⅰ + Ⅱ。

3.3.3　泵类的损失与效率计算

流体在泵内的流动过程十分复杂，目前还不能用分析的方法精确地计算这些损失，而主要借助试验研究和经验公式。但从理论上分析产生损失的原因，找出减少损失的途径，对提高效率仍然是有意义的。

按照泵内的各种损失其可分为三类，即机械损失 ΔP_m、容积损失 ΔP_v 和水力损失 ΔP_h。

图 3-23 为输入功率、机械损失、容积损失和水力损失之间的能量转换流程和能量平衡图。

1. 机械损失及机械效率

泵的机械损失 ΔP_m 主要包括以下两部分摩擦损失。

（1）轴与轴承及轴与轴封的摩擦损失 ΔP_{m1}

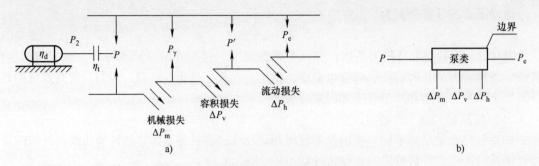

图 3-23　泵类能量转换流程和能量平衡图
a）能量转换流程　b）能量平衡图

此项损失与轴承的结构形式、轴封的结构形式、填料种类、轴颈的加工工艺及流体的密度有关。一般 $\Delta P_{m1} = (0.01 \sim 0.03)P$。轴功率较大时取下限，较小时取上限。

测定泵在没有灌水时空转所消耗的功率就是这项损失。对小型泵，如填料压盖压得过紧，损失会超过 3%，甚至造成起动负荷过大，填料发热烧坏；对大、中型泵，多采用机械密封、浮动密封等结构，轴端密封的摩擦损失就较小。

（2）叶轮圆盘与流体的摩擦损失 ΔP_{m2}

如图 3-24 所示，叶轮在充满流体的蜗壳内旋转时，泵腔内靠近叶轮前、后盖板的流体将随叶轮一起旋转，此时流体和旋转的叶轮发生摩擦而产生能量损失。由于这种损失直接减小了泵的轴功率，因此归属于机械损失。一般 $\Delta P_{m2} = (2\% \sim 10\%)P$。

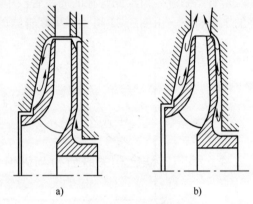

图 3-24　圆盘摩擦损失
a）闭式泵腔　b）开式泵腔

圆盘摩擦损失用以下经验公式计算：

$$\Delta P_{m2} = K\rho n^3 D_2^5 \times 10^{-6} \tag{3-72}$$

式中　K——圆盘摩擦系数，由试验所得，它与雷诺数、相对侧壁间隙 B/D_2 圆盘外表面和壳腔内表面的粗糙度有关；

　　　D_2——叶轮出口直径（m）；

　　　n——叶轮转速（r/min）；

　　　ρ——流体密度（kg/m³）。

圆盘摩擦损失在机械损失中占重要成分，在低比转速离心泵中尤其显著，对高比转数泵（如轴流泵），不考虑此项损失。

机械损失总功率：

$$\Delta P_m = \Delta P_{m1} + \Delta P_{m2} \tag{3-73}$$

机械效率为

$$\eta_m = \frac{P - \Delta P_m}{P} \tag{3-74}$$

机械效率 η_m 与比转速有关，一般离心泵在额定负荷下，$\eta_m = 0.90 \sim 0.97$；轴流式泵的机械效率约为 0.97。

2. 容积损失及容积效率

1）泵的容积损失是由转动部件与静止部件之间产生流体回流和间隙泄漏造成的能量损失。

① 离心泵的容积损失主要有密封回流损失、平衡装置回流损失、级间回流损失和轴封向外的泄漏损失。

② 轴流式泵的容积损失主要有叶片损失与外壳之间间隙的回流损失。

2）容积损失 ΔP_v 的大小用容积效率 η_v 来衡量，即

$$\eta_v = \frac{P - \Delta P_m - \Delta P_v}{P - \Delta P_m} \tag{3-75}$$

离心泵的容积效率，一般为 $\eta_v = 0.92 \sim 0.98$；

轴流式泵容积效率，固定叶片的叶轮为 $\eta_v = 0.98 \sim 0.99$；

　　　　　　　　　　动叶可调的叶轮为 $\eta_v = 0.96$。

3. 流动损失（水力损失）**及流动效率**

1）流动损失 ΔP_h。指泵的"摩擦损失"和"冲击损失"两部分。

① 摩擦损失指流体和各部分流道、壁面、变道边界等处的摩擦损失。

② 冲击损失指流体入口角与叶片安装角不一致时产生冲撞及涡流等产生的损失。

2）流动效率 η_h：

$$\eta_h = \frac{P - \Delta P_m - \Delta P_v - \Delta P_h}{P - \Delta P_m - \Delta P_v} \tag{3-76}$$

离心泵效率一般为 $0.8 \sim 0.85$；轴流泵效率一般为 $0.85 \sim 0.93$。

3.3.4　静态、动态和关联分析与评价

1. 泵类系统的静态能效分析与评价

（1）规定点（是指泵性能曲线上由规定流量和规定扬程所确定的点）计算公式

1）泵效率计算。

泵效率应按式（3-77）进行计算。

$$\eta = \frac{P_u}{P_a} \times 100\% \tag{3-77}$$

式中　η——泵效率（%）；

　　P_u——泵输出功率（有效功率）（kW）；

　　P_a——泵轴功率（输入功率）（kW）。

2）泵比转速 n_s 计算。

泵比转速应按式（3-78）进行计算。

$$n_s = \frac{3.65n\sqrt{Q}}{H^{3/4}} \tag{3-78}$$

式中　Q——流量（m^3/s）（双吸泵计算流量时取 $Q/2$）；

　　H——扬程（m）（多级泵计算取单级扬程）；

　　n——转速（r/min）。

确定效率修正值 $\Delta\eta$。如图 3-25 和图 3-26 所示，根据所计算的比转速查得效率修正值（$\Delta\eta$）。

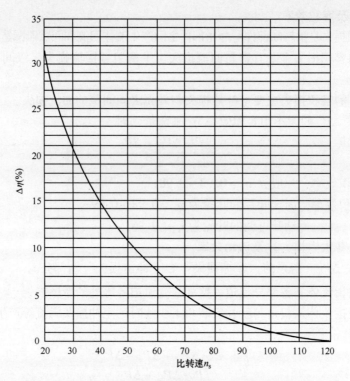

图 3-25 $n_s = 20 \sim 120$ 单级、多级清水离心泵效率修正值（$\Delta \eta$）

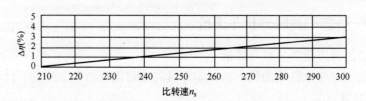

图 3-26 $n_s = 210 \sim 300$ 单级、多级清水离心泵效率修正值（$\Delta \eta$）

3）规定点效率计算。

泵规定点效率应按式（3-79）进行计算。

$$\eta_0 = \eta - \Delta \eta \qquad (3-79)$$

式中　　η_0——泵规定点效率（%）；

　　　　η——泵效率（%）；

　　　$\Delta \eta$——效率修正值（%）。

（2）泵的能效等级

1）泵能效等级的确定。

泵能效等级分为3级，其中1级最高。不同类型及不同流量的泵各能效等级效率应按式（3-80)和表3-10中能效等级系数计算确定，或按图3-27确定；规定流量的泵，各能效等级按表3-11的规定确定。单级双级清水泵、多级清水泵、管道清水泵、石化泵和渣浆泵能效等级，详见 GB 19762—2007 标准。

$$\eta = A + B \cdot \log(q) + C \cdot \log(q)^2 + D \cdot \log(q)^3 + E \cdot \log(q)^4 + F \cdot \log(q)^5 + G \cdot \log(q)^6$$

$$(3-80)$$

式中　　　　　　　　η——泵效率（%）；

q——流量（m^3/h）；

A、B、C、D、E、F、G——计算系数。

注： 单级双吸泵的流量为全流量值。

表 3-10　各类泵能效等级系数

系数	单级单吸			单级双吸			多级泵		
	1级系数	2级系数	3级系数	1级系数	2级系数	3级系数	1级系数	2级系数	3级系数
A	9.8000	-21.2000	-59.5000	20.1000	5.8000	-19.2000	36.5000	17.5000	-49.9000
B	77.7000	112.3000	112.0000	59.8000	57.7800	88.2000	53.1000	52.5000	102.4000
C	-57.0000	-70.1400	-35.8900	-38.2000	-31.0000	-75.0000	-38.4000	-31.2000	-76.7000
D	36.0500	34.1200	0.5700	20.4300	17.6000	45.5000	20.4200	17.5400	45.3500
E	-13.4500	-10.7610	3.7300	-6.4760	-6.0350	-14.6440	-6.4760	-6.0120	-14.6900
F	2.4757	1.8100	-1.0930	1.0400	1.0100	2.3160	1.0420	1.0030	2.3000
G	-0.1752	-0.1220	0.0970	-0.0661	-0.0652	-0.1431	-0.0656	-0.0634	-0.1360

系数	管道泵			石化泵			渣浆泵		
	1级系数	2级系数	3级系数	石化1级系数	石化2级系数	石化3级系数	渣浆1级系数	渣浆2级系数	渣浆3级系数
A	7.5800	-15.8000	-45.0000	13.563	-23.8483	-68.8643	-0.6918	-19.6000	-50.0000
B	91.8100	110.0000	101.0000	72.3245	119.8267	102.6428	72.0000	76.8000	71.0000
C	-71.0000	-70.3700	-33.0000	-50.9991	-80.5548	-18.8692	-55.0000	-54.8900	-40.0000
D	44.0510	34.3000	0.8000	32.036	41.1841	-9.9119	38.4000	38.4000	28.0000
E	-16.4000	-10.7200	3.7000	-12.1357	-13.3158	7.3061	-15.0200	-15.0300	-11.3200
F	3.0510	1.7810	-1.2100	2.2776	2.2782	-1.7621	2.8590	2.8560	2.2000
G	-0.2186	-0.1197	0.1206	-0.16456	-0.1563	0.1485	-0.2110	-0.2110	-0.1627

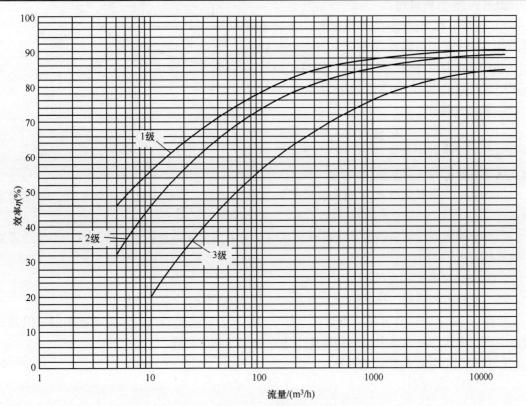

图 3-27　单级单吸清水泵能效等级曲线图

2）泵能效限定值。

泵能效限定值应不低于式（3-77）和表3-10计算出的能效3级，或图3-27以及表3-11规定值的能效3级。（以单级单吸清水泵为例）。

表3-11　单级单吸清水泵能效等级　　　　　　　　　（%）

流量/（m³/h）	5	10	15	20	25	30	40	50	60	70	80	90
能效1级	45.8	55.4	60.4	63.6	66.1	67.9	70.8	72.8	74.4	75.7	76.8	77.6
能效2级	32.4	46.0	52.5	56.6	59.6	61.8	65.1	67.5	69.3	70.7	71.9	72.9
能效3级		19.9	28.4	33.8	37.6	40.5	44.8	47.9	50.3	52.2	53.8	55.2
流量/（m³/h）	100	150	200	300	400	500	600	700	800	900	1000	1500
能效1级	78.4	81.0	82.6	84.5	85.5	86.2	86.7	87.0	87.3	87.5	87.7	88.2
能效2级	73.7	76.7	78.5	80.7	82.0	82.8	83.5	84.0	84.3	84.7	84.9	85.8
能效3级	56.4	60.7	63.6	67.3	69.7	71.4	72.8	73.9	74.7	75.5	76.1	78.3
流量/（m³/h）	2000	3000	4000	5000	6000	7000	8000	9000	10000	15000	—	—
能效1级	88.6	89.0	89.3	89.5	89.7	89.8	89.9	90.0	90.1	90.2	—	—
能效2级	86.4	87.0	87.4	87.7	87.9	88.1	88.2	88.3	88.4	88.4	—	—
能效3级	79.6	81.1	81.9	82.4	82.8	83.1	83.3	83.5	83.7	84.5	—	—

2. 泵类系统的动态能效分析与评价

（1）泵系统的运行工况

泵系统运行工况是一段由泵 $H(P)\text{-}q_v$ 与管路 $H\text{-}q_v$ 两曲线的图解法确定的工作点（见图3-28）。

由图3-28分析可知：

1）若泵不在 M 点而在 A 点工作，此时泵提供的能头 H_A 大于管路在此流量下所需要的能头 H'_A，供给的能量多于需求。多供的能量促使管内流体加速，流量增大，直到工作点移至 M 点达到能量供求的平衡。

2）反之，若泵在 B 点工作，则出现能量的供不应求，迫使管中流量减小，工作点左移到 M 点方可达到能量的供求平衡。

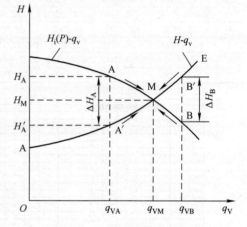

图3-28　泵系统的运行工作点

由此可见，只有交点 M 可满足能量的供求平衡状态，即泵唯有交点处工作，才能稳定地运行。

当泵性能曲线与管路性能曲线没有交点时，说明这台泵的性能过高或过低，不能适应整个装置的要求。

（2）动力泵和容积泵的运行工况

动力泵和容积泵的工作点曲线如图3-29、图3-30所示。

由图3-29、图3-30可见，虽然动力泵和容积泵的特性曲线与离心泵有所不同，但其管路系统特性曲线和泵性能曲线达到平衡工作点的原理基本相同。

（3）动态能效评价指标的计算

1）机组额定效率。

$$\eta_{je} = \frac{P_{ye}}{P_{je}} \times 100\% \tag{3-81}$$

式中　η_{je}——机组额定效率；

$P_{\gamma e}$——额定状态下机组输出的有效功率；

P_{je}——额定状态下电源输入机组的有效功率。

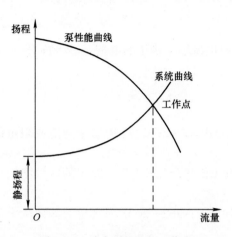

图 3-29　动力泵的运行工作点

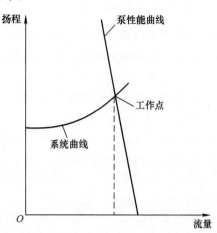

图 3-30　容积泵的运行工作点

机组额定效率也可用下列简化公式计算：

$$\eta_{je} = \eta_{de}\eta_{te}\eta_{ne}\eta_{e} \tag{3-82}$$

式中　η_{de}——电动机额定效率；

η_{te}——传动机构效率；

η_{ne}——调速装置效率；

η_{e}——泵额定效率。

2）机组运行效率。

$$\eta_{j} = \frac{\sum_{i=1}^{n} P_{\gamma i}t_{i}}{\sum_{i=1}^{n} W_{i}} \times 100\% \tag{3-83}$$

式中　η_{j}——记录期内机组总的平均运行效率；

$P_{\gamma i}$——记录期内机组在第 i 种负荷下运行时泵输出的有效功率（kW）；

t_{i}——记录期内机组在第 i 种负荷下的运行时间（h）；

W_{i}——记录期内机组在第 i 种负荷下运行时电源输入机组的电量（kWh）；

n——记录期内的负荷变化次数。

3）系统管网泄漏率。

$$\lambda_{1} = \frac{Q_{w} - Q'}{Q_{w}} \times 100\% \tag{3-84}$$

式中　λ_{1}——系统管网泄漏率；

Q_{w}——输入管网总流量；

Q'——管网输出总流量。

4）输送单位流量电耗。

$$\varepsilon = \frac{\sum_{i=1}^{n} W_i}{\sum_{i=1}^{n} Q_i} \tag{3-85}$$

式中　ε——输送单位流量电耗（kW/m³）；

　　　W_i——记录期内机组在第 i 种负荷下运行时电源输入机组的电量（kWh）；

　　　Q_i——记录期内机组在第 i 种负荷下运行时泵输出的流量（m³/h）。

（4）泵系统经济运行的判别与评价

1）对设备的判别与评价。

① 设备的额定效率大于 GB 18163—2020 和 GB 19762—2007 中规定的能效限定值，则认定设备的选型符合经济运行要求；

② 设备的额定效率大于 GB 18163—2020 和 GB 19762—2007 中规定的能效限定值，则认定设备的选型经济运行合理；

③ 设备的额定效率小于 GB 18163—2020 和 GB 19762—2007 中规定的能效限定值，则认定设备的选型不经济；

2）对机组运行的判别与评价。

用记录期内实测的机组运行效率与机组的额定效率之比值来衡量。

① 其比值大于 0.85，则认定机组运行经济；

② 其比值为 0.70～0.85，则认定机组运行合理；

③ 其比值小于 0.70，则认定机组运行不经济。

如果机组的效率不同，应用有效功率加权平均效率作为判别指标。

3）对管网运行的判别与评价。

① 应在记录期内进行泄漏测试，一般情况下：

输水管网泄漏率小于 0.5%，则认定管网运行经济；

输水管网泄漏率为 0.5%～1%，则认定管网运行合理；

输水管网泄漏率大于 1%，则认定管网运行不经济。

② 系统中存在长期起节流作用的阀门和旁通的回流介质，以及不能正常工作的阀门或其他部件，则认定管网运行不经济。

③ 任何安装在管网中的热交换器、过滤器或控制装置，其压力损失超出厂家规定的范围，则认定管网运行不经济。

4）对系统运行的判别与评价

① 系统所有设备、机组和管网同时达到上述 1）、2）、3）条的经济运行要求，则认定系统运行经济。

② 系统所有设备、机组和管网其中有达到上述 1）、2）、3）条所要求的运行合理要求，并没有运行不经济时，则认定为系统运行合理。

③ 系统所有设备、机组和管网有一项被判定为运行不经济，则认定系统运行不经济。

不同泵系统输送单位流量介质电耗符合相关标准，则认定系统运行经济；不符合标准，则认定系统运行不经济。

④ 泵系统效率的动态游标如图 3-31 所示。

3. 泵类系统的关联因素分析与评价

（1）泵类的联合（串、并联）运行

由于工程实际的需要，在使用中常采用两台及以上泵类的联合运行方式，即泵的串联和并联运行。

工程中泵的串联运行方式的目的主要为提升扬程，而并联运行方式的目的主要为增加流量。泵的串、并联运行特性与风机串、并联运行特性基本类同，分析中仅将风机的 $p = f(q)$ 曲线改为 $H = f(q)$ 曲线。泵的串、并联特性分析，参照风机的联合运行一节内容。

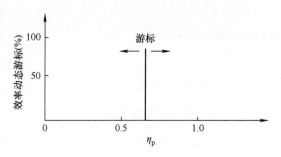

图 3-31　泵系统效率的动态游标图

1）泵的串联运行。

① 相同性能两泵的串联运行。两泵串联运行后流量增加了，其原因在于串联运行时，扬程的增加比阻力的增加要大，富余的能量促使流体加速。

② 性能相差较大两泵的串联运行。一般而言，性能相差较大的两泵不宜串联运行，其原因为管路阻力增加，有可能产生汽蚀，合成曲线变陡而影响工作点位置。

2）泵的并联运行。

① 相同性能两泵的并联运行。两台泵并联运行输出的总流量增大，但小于其单独运行产生的总流量之和；同时扬程也增大了，其原因是管路流量增大流动阻力损失也增大，泵必须提供较高的扬程。

② 性能相差较大两泵的并联运行。一般而言，并联泵的性能应尽可能相近，最好性能相同。性能相差较大时，可能会造成另一台不稳定或无法正常工作的缺陷。

（2）泵类的变频调速运行

变频调速的实质是利用泵的不同工作转速，使其性能曲线相应改变其工作点位置，从而实现改变其输出流量的调节方式。

泵系统采用变频调速技术，使系统能根据负荷需要进行调节运行。其能提高效率，减少运行成本（指机械等其他调节方式），它是电耗明显下降的理想调节方式。

（3）泵的汽蚀关联

泵系统的运行成本取决于泵型选择、低效运行、汽蚀、不良的流量控制和频繁的维护保养。叶片式泵类中的离心泵最容易在运行中受到汽蚀的损害而导致性能下降，甚至因严重腐蚀而缩短泵的使用寿命。

1）泵的汽蚀现象是指在泵内反复出现的液体汽化（气泡形成）和凝结（气泡破裂）的过程，并使金属表面受到冲击剥蚀和化学腐蚀的破坏现象。

2）汽蚀现象的关联影响。

① 在汽蚀开始时，表面在水泵外部的是轻微噪声、振动，而机组的振动又将促使更多的气泡产生和破灭。此时，将会导致机组的剧烈振动，称之为汽蚀共振。若水泵机组发生汽蚀共振，则必须停止水泵机组的运行。

② 液体大量气泡将"堵塞"叶道通流断面，造成流量减少，效率下降，严重时可能出现断流事故。

③ 缩短泵的使用寿命。汽蚀发生时，由于机械剥蚀和化学腐蚀的长期作用，使叶轮和蜗壳等处粗糙和多孔，并产生裂纹，甚至形成空洞，最终将缩短泵的使用寿命。

3）防止泵发生汽蚀的措施。

① 提高系统汽蚀性能，加大有效汽蚀含量措施，减小吸入管路的阻力等；

② 加前置泵；

③ 选用抗汽蚀材料。

3.3.5 节电技术与管理措施

1. 泵类系统的节电技术

1）变流泵类宜采用机械或电气调速节能，其中首选变频调速节能，因其效率最高，效益最好。

2）低效泵的更换。对于一些由于制造工艺结构等原因而效率较低的泵，可以采用重新选型的方法。用新的高效泵去替换。但要避免选择的新泵容量过大或与系统不匹配而造成低效运行。

3）叶轮切削技术。叶轮切削技术是把泵的原叶轮外径在车床上切削得小一些，再安装好进行运转的节能技术。经过切削后的叶轮，其特性曲线就按一定的规律发生变化。

4）优化管路布置。管路设计或改造时应尽量减少管道的突变连接和拐弯，避免直角或"Z"形管网；拆除不必要的挡板，增装导向叶片；及时清除管道水垢、积灰，减少阻力。同时适当增加管道口径，控制流速，减少管道损失。

2. 泵类系统的节电管理措施

1）由于选型不当，管道设计、安装不合理，维护检修不良，管理落后以及设备陈旧等原因，造成了泵效率的降低，经现场调研和效率测试，有很多泵的效率低于 GB/T 13469—2021《离心泵、混流泵与轴流泵系统经济运行》规定和要求，经过技术改造一般都能节电20%～30%，因此泵节电改造是一项投资省、收效快、行之有效的节能措施。

2）运行中的泵由于其种类、性能、应用场合、使用工况和管道布置等不同，因此低效泵改造应根据其实际运行条件，先进行效率的测试分析，然后再制定改造方案。改造主要以提高泵的运行效率和减少节流损失着手，达到泵的经济运行、节约用电的目的。

3）加强维护管理。定期检查泵，更换磨损掉的叶轮，并提高检修质量；保持密封良好，减少泄漏损失；清洗流道，减少流道损失；保持轴承清洁，定期更换润滑油脂。

4）根据生产上用水需要，合理安排开机参数，多开高效泵。合理使用水流，避免过压过量用水，造成放空等不必要浪费。

3.4 空气压缩机系统能效诊断分析、贯标评价与节能

空气压缩机（以下简称为空压机）是将电动机的机械能转换为气体压力能的装置。由于压缩空气具有清洁、无污染、安全和易输送等特点，空气压缩机已被广泛应用于钢铁、石油、食品、纺织、半导体、制药和医疗等行业。

目前，我国电机系统用电量约占全国用电总量的10%。据测算，我国空压机用电量占全国工业耗电量的10%～15%，全年耗电量超过5000亿度。压缩空气系统的节能潜力可达10%～40%，具有非常明显的节电空间。

3.4.1 空气压缩机系统能效模型

1. 能效分析结构模型

空压机可分供气侧和用气侧，其两侧的结构模型如图 3-32 所示。

2. 结构模型的组成

空压机系统能效分析的结构模型由三个结构链组成：

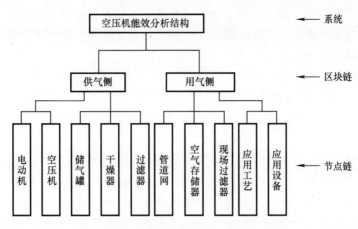

图 3-32　空压机系统能效分析结构模型

1）节点与节点链——由单元设备构成用能节点，如电动机、空压机、储气罐等，也可作为节点链，如电动机与空压机构成供气的动力源等。在空压机系统能效分析的结构模型中可见，有 10 个节点用电设备、有 4 个节点链。

2）区块与区块链——供气侧由电动机、空压机与储气罐、干燥器、过滤器组成一个区块链；用气侧由管道网、空气存储器、现场过滤器与应用工艺、应用设备组成一个区块链。

3）系统与系统链——由两个区块链组成。

上述能效分析的结构模型也可用能源流程图（见图 3-33）予以表述。

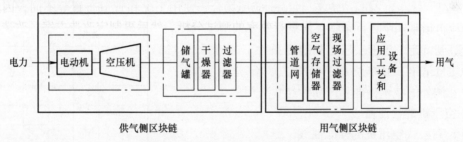

图 3-33　空压机系统能源流程图

3.4.2　空气压缩机的基本特性

1. 空压机的基本参数

（1）压力

流体介质垂直作用于单位面积上的力称为"压强"，在工程技术上一般称它为"压力"，压缩空气中常用的压力为大气压力、绝对压力和表压。

1）大气压力。大气压力是指包围在地球表面一层很厚的大气层对地球表面或表面物体所造成的压力。大气压力值随气象情况、海拔和地理纬度等不同而改变。

2）绝对压力。绝对压力是指以绝对真空为基准来表示的压力，它可以高于大气压力也可以等于或低于大气压力。压缩空气所有理论压缩计算都是采用绝对压力来进行的。

3）表压。表压是指以实际大气压为基准来表示的压力，它是气体实际压力和当地大气之间的差压。表压在压缩空气系统中比较常用，是决定系统能够提供多少能量的一个关键因素。

（2）湿度

空气中的水蒸气在一定的条件下会凝结成水滴，水滴不仅会腐蚀用气设备，而且还会对系统的稳定性带来不良影响。因此，常采用一些措施防止水蒸气被带入系统。空气中所含水蒸气的物理量用湿度来表示。

1）绝对湿度。单位体积湿空气中所含水蒸气的质量称为湿空气的绝对湿度，单位为 mg/L。

2）相对湿度。在某温度和压力条件下，湿空气绝对湿度与饱和绝对湿度之比称为该温度下的相对湿度。

（3）露点

露点是指气体中的水分从未饱和水蒸气变成饱和水蒸气的温度，当未饱和水蒸气变成饱和水蒸气时，有极小的露珠出现，出现露珠时的温度叫作"露点"，它表示气体中的含水量。露点越低，表示气体中的含水量越少，气体越干燥。露点和压力有关，因此又有常压露点和压力露点，单位为℃。如 0.7MPa 的压缩空气压力露点为 3℃时，相当于常压露点为 -23℃。当压力提高到 1.0MPa 时，同样的压力露点为 3℃时，对应的常压露点降至 -26℃。

（4）流量

压缩空气中常用的流量单位主要有自由空气流量和标准额定流量两种。

1）自由空气流量。自由空气流量是指在空压机出口处获得的换算成空压机进口条件下的空气的体积流量。该流量是指在周围环境条件下空气的体积流量，压力、温度或者相对湿度的改变不能改变该值。空压机铭牌上注明的流量就是自由空气流量，其单位常用立方米/分钟（m^3/min）、升/秒（L/s）、实际立方英尺每分钟表示。

2）标准额定流量。标准额定流量是指在压缩空气流量换算到特定的温度、压力和湿度条件下的流量，这是一种质量量纲，其单位常用标准立方米/分钟（Nm^3/min），在国外的技术标准和产品中经常采用。

2. 空压机的性能曲线

（1）离心式空压机的性能曲线

离心式空压机的性能曲线为压强比 ε、效率 η 与流量 Q 之间关系曲线，如图 3-34 所示。

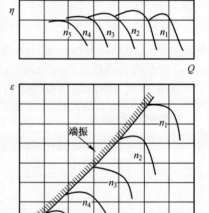

图 3-34 不同速度下的离心式空压机特性曲线

由图 3-34 可见，在转速 n 一定的情况下：

1）随着 Q 的减小，起始压强比加大，至某一个值后，压强比缓缓下降；

2）Q 减至某一个数值时出现端振，流过压缩机的气流出现强烈低频振动；

$$压强比 \; \varepsilon = \frac{P_2}{P_1}$$

式中　P_2——压缩机排出压力；

　　　P_1——压缩机吸入压力。

端振是离心式空压机负荷降低到一定程度时扩散器中可能会产生回流的现象。它对空压机的正常稳定运行非常不利。

（2）螺杆式空压机的性能曲线

由于螺杆式空压机与离心式空压机结构原理不同，其性能曲线亦大不相同。螺杆式空压机性能曲线如图 3-35 所示。

螺杆式空压机的效率、负荷曲线，基本上是一条向上延伸的直线，随着输出负荷的增加，功率也随之增加。

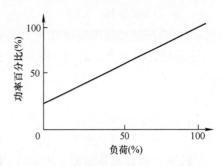

图 3-35　螺杆式空压机的性能曲线

3.4.3　空气压缩机能耗与效率计算

1. 空压机的能耗

空压机是电气拖动系统中能耗最大、电能利用率较低的用电设备。在空压机系统的能源输入功率流向图中，压缩机产生的热能损失占 20% ~ 30%，有 5% ~ 10% 的热能泄漏损失、不明损失，以及有 5% 以下的电动机和驱动损失，仅有 55% ~ 70% 为实际生产用能。

由于空压机设备正常工作时间较长，压缩机热能损失较大，热能回收给企业带来较大的节能潜力。下面给出了空压机系统的功率流向图和能量平衡模型如图 3-36 所示。

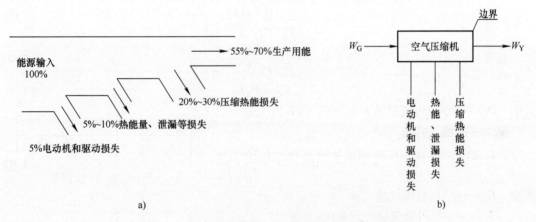

图 3-36　空气压缩机系统的功率流向和能量平衡模型

a）功率流向　b）能量平衡模型

2. 空压机机组效率及单耗

（1）空压机机组的效率

空压机机组的效率是指空压机的压缩过程输出电能与空压机输入电能之比的百分数，其计算公式如下：

$$\eta = \frac{W_Y}{W_G} \times 100\% \tag{3-86}$$

式中　η——空压机机组效率；

　　　W_G——空压机机组输入电能（kWh）；

　　　W_Y——空压机机组输出电能（kWh）。

其中，机组有效输出电能按下式计算：

$$W_Y = Q P_x \ln(P_p / P_x) t \times 10^{-3} \tag{3-87}$$

式中　Q——折算成吸气边的排气量（m^3/s）；

　　　P_x——压缩机吸气绝对压力（Pa）；

　　　P_p——压缩机排气绝对压力（Pa）；

t——测试时间（h）。

（2）空压机机组单耗计算

下面的计算方法，适用于额定排气不超过 1.25MPa（表压），公称容积流量大于或等于 $6m^3/min$ 的空压机组，具体如下：

$$D = \frac{W_G}{G_x} \cdot K_1 K_2 \tag{3-88}$$

式中 D——空压机机组用电单耗（kWh/m^3）；

$\quad W_G$——空压机机组输入电能（kWh）；

$\quad G_x$——空压机排气量（m^3）；

$\quad K_1$——冷却水修正系数，对冷水，$K_1 = 0.88$；

$\quad K_2$——压力修正系数。

空压机机组在排气压力为 0.7MPa（表压）下工作时，$K_2 = 1$。

在其他工作压力和冷却方式不同的机组，按下式计算：

单极：

$$K_2 = \frac{0.8114}{(P_p/P_x)^{0.2857} - 1} \tag{3-89}$$

双极：

$$K_2 = \frac{0.3459}{(P_p/P_x)^{0.1429} - 1} \tag{3-90}$$

$$W_G = P_Y t \tag{3-91}$$

式中 P_Y——空压机机组输入电功率（kW）；

$\quad t$——检测时间（h）。

$$G_x = G_p \cdot \frac{T_x}{T_p} \cdot \frac{P_p}{P_x} \tag{3-92}$$

式中 G_x——空压机排气量（m^3）；

$\quad T_x$——空压机吸气温度（K）；

$\quad T_p$——空压机排气温度（K）；

$\quad P_x$——空压机吸气压力（绝对）（MPa）；

$\quad P_p$——空压机排气压力（绝对）（MPa）。

3. 空压机机组比功率

在额定工况下，空压机机组功率与机组容积流量之比计算公式如下：

$$\varepsilon = \frac{P_s}{Q_p} \tag{3-93}$$

式中 ε——机组的功率（$kW \cdot min/m^3$）；

$\quad P_s$——机组输入功率（kW）；

$\quad Q_p$——容积流量（m^3/min）。

3.4.4 静态、动态和关联分析与评价

1. 空压机系统的静态能效分析与评价

（1）主要电气设备

1）交流电动机应满足 GB 18613—2020 的能效指标 2 级以上的规定，运行时间大于 6000h，平均负载率大于 60%。

2）交流接触器应满足 GB 21518—2022 有关吸持功率能效等级的规定要求，见表3-12。

表3-12 接触器能效限定值及能效等级

额定工作电流（I_e）/A	吸持功率(S_h)/(V·A)		
	1 级	2 级	3 级
$5 \leqslant I_e \leqslant 12$	4.5	7.0	9.0
$12 < I_e \leqslant 22$	4.5	8.0	9.5
$22 < I_e \leqslant 32$	4.5	8.3	14.0
$32 < I_e \leqslant 40$	4.5	10.0	45.0
$40 < I_e \leqslant 63$	4.5	18.0	50.0
$63 < I_e \leqslant 100$	4.5	18.0	60.0
$100 < I_e \leqslant 160$	4.5	18.0	85.0
$160 < I_e \leqslant 250$	4.5	18.0	150.0
$250 < I_e \leqslant 400$	4.5	18.0	190.0
$400 < I_e \leqslant 630$	4.5	18.0	210.0

注：1. 额定工作电流 I_e 指主电路额定工作电压为380V时的电流，主电路额定工作电压为400V时参考380V执行。
2. 交流接触器能效限定值为表3-12中能效等级的3级。

（2）空压机机组的能效限定值与能效等级

空压机可分为容积型和速度型两大类，容积型中应用较为广泛的是回转式与离心式及往复式；速度型中以螺杆式应用较为普遍。现就容积型和速度型两类空压机能效限定值与能效等级，或称能效规定介绍于下：

1）容积型空压机的能效限定值与能效等级。

容积型类各式空压机的能效应符合 GB 19153—2019《容积式空气压缩机能效限定值及能效等级》的规定，见表3-13～表3-15，其中能效等级分为1、2、3级；

表3-13 一般用喷油回转空压机的能效等级

驱动电动机额定功率/kW	能效等级	额定排气压力（表压）/MPa											
		0.3		0.5		0.7		0.8		1.0		1.25	
		机组比功率/[kW/(m³/min)]											
		风冷	液冷	风冷	液冷	风冷	液冷	风冷	液冷	风冷	液冷	风冷	液冷
1.5	1	5.8		7.1		8.8		9.6		11.0		12.5	
	2	6.5		7.8		9.7		10.6		12.2		13.8	
	3	7.4		8.9		11.0		12.0		13.8		15.8	
2.2	1	5.6		6.8		8.4		9.2		10.5		11.8	
	2	6.2	—	7.5	—	9.3	—	10.1	—	11.6	—	13.1	—
	3	7.0		8.5		10.5		11.5		13.2		15.0	
3	1	5.4		6.5		8.1		8.8		10.0		11.2	
	2	5.9		7.2		8.9		9.7		11.1		12.5	
	3	6.7		—		—		—		12.6		14.3	
⋮	⋮	⋮		⋮		⋮		⋮		⋮		⋮	

（续）

驱动电动机额定功率/kW	能效等级	额定排气压力（表压）/MPa											
		0.3		0.5		0.7		0.8		1.0		1.25	
		机组比功率/[kW/(m³/min)]											
		风冷	液冷	风冷	液冷	风冷	液冷	风冷	液冷	风冷	液冷	风冷	液冷
500	1	3.5	3.3	4.4	4.2	5.4	5.2	5.8	5.6	6.5	6.2	7.3	6.9
	2	3.8	3.6	4.8	4.6	5.9	5.7	6.3	6.0	7.1	6.8	8.0	7.6
	3	4.3	4.1	5.3	5.1	6.5	6.3	7.0	6.7	7.9	7.6	8.9	8.5
560	1	3.5	3.3	4.4	4.2	5.4	5.2	5.8	5.6	6.5	6.2	7.3	6.9
	2	3.8	3.6	4.8	4.6	5.9	5.7	6.3	6.0	7.1	6.8	8.0	7.6
	3	4.3	4.1	5.3	5.1	6.5	6.3	7.0	6.7	7.9	7.6	8.9	8.5
630	1	3.5	3.3	4.4	4.2	5.4	5.2	5.8	5.6	6.5	6.2	7.3	6.9
	2	3.8	3.6	4.8	4.6	5.9	5.7	6.3	6.0	7.1	6.8	8.0	7.6
	3	4.3	4.1	5.3	5.1	6.5	6.3	7.0	6.7	7.9	7.6	8.9	8.5

注：1. 驱动电动机额定功率为所有驱动压缩机主机轴电动机的额定功率之和。

2. 液冷为采用了水或其他液体介质作为外部冷却剂冷却块空气压缩机的方式。

表 3-14　一般用变转速喷油回转空压机的能效等级

驱动电动机额定功率/kW	能效等级	额定排气压力（表压）/MPa											
		0.3		0.5		0.7		0.8		1.0		1.25	
		机组比功率/[kW/(m³/min)]											
		风冷	液冷	风冷	液冷	风冷	液冷	风冷	液冷	风冷	液冷	风冷	液冷
2.2	1	6.1		7.4		9.1		10.0		11.4		12.8	
	2	6.8		8.2		10.1		11.1		12.7		14.3	
	3	7.8		9.5		11.7		12.8		14.7		16.6	
3	1	5.9		7.1		8.8		9.6		10.8		12.1	
	2	6.5		7.9		9.7		10.7		12.0		13.6	
	3	7.4		9.1		11.1		12.3		13.9		15.8	
4	1	5.7		6.7		8.4		9.1		10.4		11.5	
	2	6.3	—	7.5	—	9.3	—	10.1	—	11.5	—	12.9	—
	3	7.1		8.7		10.6		11.7		13.2		15.0	
5.5	1	5.4		6.5		8.1		8.8		9.9		11.1	
	2	5.9		7.2		8.9		9.8		11.0		12.4	
	3	6.7		8.3		10.1		11.2		12.6		14.3	
7.5	1	5.2		6.3		7.8		8.5		9.5		10.6	
	2	5.6		6.9		8.5		9.4		10.5		11.8	
	3	6.3		7.8		9.5		10.6		11.9		13.7	
⋮	⋮	⋮		⋮		⋮		⋮		⋮		⋮	
315	1	3.7	3.5	4.8	4.6	5.8	5.6	6.2	6.0	7.0	6.7	7.8	7.4
	2	4.1	3.9	5.2	5.0	6.3	6.1	6.7	6.5	7.6	7.3	8.5	8.1
	3	4.6	4.4	5.8	5.6	7.0	6.8	7.5	7.2	8.5	8.2	9.5	9.1

注：1. 驱动电动机额定功率为所有驱动压缩机主机轴电动机的额定功率之和。

2. 液冷为采用了水或其他液体介质作为外部冷却剂冷却块空气压缩机的方式。

比功率≤能效2级为经济；

比功率≤能效3级为合理；

比功率＞能效3级为不经济。

表3-15 一般用往复活塞空压机（风冷）的能效等级

驱动电动机额定功率/kW	能效等级	额定排气压力（表压）/MPa							
		0.25	0.4	0.5	0.7	0.8	1.0	1.25	1.4
		机组比功率/[kW/(m³/min)]							
0.75	1	7.2	8.7	9.3	10.6	11.1	11.9	12.6	13.2
	2	7.8	9.2	10.0	11.7	12.2	12.8	13.5	14.2
	3	8.5	10.1	11.0	12.8	13.5	14.8	15.6	16.3
1.1	1	6.7	8.0	8.6	9.6	10.2	11.3	12.0	12.6
	2	7.2	8.6	9.3	10.7	11.2	12.2	12.9	13.5
	3	8.0	9.4	10.3	12.1	12.8	14.0	14.9	15.6
1.5	1	6.5	7.7	8.4	9.4	9.9	10.8	11.7	12.3
	2	7.0	8.3	9.0	10.2	10.7	11.6	12.6	13.2
	3	7.5	9.1	9.9	11.5	12.3	13.2	14.4	15.0
2.2	1	5.9	7.1	7.6	8.9	9.4	10.1	11.1	11.7
	2	6.4	7.6	8.2	9.7	10.2	10.9	11.9	12.5
	3	6.9	8.4	9.2	10.7	11.3	12.4	13.7	14.3
3	1	—	6.8	7.3	8.6	9.2	9.9	10.7	11.3
	2	—	7.4	7.9	9.4	9.9	10.7	11.5	12.1
	3	—	8.0	8.8	10.2	10.9	12.0	13.4	14.1
⋮	⋮	⋮	⋮	⋮	⋮	⋮	⋮	⋮	⋮
63	1				6.1	6.5	7.2	7.8	
	2	—		—	6.5	6.9	7.8	8.5	—
	3				7.1	7.5	8.5	9.5	
75	1				6.0	6.4	7.1	7.7	
	2	—		—	6.5	6.8	7.7	8.4	—
	3				7.0	7.4	8.4	9.4	

注：全无油、有油润滑往复活塞空压机的能效等级和有油润滑的直联便携式往复活塞空压机的能效等级见相关国家标准。

2）速度型空压机的能效限定值及能效等级。

速度型螺杆式空压机其机组输入功率比与噪声功率级应符合 JB/T 10598—2020《一般用于螺杆空气压缩机》规定，见表3-16。

表3-16 机组输入比功率和噪声声功率级

驱动电动机额定功率/kW	额定排气压力/MPa														噪声声功率级/dB（A）	
	0.1		0.2		0.3		0.35		0.7		0.8		1.0		电动机驱动	
	机组输入比功率/[kW/(m³/min)]														全罩式	
	水冷	风冷	水冷	风冷	水冷	风冷	水冷	风冷	水冷	风冷	水冷	风冷	水冷	风冷	水冷	风冷
15	—	—	—	—	—	—	—	—	—	9.30	—	10.10	—	12.40	—	96
18.5	—	—	—	—	—	—	—	—	—	9.15	—	9.90	—	12.20	—	96

（续）

驱动电动机额定功率/kW	额定排气压力/MPa														噪声声功率级/dB(A) 电动机驱动 全罩式	
	0.1		0.2		0.3		0.35		0.7		0.8		1.0			
	机组输入比功率/[kW/(m³/min)]															
	水冷	风冷	水冷	风冷	水冷	风冷	水冷	风冷	水冷	风冷	水冷	风冷	水冷	风冷	水冷	风冷
22	—	—	—	—	—	—	—	—	9.05	—	9.80	—	12.10	—	—	96
30	2.95	3.10	4.80	5.00	6.05	6.40	6.55	6.90	8.45	8.90	9.15	9.60	10.40	10.90	96	98
37	2.90	3.00	4.70	4.90	5.95	6.20	6.40	6.70	8.2	8.70	8.90	9.30	10.15	10.70	96	98
45	280	2.90	4.55	4.80	5.80	6.10	6.25	6.60	3.05	8.50	8.70	9.10	9.90	10.40	96	98
55	2.75	2.90	4.45	4.65	5.65	5.90	6.10	6.40	7.85	8.20	8.50	8.90	9.65	10.10	98	100
…	…	…	…	…	…	…	…	…	…	…	…	…	…	…	…	…
560	2.35	2.50	3.85	4.00	4.85	5.10	5.25	5.50	6.75		730		8.30		105	110
630	2.35	2.50	3.85	4.00	4.85	5.10	3.25	5.50	6.75		730		8.30		105	110
710	2.35	2.50	3.85	4.00	4.85	5.10	5.21	5.50	6.75		730		8.30		105	110
750	2.35	2.50	3.85	4.00	4.85	5.10	3.2	5.50	6.75		730		8.30		105	H0

注：驱动电动机额定功率和额定排气压力偏离表中规定值时，其机组输入比功率值可用插入法确定。

3）空压机机组比功率动态概率游标示意图如图 3-37 所示。

（3）净化设备

净化设备中的干燥器应符合 JB/T 10532—2017《一般用吸附式压缩空气干燥器》的规定。

1）耗气量的规定。

在规定的工况下运行并达到规定的出口压力露点要求时，各种干燥剂的明示耗气量应符合表 3-17 的规定。

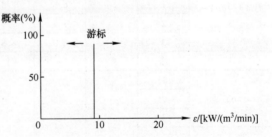

图 3-37　空压机机组比功率动态概率游标示意图

表 3-17　耗气量

干燥器类型	耗气量
无热再生干燥器	≤25%
微热再生干燥器	≤16%
鼓风加热再生干燥器（有气耗型）	≤4%
压缩热再生干燥器（有气耗型）	≤5%

2）压力降的规定。

干燥器在额定进口容积流量下，其最大压力降对额定进气压力的比例应不大于表 3-18 的规定。

表 3-18　压力降

干燥器类型	压力降（占额定进气压力的比例）
无热再生干燥器	3%
微热再生干燥器	3%
鼓风加热再生干燥器	3%
压缩热再生干燥器	7%

注：压力降不包括前后过滤器的压力降。

3）出口压力露点。

干燥器在额定工况下的出口压力露点，应符合表 3-19 的规定要求。

表 3-19　出口压力露点

压力露点等级（GB/T 13277.1—2023）	出口压力露点/℃	备注
1	≤ -70	适用无热、微热、鼓风加热、压缩热再生干燥器
2	≤ -40	
3	≤ -20	
4	≤3	适用压缩热再生干燥器

过滤器的固体颗粒、湿度、液水、含油等应符合国家或行业相关标准和规定，见 GB 13277.1—2023《压缩空气 第1部分：污染物净化等级》中有关规定。

4）供气管网。

供气管网中的储气罐、管路和管体，应符合 GB/T 13446—2006 的泄漏率 δ_2 和压力降 ΔP 的能效指标评价要求。其中泄漏率评价，见表 3-20。

表 3-20　管网泄漏率评价表

泄漏率指标	评价
δ_2 ≤ 总流量 5%	经济
δ_2 = 5% ~10% 总流量	合理
δ_2 > 10% 总流量	不经济

注：供气管网的压力降，不应超过机组排气压力的10%。

2. 空压机系统的动态能效分析与评价

空压机系统是指电源设备、机组、净化装置和供气管网等组成的系统，其动态能效主要讨论其系统的各组成设备能效与系统经济运行的指标要求。系统内各组成设备的能效限定值与能效等级，见上述动静态能效指标的分析与评价。

（1）空压机系统的参数计算

1）空压机输入比功率的计算。

空压机输入比功率是衡量空压机电能利用率的重要能效指标，它是空压机机组实际输入功率与实际容积流量之比。其计算公式：

$$\varepsilon = \frac{P_S}{Q_P} \tag{3-94}$$

式中 P_S——机组实际输入功率（kW）;

　　Q_P——空压机实际容积流量（m³/min）;

　　ε——机组实际比功率（kW·min/m³）。

2）空压机机组压力波动值的计算。

$$\Delta P_x = P_{\alpha(\max)} - P_{\alpha(\min)} \tag{3-95}$$

式中 ΔP_x——空压机机组压力波动值（MPa）;

　　$P_{\alpha(\max)}$——空压机机组工作排气压力最大值（MPa）;

　　$P_{\alpha(\min)}$——空压机机组工作排气压力最小值（MPa）。

3）压缩空气干燥器参数计算。

① 压缩空气干燥器耗气率的计算。

$$\delta_G = \frac{Q_{GX} - (Q_{G\alpha} + Q_S)}{Q_{GX}} \times 100\% \tag{3-96}$$

式中 δ_G——压缩空气干燥器耗气率（全流程）（%）;

　　Q_{GX}——压缩空气干燥器全流程空气平均进气流量（m³/min）;

　　$Q_{G\alpha}$——压缩空气干燥器全流程空气平均出气流量（m³/min）;

　　Q_S——压缩空气干燥器全流程空气平均排出冷凝水折算水蒸气气量（m³/min）。

② 压缩空气干燥器压力降的计算。

$$\Delta P_G = P_{GX} - P_{G\alpha} \tag{3-97}$$

式中 ΔP_G——压缩空气干燥器压力降（MPa）;

　　P_{GX}——压缩空气干燥器进气压力（MPa）;

　　$P_{G\alpha}$——压缩空气干燥器出气压力（MPa）。

4）压缩空气过滤器参数计算。

压缩空气过滤器压力降按下式计算或由压差计直接读取。

$$\Delta P_L = P_{LX} - P_{L\alpha} \tag{3-98}$$

式中 ΔP_L——过滤器压力降（MPa）;

　　P_{LX}——过滤器进气压力（MPa）;

　　$P_{L\alpha}$——过滤器出气压力（MPa）。

（2）空压机系统的指标计算

1）压缩空气站用电单耗的计算。

$$D_Z = \frac{E_Z}{G_Z} \tag{3-99}$$

式中 D_Z——压缩空气站用电单耗（kWh/m³）;

　　E_Z——压缩空气站用电总量（kWh）;

　　G_Z——测量时间段压缩空气站供气总量（为压缩空气吸气状态）（m³）。

2）压缩空气站用电总量的计算。

压缩空气站用电总量为在测量周期内，所属空气压缩机机组、通风风机、冷却水循环系统、干燥器消耗电量的总和。

$$E_Z = \sum E_K + \sum E_F + \sum E_X + \sum E_G \tag{3-100}$$

式中 E_K——空气压缩机消耗的电量（kWh）;

E_F——站中通风风机消耗的电量（kWh）；

E_X——站冷却水循环系统消耗的电量（kWh）；

E_G——干燥器消耗的电量（kWh）。

3）压缩空气站供气总量的计算。

压缩空气站供气总量（G_Z 为空气压缩机吸气状态），计算公式如下：

$$G_Z = \frac{P_C \times T_X}{P_X \times T_C} \times G_C \tag{3-101}$$

式中　G_C——测量时间流量计给出状态的压缩空气站供气量总和（m^3）；

P_C——测量时给出的状态压缩空气站供气压力（绝对压力）（MPa）；

P_X——空压机吸气压力（绝对压力）（MPa）；

T_C——测量计给出的压缩空气站供气温度（K）；

T_X——空压机吸气温度（绝对温度）（K）。

4）压缩空气站管网压力降的计算。

$$\Delta P_Z = P_\alpha - P_Z \tag{3-102}$$

式中　ΔP_Z——压缩空气站管网压力降（MPa）；

P_α——空压机机组排气压力（表压）（MPa）；

P_Z——压缩空气站供气压力（表压）（MPa）。

5）压缩空气站泄漏率的计算。

$$\delta_Z = \frac{\sum Q_K - Q_Z}{\sum Q_K} \times 100\% \tag{3-103}$$

式中　δ_Z——压缩空气站泄漏率（%）；

Q_Z——测量时段内压缩空气站平均供气量（m^3/min）；

$\sum Q_K$——压缩空气站空压机机组实际容积流量平均值之和（m^3/min）。

6）压缩空气站输气效率的计算。

$$\eta_w = 16.67 \times \frac{P_X Q_Z t \ln\left[(P_C + P_X)/P_X\right]}{E_Z} \times 100\% \tag{3-104}$$

式中　η_w——压缩空气站输气效率（%）；

t——压缩空气站用电总量 E_Z 测量周期时间（h）。

7）压缩热能回收率的计算。

$$\eta_R = \frac{E_R}{\sum E_K} \times 100\% \tag{3-105}$$

式中　E_K——压缩空气站回收热能折算的电量（kWh）。

（3）系统经济运行的判别与评价

空压机系统的动态能效是指系统中设备与整个系统的经济运行能效。

现根据 GB/T 13466—2006 和 GB/T 27883—2011 要求分析与评价如下。

1）电气设备的判别与评价。

① 交流电动机（见表 3-21）。

表 3-21   交流电动机评价表

电动机额定效率	判别（GB 18613—2020 中规定）	评价
	$\eta \geq$ 能效 2 级	经济
	$\eta \geq$ 能效 3 级	合理
	$\eta <$ 能效 3 级	不经济

② 交流接触器（见表 3-22）。

表 3-22   交流接触器评价表

接触器吸附功率	判别（GB 21518—2022 中规定）	评价
	≤ 能效 2 级	经济
	≤ 能效 3 级	合理
	> 能效 3 级	不经济

2）机组的判别与评价（见表 3-23）。

表 3-23   机组评价表

机组实际比功率	判别（GB 19153—2022）	评价
	≤ 能效 2 级	经济
	≤ 能效 3 级	合理
	> 能效 3 级	不经济

3）净化设备的判别与评价（见表 3-24）。

表 3-24   净化设备评价表

净化设备	判别（GB/T 13277.1—2023）	评价	
		满足要求	不满足要求
	压缩空气质量	经济	不经济
	压力露点	经济	不经济
	压力降	经济	不经济

4）供气管网的判别与评价。

管网泄漏率 δ_Z 与管网压力降 ΔP 见前面内容。

5）空压机系统经济运行的判别与评价。

空压机系统由电气设备、机组、净化设备和供气管网等组成。现就空压机系统经济运行判别与评价，见表 3-25。

表 3-25   系统经济运行评价表

判别（GB/T 27883—2011）	评价		
	经济	合理	不经济
1. 电气设备要求	1~4 项全部满足经济运行要求	1~4 项都满足合理要求，并没有不满足经济运行要求	1~4 项中有一项不满足经济运行要求
2. 空压机组要求			
3. 净化设备要求			
4. 供气管网要求			

3. 空压机系统能效的关联分析与评价

空压机系统能效的关联因素涉及节能产品的优选、传动装置的效率、系统的降压与稳压、减少气体泄漏，以及改善频繁加载/卸载运行等内容。

（1）淘汰高能耗产品、推广高效电机与空压机产品

淘汰列入国家淘汰目录的 JO$_2$、JO$_3$、Y$_1$、Y$_2$、Y$_3$ 系列的电动机产品，推广符合 GB 18613—2020、GB 30254—2024 和 GB 19153—2019 的高效产品。

（2）合理选用电动机与空压机间的传动装置

传动装置工作得好坏，如变速箱、齿轮、轴、联轴器等部件的磨损、润滑不良、传动带轮晃动和传动带长度不合适等，都会影响传动装置的工作效率。为减少传动损失和充分发挥电动机的传动效率，推广应用电动机与压缩机的直接连接将是传动方式的必然趋势，也是节能的有效措施。

（3）空压机系统降压与稳压的节能

1）空压机系统的降压节电。考虑到管网压力损失的不确定和用电设备起动存在的流量高峰等原因，压缩机压力的整定应比现场要求高出 0.2 ~ 0.3MPa。从气动效率计算可见，任何减少压力、流量和时间的变量都会影响空压机的效率。如将空压机排出压力从 0.7MPa 降低到 0.6MPa，则可节约压缩机用电量 5.8% 左右，可见，可靠降压运行是一个非常有效的节能措施。

2）空压机系统的稳压的节能。系统排气压力的稳定，减少了因压力波动而频繁调节阀门磨损和延长了寿命，降低了维护成本。另外，系统压力的稳定，也降低了顶峰机组的需求和投资成本。

（4）减少气体泄漏与功耗

1）压缩机的各级内部与外界形成压力差，可能因活塞环、气阀、填料等处不严密而向外泄压，造成排气量损失。

2）输气管网和用气设备上的阀门、法兰、气体流量计等也可能因密封不严而漏气。

3）管网在设计或安装时，尽量缩短管道长度、减少不必要的三通、弯头、阀门等附件，少用曲率半径小的弯道，管道截面积大小应使空气流速不致太大，一般不宜超过 8 ~ 10m/s。

因此，要坚持对各个环节巡回检查，定期测算漏气率，及时更换不严密的叠片、阀片、盘根，修复漏气喷嘴和关闭不用气的喷嘴等，减少因漏气造成的功耗。

（5）改善压缩机的运行条件

1）改善吸气条件。吸气管道要有足够的流通面积（空气流速不宜超过 8 ~ 10m/s），管道长度应尽量短，流程不应该有急转弯、收缩和多余附件。设法降低吸气湿度来增加压缩机的实际吸气量和降低压缩机的电耗。空压机的吸风口应设在室外阴凉处。多级压缩机与外系统相连的管道，采用管外喷淋冷却或管外喷涂银灰漆来减轻热辐射，以降低吸气温度。

2）采用变频调速和软起动方式，改善或杜绝机组的频繁加载/卸载运行。

3）提高压缩机级间冷却，选用导热系数高、传热面积大、便于清洗和除垢的级间冷却器。有条件时，可用软化水进行冷却。实践证明，吸气温度每降低 3℃，后一级的电耗减少 1% 左右。

4）加强汽缸冷却，减少汽缸能量损耗。

5）合理润滑，减少摩擦损耗，提高设备使用寿命。

6）减少压缩机振动，防止发生共振而导致运动零件磨损、疲劳和增加维修成本。

（6）加大空气储气罐容量，增加压力波动吞吐能力，以降低负荷循环波动频率，提升动态的短期用气活动和稳定系统所需要的供气压力，也是改善频繁起动的有效措施

（7）选择与系统负荷特点相匹配的控制方式

空压机系统控制方式与系统的运行效率至关重要。其中包括单机与多机的控制方式、空压机的起动与停止、加载与卸载，以及不同的控制方式：如顺序控制、网络控制、流量控制、空气存储控制等。

3.4.5 节能技术与管理措施

目前，我国电动机及其拖动系统装机总用电量约占全国工业用电量的 60%。其中压缩机的用电量占全国工业用电量的 10% ~ 15%，然而我国电动机及其拖动系统的效率比发达国家要低 20% 左右，可见开展空压机系统的节电技术研究与加强技能管理措施，具有十分重大的经济意义。

1. 空压机系统的节能技术

（1）空压机的余热回收

空压机在运行中，将电能转换为机械能和热能，其机械能为提升空气压力的有效能，而热能为损失能，即无效能。经多年实践，空压机的高压油气余热相当于输入功率的 25% 左右，通常油气温度在 80 ~ 100℃ 之间，承载热能的大部分能量中，热油占 70%，热气占 30%。润滑油系统在可回收的热量占 60% 左右。余热回收的潜力很大。

1）余热回收的原理。

① 热能热水机组——由制造厂提供的喷油螺杆压缩机热能热水机组，通过能量交换的节电机制，收集空压机运行过程中产生的热能，同时改善空压机的运行工况，它是一种高效的废热利用和零成本的节能设备。

② 热交换器——由专业制造厂提供的管式或板式热交换器进行余热的回收。该余热利用系统在工厂中有着广泛的应用，尤其在耗气量极大的纺织、化纤等行业，同时也可满足厂区工人的淋浴用水。

2）余热回收的综合效益。

① 空压机余热回收平均节能潜力为 25% 左右，考虑到换热器等效率，确认实际节电在 15% 左右。长期连续运行的空压机内置或外置余热回收装置，使提供严冬季 ≥50℃、夏秋季 ≥60℃ 的热水时，大大降低和节约了生产生活热水成本。

② 改善空压机运行工况，降低空压机温度 8 ~ 10℃ 可提高压缩机效率与产气量 3% ~ 5%；有效延长润滑寿命和设备寿命。

③ 减少高温油气排放，有利于环境保护。

④ 原有冷却系统与余热利用设备两套独立系统，可自动切换，安全可靠性较高。

⑤ 综合投资回报一般在一年左右经济效益显著，余热回收技术是电机拖动系统空压机首要的节能方案。

（2）空压机变频调速节能

空压机为适应用气负载不断变化的需求，通常采用传统的吸气阀加载/卸载方式控制，以匹配不同用气工况的要求。然而空压机卸载状态能耗为满载运行工况能耗的 15% ~ 35%。经常性地加载/卸载运行，带来了较大的能源损失。

1）变频调速的工作原理。

变频调速技术是通过电网与电动机间安装变频器以改变电压和频率来实现电动机的调速。通过变频器控制空压机转速，来调节能量，满足轻载（卸载）运行的需要，以达到排气量与用气量相匹配。

变频调速控制系统控制输出压力，将反馈信号接入变频器，再与给定信号做比较，由 PID 调节后，将综合信号发送到输入给定端，按压力变动调整电动机转速和功率。

变频调速系统原理图如图 3-38 所示。

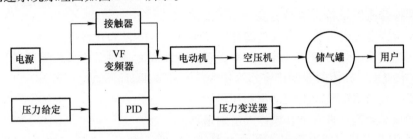

图 3-38　变频调速系统原理图

2）空压机变频调速的应用效果。

① 通过变频调速技术改造，卸载能耗由 30% ~40% 降低为 10% ~20%，降低了运行成本 20% 左右。变频前加载/卸载负荷曲线和变频后负荷曲线如图 3-39、图 3-40 所示。

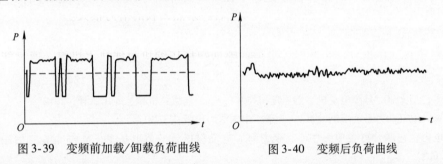

图 3-39　变频前加载/卸载负荷曲线　　　图 3-40　变频后负荷曲线

② 变频起动后降低了电动机一半以上的启动电流和对空压机的冲击，以及对电网电压的稳定的影响和减小对空压机的电器部件与机械部件的损伤，从而大大减轻了维护工作量及费用，增强了系统运行的可靠性、经济性与运行性能。

③ 提高了压力控制精度，提升了管网的系统压力恒定性能，确保了工艺用气质量和产品制造质量，使压缩机的空气压力输出与用户空气系统所需的气量获得高度的匹配。

④ 变频调速改造后，变频器能够有效地减少机组起动时的电流冲击，并将起动电流峰值减少到最低程度，由于电动机转速的明显减慢，也明显地降低了空压机运行时的噪声。现场测定表明，噪声与原系统比较下降 3 ~7dB。

⑤ 空压机是一种把空气压入储气罐中，使之保持一定压力的机械设备，属于恒转矩负载，其运行功率与转速成正比：$P = Tn/9550$，故采用变频控制的节能效果低于风机、水泵类二次方转矩特性效果，但由于空压机长期连续运行，且单机功率一般较大，故节能效果仍然十分可观，一般变频调速投资回收期为 1.5 左右。

（3）空压机的无功补偿

众所周知，三相异步电动机是最常用的动力设备，通常功率因数较低，空压机运行时间较长，长期吸收电网无功功率，致使增加变压器和配电线路的电能消耗，为此空压机无功补偿得到应用推广。其补偿原理，以及需注意的技术问题，见前述电动机无功补偿的相关内容。

2. 空压机系统的节能管理措施

1) 应建立运行管理、维护和检修等规章制度，主要包括：

① 按制造厂的使用说明书进行维护保养，按时更换润滑油、过滤器等耗材，发现异常应及时处理。

② 定期检修机组设备，及时更换损坏零部件。

③ 定期检查清理进气管、空气过滤器、管道、冷却器及净化设备等。

④ 定期检测系统是否泄漏，若无法对设备进行泄漏测试时，应采取管网维护管理措施，在管理文件中应规定具体的泄漏检查、维护程序，并要求对泄漏点进行标识。

⑤ 定期检查与清除气阀上的结焦和积污。

⑥ 应加强对运行管理人员和操作人员的培训。

2) 应采用巡视与定期检测相结合的方式对系统进行监测，在经济技术条件允许的情况下，应采用计算机自动监测技术对系统进行监测。

3) 应备有全厂压缩空气管道平面布置图、工艺流程图，以及与设备有关的资质文件、技术资料和使用说明书等。

4) 应有运行记录、监测和检查记录、维护记录和培训记录，严格执行有关节能管理制度。

参 考 文 献

[1] 白连平，马文忠. 异步电动机节能原理与技术 [M]. 北京：机械工业出版社，2012.

[2] 杜金城. 电气动力系统节能 [M]. 北京：中国电力出版社，2013.

[3] 中国电力企业联合科技服务中心，余龙海. 电动机能效与节电技术 [M]. 北京：机械工业出版社，2008.

[4] 上海市能效中心. 电机能效提升及高效电机推广实用手册 [M]. 上海：上海科学技术出版社，2015.

[5] 国际钢业协会（中国），周胜，赵凯. 电机系统节能实用指南 [M]. 北京：机械工业出版社，2009.

[6] 余龙海，等. 电动机节能控制技术及工程应用 [M]. 北京：机械工业出版社，2017.

[7] 广东电网公司广州供电局. 企业电动机选型与节能 [M]. 北京：中国电力出版社，2011.

[8] 天津市节能协会，天津市能源管理职业培训学校. 电气节能技术 [M]. 北京：中国电力出版社，2013.

[9] 王志新. 高能效电机与电机系统节能技术 [M]. 北京：中国电力出版社，2017.

[10] 魏新利，付卫东，张军. 泵与风机节能技术 [M]. 北京：化学工业出版社，2011.

[11] 屠长环，等. 泵与风机的运行及节能改造 [M]. 北京：化学工业出版社，2014.

[12] 赵学俭，邓寿禄. 工业用能设备节能手册 [M]. 北京：化学工业出版社，2014.

[13] 汤天浩. 电机及拖动基础 [M]. 2版. 北京：机械工业出版社，2016.

[14] 朱立. 制冷压缩机与设备 [M]. 北京：机械工业出版社，2005.

[15] 上海市能效中心、工业企业电能平衡实用手册 [M]. 上海：上海科学技术出版社，2013.

第4章

建筑用电系统

随着我国国民经济的蓬勃发展，城镇化进程的推进，以及人民物质生活水平的不断提高，建筑能源需求大幅增加。目前，我国现代化建筑能耗已占全国能源消耗的30%左右，是我国"双碳"目标进程中一项重要的任务，分析诊断建筑能效与节能减排有十分重大的现实意义。

本章建筑用电系统是指常规的建筑用电系统，包括：空调用电、照明用电，以及动力和其他用电等。如图4-1所示为建筑用电系统结构示意图，图4-2所示为建筑用电系统耗电比例饼状图（天津市建筑用电系统部分耗电统计资料）。

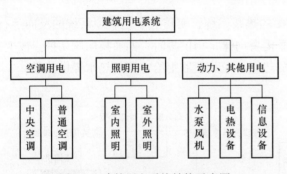
图4-1　建筑用电系统结构示意图

图4-2　建筑用电系统耗电比例饼状图

4.1　中央空调系统能效诊断分析、贯标评价与节能

4.1.1　中央空调系统概述

中央空调系统是现代建筑中给人们提供舒适生活和工作环境不可或缺的温湿度调节设备，也是消耗大量能源的用电设备。据统计，中央空调系统能耗占我国建筑能耗的45%左右，并具有逐年增长的趋势。

随着我国城市化进程的加快和大型基建项目的推进，民用建筑和工业建筑环境温度调节的需求，以及空调及制冷设备的普遍使用，空调能耗也逐年增加。由于中央空调的设计裕度、季节特点，以及负荷特性，目前国内集中供冷制热系统普遍存在"大马拉小车"的现象。因此，对现有的中央空调系统进行能效诊断分析与节能改造，具有十分重要的经济意义。

中央空调是指通过集中热冷源、输送设备、管网及末端处理设备向建筑物提供冷量或热量的系统装置。

目前，国内常用的中央空调制冷系统有两大类：以电能作为动力的蒸气压缩式制冷和以热能作为动力的吸收式制冷，由于蒸气压缩式制冷具有技术比较完善、操作简单、使用寿命长等优势，在工业及民用上得到了广泛的认可和应用。

（1）蒸气压缩式制冷系统结构（见图4-3a）

系统主要由制冷机（压缩机、蒸发器、冷凝器和节流阀）、冷却水循环系统、冷冻水（液）循环系统、风机盘管系统和散热冷却系统组成。

（2）蒸气压缩式制冷系统工作原理（见图4-3b）

1）工作流程：首先，压缩机将蒸发器内的低温低压制冷剂蒸气吸入，并压缩成高温高压的蒸气。接着，高温高压的蒸气被排入冷凝器，在冷凝器中与外界冷却介质（如空气和水）进行热交换，冷却凝结成高压液体；高压液体经过节流阀节流降压，变成低温低压的液体进入蒸发器，在蒸发器内低温低压液体吸收被冷却物体的热量而汽化，从而达到蒸气又被压缩机吸入，如此循环往复。

2）原理说明：制冷原理基于制冷剂的气液相变。在蒸发器内，制冷剂液体汽化时，需要吸收大量热量，从而使周围环境温度降低，实现制冷。而在冷凝器中，制冷剂蒸气冷却凝结成液体时会放出热量。

注意：蒸气压缩式制冷（热泵）机组中的热泵系统，实质上就是制冷系统的反向运行。热泵机组的内部有一个四通换向阀，在冬季需要向建筑物供暖时，四通换向阀切换，改变冷媒流向，此时，冷凝器反过来吸收低热源的热量，而蒸发器则给空调的热水提供热量。

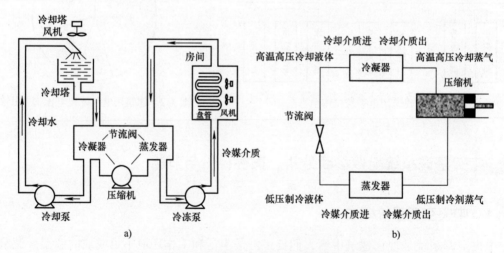

图4-3 蒸气压缩式制冷系统结构示意图和工作原理

a）结构示意图 b）工作原理

4.1.2 中央空调系统能效分析结构

1. 中央空调系统能效分析结构图（以蒸气压缩式制冷为例，见图4-4）

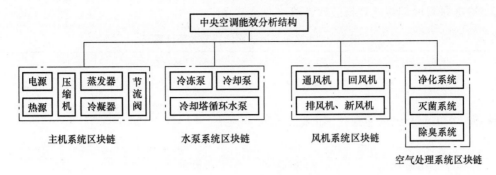

图 4-4　中央空调系统能效分析结构

2. 结构简介

中央空调系统能效分析的结构主要由四个区块链模块组成。

1）主机系统区块链由电源或热源节点链、压缩机节点链、蒸发器或冷凝器节点链及节流阀节点链组成。

2）水泵系统区块链由冷冻泵、冷却泵和冷却塔循环水泵的节点链等组成。

3）风机系统区块链由通风机、回风机和排风机、新风机的节点链组成。

4）空气处理系统区块链由空气净化系统、灭菌系统和除臭系统的节点链等组成。

中央空调系统是一个设备众多、工艺调控参数十分复杂的系统。工厂企业中央空调系统能耗涉及建筑热工特性、建筑业态分布、空气调节品质要求、地域气象不同的参数，以及空气集中与分散使用方法等因素。为此，中央空调系统能耗只能按设备节点模块和空调系统区域模块进行子系统能效指标和空调系统综合能耗指标进行计算分析与诊断，即进行长时间工况能效指标与典型短时间能效指标比较和考核评估。

4.1.3　中央空调系统的能耗与效率计算

中央空调系统的能耗与效率计算主要是对系统节点链的计算，如冷水机组、冷冻泵和冷却泵、风机、冷却塔，以及系统综合能效等。

1. 冷水机组能效指标 CSTL、CSTE 与 CSTF 的计算（见表 4-1）

表 4-1　冷水机组能效指标 CSTL、CSTE 与 CSTF 计算表

制冷季节下的能效指标	计算公式
总负荷/kW	$CSTL = \sum\limits_{j=1}^{n} Q_c(t_j) n_j$
耗电量/kWh	$CSTE = \sum\limits_{j=1}^{n} \left[\dfrac{Q_c(t_j)}{COP_{bin}(t_j)} \right] n_j$
性能系数（比值）	$CSTF = \dfrac{CSTL}{CSTE}$

式中　$Q_c(t_j)$——机组各负荷制冷量（kW）；

　　　　n_j——制冷季节中各温度下的工作时间（h）；

　　　　COP_{bin}——各工作温度下的制冷性能系数

2. 冷冻泵与冷却泵能耗与效率计算（见表4-2）

表4-2　冷冻泵与冷却泵能耗与效率计算表

方式	单位指标		计算公式
全年累计工况（长时）值	输入量	定流量	$P_P = \left(\sum P_{P,N} \right) T_P$
		变流量	$P_P = \left(\sum P_{P,N} \right) T_P \left(\sum_R + \alpha_R \right)$
	输出量		$P_{P出} = \rho q_v H / 1000$
	损耗量		$\Delta P_P = P_P - P_{P出}$
	效率		$\eta_P = P_{P出} / P_P = 1 - (\Delta P_P / P_P)$

式中　$\sum P_{P,N}$——冷冻泵和冷却泵的额定功率（kW）；

T_P——冷冻泵和冷却泵累计运行时间（h）；

$\sum_R$——冷水机组冷负荷率，$\sum_R = q_C / (q_R \cdot T_R)$；

q_C——全年空调冷负荷（kJ/a）；

q_R——制冷机最大出力（kJ/h）；

T_R——冷水机组累计运行时间（h）；

α_R——系数，$\alpha_R = \left(1 - \sum_R \right) / n$；

n——设备台数；

ρ——液体密度（kg/m³）；

q_v——体积流量（m³/h）；

H——扬程（m）。

3. 风机能耗与效率计算（见表4-3）

表4-3　风机能耗与效率计算表

方式	单位指标		计算公式
全年累计工况（长时）值	输入量	定风量	$P_F = \left(\sum P_{F,N} \right) T_F$
		变风量	$P_F = \left(\sum P_{F,N} \right) T_F \left(\sum{'} + \alpha' \right)$
	输出量		$P_{F出} = \rho q_v H / 1000$
	损耗量		$\Delta P_F = P_F - P_{F出}$
	效率		$\eta_F = P_{F出} / P_F = 1 - (\Delta P_F / P_F)$

式中　$P_{F,N}$——通风机的额定功率（kW）；

T_F——通风机的累计运行时间（h）；

$$\sum{'} = \frac{\sum_R T_R + \sum_B T_B}{T_R + T_B};$$

$\sum_B$——制冷机热负荷率 $\left[\sum_B = q_h / (q_B T_B) \right]$；

$\alpha' = \left(1 - \sum{'} \right) / n$；

q_h——全年空调负荷（kJ/a）；

q_B——锅炉最大出力（kJ/h）；

T_B——冬季设备累计运行时间（h）。

4. 冷却塔冷却能力与耗电比计算

（1）中小型开式冷却塔（单塔冷却水量小于 $1000m^3/h$）

1）冷却能力指进出塔水温差与标准工况条件下进出塔水温差的比值，见表 4-4。

表 4-4　中小型开式冷却塔冷却能力计算表

标准工况条件下的指标	计算公式
冷却能力	$\eta = \dfrac{\Delta t_1}{\Delta t_c} \times 100\% = \dfrac{t_{1d} - t_{2c}}{t_{1d} - t_{2d}} \times 100\%$

式中　η——冷却能力；

　　　Δt_1——实测修正到标准工况的进出塔水温差（℃）；

　　　Δt_c——标准工况的进出塔水温差（℃）；

　　　t_{1d}——标准工况的进水温度（℃）；

　　　t_{2d}——标准工况的出水温度（℃）；

　　　t_{2c}——实测修正到标准工况的出水温度（℃）

2）耗电比指冷却塔风机驱动电动机的输入有功功率与标准冷却水流量的比值，见表 4-5。

表 4-5　中小型开式冷却塔耗电比计算表

标准工况条件下的指标	计算公式
耗电比	$a = \dfrac{P}{\eta Q}$

式中　a——耗电比（kWh/m^3）；

　　　P——实测电动机输入有功功率（kW）；

　　　η——冷却能力（%）；

　　　Q——实测冷却水流量（m^3/h）

标准工况见表 4-6。

表 4-6　标准工况

设计参数	标准工况
大气压力/kPa	99.4
干球温度/℃	31.5
湿球温度/℃	28.0
进水温度/℃	37.0
出水温度/℃	32.0

当处于其他运行工况时，应按 GB/T 7190.1—2018 有关规定进行换算。

（2）大型开式冷却塔冷却能力与耗电比计算（单塔冷却水量不小于 $1000m^3/h$）。

1）冷却能力计算表（见表 4-7）。

表 4-7 大型开式冷却塔冷却能力计算表

标准工况条件下的指标	计算公式
冷却能力	$\eta = \dfrac{G_t}{Q_d \lambda_c} = \dfrac{Q_c}{Q_d} \times 100\%$

式中　η——冷却塔的冷却能力（%）；

G_t——实测进塔干空气质量流量（kg/h）；

Q_d——设计冷却水流量（kg/h）；

λ_c——修正到设计工况下的气水比；

Q_c——修正到设计工况下的进塔冷却水流量（kg/h）

2）耗电比计算表（见表 4-8）。

表 4-8 大型开式冷却塔耗电比计算表

标准工况条件下的指标	计算公式
耗电比	$a = \dfrac{P}{\eta Q}$

式中　a——耗电比（kWh/m³）；

P——实测电动机输入有功功率（kW）；

η——冷却能力（%）；

Q——实测冷却水流量（m³/h）

（3）闭式冷却塔冷却能力与耗电比计算（单塔循环冷却水量不大于 500m³/h）

1）冷却能力计算表见表 4-9。

表 4-9 闭式冷却塔冷却能力计算表

标准工况条件下的指标	计算公式
冷却能力	$\eta = \dfrac{k_1 Q_r}{k_2 Q_d} \times 100\%$

式中　η——冷却能力；

k_1——功率修正系数；

Q_r——实测循环后冷却水流量（m³/h）；

k_2——大气压力修正系数；

Q_d——根据实测气象参数，进闭式塔水温和进出闭式塔水温差，从制造商提供的运行曲线数据表中查得或通过线性插值方式获得的设计循环冷却水流量（m³/h）

注：若实测的风机功率、大气压力与设计参数有误差时，功率修正系数 k_1 和大气压力修正系数 k_2 可按下式换算：

$$k_1 = \left(\frac{W_d}{W_r}\right)^{\frac{1}{2}} \qquad k_2 = 1 + 0.0023(P_s - P_c)$$

式中　W_d——设计风机功率（kW）；

W_r——实测风机功率（kW）；

P_s——标准工况大气压力（kPa）；

P_c——实测大气压力（kPa）。

2）耗电比计算表见表 4-10。

表 4-10　闭式冷却塔耗电比计算表

标准工况条件下的指标	计算公式
耗电比	$a = \dfrac{P_1 + P_2 + P_3}{\eta Q}$

式中　a——耗电比（kWh/m³）；

P_1——风机电动机输入有功功率（kW）；

P_2——喷淋泵电动机输入有功功率（kW）；

P_3——间壁式换热器阻力损耗功率（kW）；

η——冷却能力；

Q——标准工况名义流量（m³/h）

5. 系统综合能效与效率计算（见表 4-11）

表 4-11　系统综合能效与效率计算表

单位指标	计算公式
输入量	$P_Z = \sum P$
输出量	$Q = Cq_m(t_2 - t_1)$
损耗量	$\Delta P = P_Z - Q$
效率	$\eta_Z = Q/P_Z = 1 - (\Delta P_Z/P_Z)$

式中　$\sum P$——制冷系统（制冷机、辅助设备、循环水泵、冷却水泵、冷凝器风机等的总和）的功率（kW）；

C——冷冻水的比热容［kJ/(kg·K)］；

q_m——冷冻水流量（kg/s）；

t_1、t_2——冷冻水进、出水温（K）

4.1.4　静态、动态和关联分析与评价

1. 静态能效的分析与评价

中央空调系统中的主要电气设备，均应满足相关国家标准能耗和能效等级规定要求：

1）热泵和冷水机组、溴化锂吸收式冷水机组、水（地）源热泵机组和低环境温度空气源热泵（冷水）机组应符合相应的国家能效标准。

2）不同型号、电压等级和不同容量的电动机的能效限定值及能效等级应满足 GB/T 18613—2020 的规定要求。

3）中央空调系统中配置的各型号和不同容量的风机，其能效限定值及能效等级应满足 GB 19761—2020 的规定要求。

4）各类冷冻泵和冷水泵以及清水泵等的能效限定值及能效等级应满足 GB 19762—2025 的规定要求。

2. 动态能效的分析与评价

中央空调系统的动态能效是指空调系统的经济运行，根据 GB/T 17981—2007《空气调节系统经济运行》的要求，比对 GB 19577—2024《热泵和冷水机组能效限定值及能效等级》进行分析与评价。

（1）蒸气压缩式循环冷却（热泵）机组能效等级性能系数的定义

1）CSPF——制冷季节性能系数，即机组各负荷制冷量与制冷季节耗电量之比：

$$\text{CSPF} = \frac{\text{CSTL}}{\text{CSTE}} = \frac{\text{机组各负荷制冷量}}{\text{制冷季节耗电量}}$$

2）IPLV——综合部分负荷性能系数，指用一个单一数值表示的空气调节用冷水机组部分负荷的效率：

$$IPLV = \frac{部分负荷制冷量}{制冷机组耗电量}$$

3）COP——机组性能系数，即在规定标准工况下或机组特定的使用工况下，以相同单位表示的制冷量与机组总消耗功率的比值：

$$COP = \frac{制冷量（标准工况或特定工况下）}{机组总消耗功率}$$

注意：COP_e 表示制冷性能系数，COP_h 表示制热性能系数，ACCOP 表示数据中心专用型机组的性能系数，$ACCOP^a$ 表示可供选择的大温差送冷水的参考值。

（2）动态能效等级评价

1）根据 GB 19577—2024，对各类机组的能效等级规定如下，见表 4-12 和表 4-13。

表 4-12 蒸气压缩式循环冷水（热泵）机组能效等级指标（一）

机组类型		名义制冷量（CC）/kW	能效等级			
			1 级	2 级	3 级	
产品标准	型式		$CSPF/IPLV/ACCOP^a$	$CSPF/IPLV/ACCOP^a$	$CSPF/IPLV/ACCOP^a$	COP_e
GB/T 18430.1—2024、GB/T 18430.2—2016	舒适型 水冷式	CC≤300	6.00	5.60	5.20	4.20
		300<CC≤528	7.80	7.20	5.70	5.00
		528<CC≤1163	8.10	7.50	6.20	5.40
		CC>1163	8.50	8.10	6.30	5.60
	风冷式	CC≤50	4.50	4.00	3.50	2.70
		CC>50	4.30	3.85	3.30	2.80
	蒸发冷却式	CC≤300	5.40	5.00	4.40	4.00
		CC>300	5.80	5.40	5.10	4.60
	数据中心专用 水冷式	CC≤528	8.20	7.50	6.80	6.00
		528<CC≤1163	10.00	8.00	7.40	6.50
		CC>1163	12.00	10.00	8.00	7.00
	风冷式	—	6.80	5.80	4.80	3.00

注：执行 GB/T 18430.1—2024 和 GB/T 18430.2—2016 的水冷式舒适型、蒸发冷却式舒适型机组的能效指标为 IPLV，风冷式舒适型机组的能效指标为 CSPF，数据中心专用型机组的能效指标为 ACCOP。

表 4-13 蒸气压缩式循环冷水（热泵）机组能效等级指标（二）

机组类型			名义制冷量（CC）/kW	能效等级			
				1 级	2 级	3 级	
产品标准	型式			COP_e	COP_e	$CSPF/IPLV/ACCOP^a$	COP_e
GB/T 18430.1—2024、GB/T 18430.2—2016	舒适型	水冷式	CC≤300	5.30	5.10	5.20	4.20
			300<CC≤528	5.80	5.60	5.70	5.00
			528<CC≤1163	6.20	6.00	6.20	5.40
			CC>1163	6.40	6.20	6.30	5.60
		风冷式	CC>50	3.40	3.20	3.30	2.80

注：执行 GB/T 18430.1—2024 和 GB/T 18430.2—2016 的水冷式舒适型机组的能效指标为 IPLV，风冷式舒适型机组的能效指标为 CSPF。

蒸气压缩式循环冷水（热泵）机组能效等级的评价：

① 冷水（热泵）机组的能效等级分为 3 级，其中 1 级能效最高；

② 冷水（热泵）机组的能效限定值为表 4-12、表 4-13 中能效等级 3 级对应的指标值。

注：溴化锂吸收式冷（温）水机组、间接蒸发冷却水机组、一体化式冷水（热泵）机组和低环境温度空气源热泵（冷水）机组、水（地）源热泵机组等的能效等级与限定值，见 GB 19577—2024 的相关规定。

2）根据 GB/T 7190.1—2018、GB/T 7190.2—2018、GB/T 7190.3—2019，对各类型冷却塔能效（耗电比）进行等级评价，见表 4-14。

表 4-14　各类型冷却塔能效（耗电比）等级评价表　　（单位：kWh/m³）

不同冷却塔型（工况）		能效（耗电比）等级				
		1 级	2 级	3 级	4 级	5 级
中小型开式冷却塔	标准工况 I	≤0.025	≤0.030	≤0.032	≤0.034	≤0.035
	标准工况 II	≤0.030	≤0.035	≤0.040	≤0.045	≤0.050
大型开式冷却塔		≤0.030	≤0.035	≤0.040	≤0.045	≤0.050
闭式冷却塔		≤0.11	≤0.13	≤0.15	≤0.20	≤0.25

注：1. 能效等级分 5 级限值，1 级为最高级，超过 5 级为不合格产品。

　　2. 冷却塔的标准工况按使用条件分为标准工况 I 和标准工况 II 两类，见表 4-15。按其他工况进行设计时，必须换算到标准工况，并在样本或产品说明书中，按标准工况标记冷却水流量。

表 4-15　标准工况 I、II 表

标准设计	标准工况 I	标准工况 II
进水温度/℃	37.0	43.0
出水温度/℃	32.0	33.0
设计温差/℃	5.0	10.0
湿球温度/℃	28.0	28.0
干球温度/℃	3.5	31.5
大气压力/kPa	99.4	

根据 GB/T 7190.1—2018、GB/T 7190.2—2018、GB/T 7190.3—2019，对各类型冷却塔冷却能力进行评价，各类型冷却塔的冷却能力均不小于 95.0%。

（3）动态能效的经济运行分析与评价

1）经济运行的基本要求。

室内环境的主要控制参数——温度、湿度和新风量应符合表 4-16 的规定范围。

表 4-16　空调系统运行时的室内环境参数值

房间类型	夏季		冬季		新风量/（m²/h）
	温度/℃	相对湿度（%）	温度/℃	相对湿度（%）	
特定房间	≥24	40 ~ 65	≤21	30 ~ 60	≤50
一般房间	≥26	40 ~ 65	≤20	30 ~ 60	10 ~ 30
大堂、过厅	26 ~ 28	……	≤18	……	≤10

注：1. 特定房间通常为对外经营性且标准要求较高的个别房间。对于冬季室内有大量热源的房间，室内温度可高于以上给定值。

　　2. 表中的新风量值指夏季室外温度或温度高于室温或冬季室外温度低于室温时的新风，当利用室外新风量对室内进行降温或排湿时，不受此类参数限制。

2）冷热源设备的经济运行要求。

① 间歇运行的冷热源设备，应根据需要合理选择运行的时间。在有条件时，宜采用错峰运行措施，充分利用低谷电价。

② 冷热源设备的优化运行。实行合理群控措施，使冷热源在合理负荷率下运行，避免在低负荷低效率下运行；在满足空调负荷需求的情况下，应优先选择效率高、经济性能好的冷热源设备运行。

③ 冷却塔的优化运行。冷却塔风机宜采用变风量调节；冷却水出水温度接近室外空气湿球温度，并保持冷却塔周围通风良好。

3）水系统的要求。

① 有变频控制的水系统，冷却水的总供回水温差不应小于5℃；冷冻水的总供回水温差不应小于4℃。当采用二次泵系统时，应采取措施，使冷冻水供回水温差不小于4℃。

② 冬季供暖工况下，热水供回水温差不应小于设计工况的80%。

4）间歇运行的要求。

① 间歇运行的空调系统宜在使用前30min启动空气处理机进行预冷或余热，并关闭新风风阀。预冷或预热结束后开启新风风阀。

② 在空调房间停止使用前15min~30min，宜关闭空气处理机组；应避免空调房间停止使用后仍开启空气处理机组。

③ 全空气空调系统的空气处理机组风机宜采用变频调速控制。

④ 人员密度相对较大且变化大的房间，宜采用新风需求控制。应减少风道漏风，保持过滤器等清洁。

3. 中央空调系统能效的关联分析与评价

（1）室温控制标准的关联分析与评价

1）确定空调室温参数——主要考虑空调舒适度条件或工艺要求。

舒适性空调的作用是维持室内空气具有使人感觉舒适的状态，以保证良好的工作条件和生活条件。舒适性空调室内设计参数可按表4-17所给的数据选用。

表4-17 舒适性空调的室内空气设计参数

季节	温度/℃	相对湿度（%）	工作区风速/（m/s）
夏季	24~28	40~60	≤0.3
冬季	18~22	高级建筑 >35	≤0.2

分析认为：在夏季室内设定温度升高1℃，或冬季室内温度降低1℃，则空调系统能耗可降低5%左右。

对于民用建筑和舒适性空调房间，由于每个人对舒适感的要求标准不尽相同，因此民用空调的舒适性范围较宽。只要在此范围内，夏季运行时，室内可以采用较高的干球温度和相对湿度值，冬季可采用较低的干球温度和相对湿度值，可以获得一定的节能效果，见表4-18。

表 4-18　室内设计参数改动时的节能效果　　　　　（单位：MJ/m²）

名称	夏季			冬季		
室内温度/℃	24	26	28	22	20	18
新风负荷	83.0	61.2	44.0	117.3	78.4	48.6
其他负荷	93.0	83.0	67.5	23.9	18.4	14.2
总计	176.0	144.2	111.5	141.2	96.8	62.8
节能率（%）	0	18.2	36.6	0	31.5	55.5

从表 4-18 可见，夏季室温从 24℃ 改为 28℃，冷负荷减少 36.6%，冬季室温从 22℃ 改为 18℃，热负荷减少 55.5%。

2）适当调整主机设定温度。冷水机出口温度越高，则主机耗电率越低，每提高 1℃，主机可节电约 3%。

3）合理控制冷冻水供回水温差。设计中冷冻水供回水温差一般取 5℃。但实际运行时，供回水温差较好的情况在 3~4℃，较差的为 1~2℃，造成大流量低温差，能量损失极大。正常设计供回水温度为 7℃/12℃。

4）合理调节冷却水温差为 32℃ 或 37℃，根据经验，冷却水入口温度每降低 1℃，可节电 1.5%~2%，但冷却水温度下降，在降低主机能耗的同时却增加了冷却塔的能耗，二者需要一个平衡点。

（2）合理利用新风节能

合理利用室外新风是中央空调系统在运行过程中最有效的节能措施之一。中央空调系统引进新风主要是为了控制 CO_2 气体浓度，满足卫生需求和工艺空调所需保持的室内外压差。

新风量的多少直接影响空调的负载，如风机、冷水泵、压缩机、冷却水泵和冷却塔风扇的耗电量，一般新风负荷占空调负荷的 20%~40%，对其标准值高低和取舍与能耗关系较大，具体要求为：

1）在保证最小新风量的前提下，正确利用室外新风，以控制新风电耗。

2）在过渡季节，启用新风来调节室内温度，以节约空调主机用电。

（3）变频变流量控制

中央空调变流量控制节能系统是采用自动控制技术（如模糊控制技术）与变频调速技术相结合构成的一套完整的高效节能的自动控制系统。通过该系统中的自动控制设备（如模糊的 PID 控制器）的运算和控制，重新调整变频器的输出频率，使冷冻水泵、冷却水泵和冷却塔风机运转频率产生变化，从而改变冷冻水流量、冷却水流量和冷却塔风机的风量，中央空调系统迅速恢复到原来的稳定状态，以获得最佳的节能效果。

中央空调变频调速节能的具体要求为：

1）中央空调冷水压缩机为恒转矩负载，转速与轴功率间呈线性关系，即 $n_1/n_2 = N_1/N_2$，且主机变频器容量大、价格贵，目前国内还未见主机加装变频器运行的先例。

2）风机和水泵的转速与功率是呈三次方关系，即 $(n_1/n_2)^3 = N_1/N_2$，因此采用变频调速控制可以收到十分显著的节能效果，表 4-19 给出了风机和水泵在不同频率下的节能数据。

表 4-19　风机和水泵不同运行频率时的节能数据

频率/Hz	消耗功率百分比（%）	节能率（%）	频率/Hz	消耗功率百分比（%）	节能率（%）
50	100	0	37	40.5	59.5
49	94.1	5.9	36	37.3	62.7
48	88.5	11.5	35	34.3	65.7
47	83.1	16.9	34	31.4	68.6
46	77.9	22.1	33	28.7	71.3
45	72.9	27.1	32	26.2	73.8
44	68.1	31.9	31	23.8	76.2
43	63.6	36.4	30	21.6	78.4
42	59.3	40.7	29	19.5	80.5
41	55.1	44.9	28	17.6	82.4
40	51.2	48.8	27	15.7	84.3
39	47.5	52.5	26	14.1	85.9
38	43.9	56.1	25	12.5	87.6

3）根据经验介绍：风机和水泵的变频器频率一般上限为 45Hz，下限为 30Hz。

（4）空调蓄冷系统节能

蓄冷系统在不需冷量或需冷量少的时间（如夜间），利用制冷设备将蓄冷介质中的热量移出，进行蓄冷，并将此冷量用在空调用冷或工艺用冷的用电高峰期。蓄冷介质可以是水、冰或共晶盐。因此，蓄冷系统的特点是转移制冷设备的运行时间，这样一方面可以利用夜间的廉价电，另一方面也可减少白天的峰值电负荷，达到电力"移峰填谷"的目的。

蓄冷系统的设计思路通常有 2 种，即全负荷蓄冷和部分负荷蓄冷。

1）全负荷蓄冷或称负荷转移，其策略是将用电高峰期的冷负荷转移到电力低谷期。

2）部分负荷蓄冷就是全天所需冷量部分负荷由蓄冷装置供给。谷期利用制冷机蓄存一些冷量，补充用电高峰时间所需部分冷量。

4.1.5　节电技术与管理措施

随着我国社会经济的发展，住房面积的增加，人民生活水平的提高，建筑能耗总量越来越大，而其在社会总能耗中所占比例将逐年增加。

1. 中央空调系统节能技术

（1）合理选择室内设计参数

中央空调系统室内温湿度及新风风量等参数的合理设计，直接影响到系统运行的经济性。在保持系统正压要求的基础上，不要盲目增大新风量，以减少加热或冷却新风的负荷。

（2）中央空调系统的优化设计

根据建筑客观环境和对空气品质的不同需求，选择合适的空气处理方法，对空调房间进行分区处理，通过空调系统的局部调节，实现系统节能。

（3）冷（热）源设备的选择

中央空调系统冷（热）源的设备应尽量选择性能系数（COP）和部分负荷综合平均性能系数（IPLV）高的机型，并充分考虑利用室外空气进行降温，直接或间接利用其他自然能源和废热以实现中央空调系统的节能。

（4）能耗输送系统的优化

首先应选择高能耗比的风机和水泵。对风机系统应尽量增加送风温差，减小送风量，控制系统空气流速，从而降低风机损耗，同时通过变风量技术和高效调速技术来应变负荷需求而实现节能，对水泵应尽量采用大温差、小流量的方法降低水泵功耗。另外，必须对风机、水泵系统的输送管进行必要的保温处理。

（5）建筑热回收

中央空调系统排风中有一定量的冷（热）量，可通过一些专门的换热器将排风中的能量传递给新风，从而降低新风负荷。

（6）相变蓄能技术

蓄能可分为机械蓄能、电力蓄能和热蓄能等。其中热蓄能在建筑中应用得最为广泛。合理利用热能，减小环境污染的有效途径，是热能系统优化运行的重要手段。结合自然能源（太阳能、风能）等也能缓解用户对暖通空调的需求。

2. 中央空调系统管理措施

1）中央空调系统的经济运行管理应有专人负责，运行管理人员应通过相关知识、技能考核，具有中央空调系统经济运行管理资质。

2）中央空调系统的运行管理部门应建立健全运行管理制度。

3）中央空调系统的运行管理部门应建立设备技术档案和设备运行记录，并归档保存。

4）中央空调系统的运行管理部门应按有关标准制定经济运行操作手册。

5）中央空调系统的运行管理部门应每月对能耗数据进行分析，对经济运行状况进行评价，对能耗浪费现象进行整改。

6）中央空调系统宜采用自动控制，通过节能控制策略，实现中央空调系统和设备的经济运行。

7）空调环境使用者的行为节能。

① 房间内有可控空调末端装置时，房间温度设定值应按表 4-16 选取。

② 离开房间 1h 以上时，应关闭房间空调末端装置。

③ 中央空调系统运行期间，且有新风机组运行时，应关闭外窗。

④ 夏季阳光直射室内时宜采取遮阳措施。

4.2　照明系统能效诊断分析、贯标评价与节能

照明与人们的工作和日常生活密切相关，它广泛用于生产生活各个场所，是工厂企业不可缺少的用能设备。据统计，我国照明用电量已占总用电量的 12% 左右，而工厂企业中普遍存在灯具能耗高、照度偏大及控制方式落后、管理缺失等现象，根据目前成熟的照明节能方案，可节电 20% ~ 35%，可见照明节电空间潜力很大。

4.2.1　照明系统概述

照明系统一般由电光源、照明灯具、镇流器和系统控制器等组成。

1. 照明电光源分类

电光源按其发光原理主要有热辐射光源、气体放电光源和固态光源三大类，如图 4-5 所示。

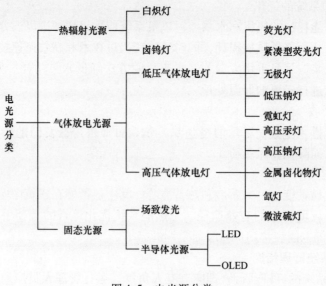

图 4-5 电光源分类

（1）白炽灯

白炽灯是根据热辐射原理制成的，它是靠电能将灯丝加热至白炽而发光，灯丝将电能转变成可见光的同时，产生大量的红外线辐射和少量的紫外线辐射，这些辐射最终又都以热的形式损耗掉。

白炽灯的优点：灯丝集中，接近电光源，便于进行良好的光学控制，费用低廉，使用方便，线路简单，功率因数高。缺点：发光效率低，红外线成分高，使白炽灯照明系统的实际最大照度受到限制，工作时玻壳温度高，寿命短，受热振动和机械振动的影响较大。

（2）卤钨灯

利用卤钨循环原理制成的卤钨循环灯，可以使钨丝在更高的温度下工作，发光效率可达 20lm/W 以上，这种灯体积小，功率大，且光色好，适于在室内做大面积照明。卤钨灯功耗大，是节能改造的主要对象。

（3）荧光灯

荧光灯是一种常用的低气压放电灯，低压汞气电离后，产生很强的短波辐射，使管壁上涂的荧光粉受激发光。荧光灯的种类按启动方式可分为预热式灯管、快速启动式灯管和冷阴极灯管，常用的是预热式。

荧光灯的优点：光效高，寿命长，光照均匀，可以有多种光色，工作室内照明光源效果显著。缺点：需要辅助设备，初始费用较高，有射频干扰。若采用了三基色荧光粉以及特殊的结构，使得灯光效果要比以往的荧光灯好，体积小，光色好，在取代低效的白炽灯方面呈现了很大的优越性。

（4）高压汞灯

高压汞灯由电弧管、电极和外玻壳等组成，外玻壳内充有汞和低压惰性气体。灯泡两端加上电压后，在主电极和辅助电极间产生辉光放电，随即造成主电极间的放电，汞逐渐蒸发，几分钟后达到稳定。

高压汞灯的优点：光效高，作为第二代光源，它的光效要比白炽灯高许多，可达 50lm/W；功率大，可做到 2000W，通常作为路灯和大面积照明器。缺点：显色性差，用于照明时，它的光色偏蓝、绿，缺少红色成分，显色指数只有 40 左右，再启动性能差。由于含汞光源其废弃物污染环境，影响人体健康，目前已限产并禁止进出口。

（5）高压钠灯

高压钠灯电弧管内充有钠、汞和惰性气体，电弧管采用在高温下耐腐蚀的多晶或者单晶氧化铝制成。高压钠灯主要靠金属钠蒸气发光，汞产生的光极为微弱。目前，在气体放电灯中，它的发光功率最高，广泛地用于街道、码头、广场等，是一种节能光源。

高压钠灯的优点：光效高，一般可达 90～110lm/W；寿命长，是电光源中寿命最长的一种，国内产品可达 6000h，国际先进水平产品可达 12000h；再启动时间短，一般在几分钟内可热启动。缺点：显色性差，光色偏黄，显色指数只有 20～50。

（6）金属卤化物灯

金属卤化物灯的结构与汞灯相似，发光体中除有汞和惰性气体外，还有改善光色的金属卤化物（碘化钠、碘化铊、碘化铟、碘化钪、碘化镝等），虽然汞也提供部分光，但主要由添加金属产生。与汞灯相比，金属卤化物灯等不仅光通量与光效有所提高，而且发射光的光谱能量分布也大为改善，显色指数明显提高。作为第三代光源的金属卤化物灯，解决了室内及对光色有特殊需要的场合的大面积照明问题，目前，国内产品有钠铊铟灯、钪钠灯等，最小功率可到 250W。

金属卤化物灯的优点：显色性好，一般 Ra 可达 60～80，为高光效灯在室内应用的重大突破，是取代白炽灯的主要光源；寿命长，国内产品可达 3000h 以上，国际先进水平产品可达 7500h 以上；光效高，在 70～80lm/W，取代低效光源，经济效益显著。缺点：光色的一致性还不稳定，再启动时间长。

（7）无极灯

高频无极灯是荧光灯气体放电和高频电磁感应原理相结合的一种新型电光源。由于它没有常规电光源所必需的灯丝或电极，故名无极灯。

无极灯显色指数大于 80，功率因数大于 0.95，无频闪，寿命达 6000h 以上，是新一代绿色节能照明光源的换代产品。

（8）LED

LED 中文名叫作发光二极管。LED 是通过将电压加在 LED 的 PN 结本身形成一个能级（实际上是一系列的能级），然后电子在这个能级上跃变并产生光子来发光的。LED 具有功耗低、亮度高、寿命长、尺寸小等优点，但价格较昂贵，是新一代绿色节能照明光源的换代产品。

2. 照明灯具简介

电光源只是灯具的一个重要部分，其他部分还有灯罩，灯的安装或悬挂部件以及装饰部件等。灯具整体性能的好坏，对照明效果和节能影响很大，如果灯具配光不合理、效率低，能量损失可达 30%～40%。

要选用光通量衰减少、光通量保持率高的灯具。这就要求灯具反射面的反射比高、衰减慢、配光稳定、易于维护和保洁。

3. 镇流器

镇流器是气体放电灯用于光源启动和工作时限流的部件。镇流器主要有两种，一种是电感镇流器，使用 50Hz 交流电为电光源供电；另一种是电子镇流器，它将工频电转换为几十kHz 的交流电供给电光源。荧光灯既可以使用电感镇流器，也可以使用电子镇流器。而高气压放电灯主要使用电感镇流器。

1）电感镇流器又分为普通型电感镇流器和节能型电感镇流器，普通型电感镇流器自身功耗占到整个灯功耗的近20%。例如，一支40W的荧光灯，其镇流器功耗为8W左右。节能型镇流器是近年来提出的改进型电感镇流器，它的自身功耗约为普通型电感镇流器的一半，而寿命与其相当。

2）电子镇流器自身功耗很小，仅相当于普通型电感镇流器的1/4～1/3，使用电子镇流器节能效果明显。

4. 照明系统节能控制

1）对照明灯具的开关和照明进行控制，可以有效地减少电能消耗。

2）对于大功率的公共照明系统，可以加装节能效果明显的智能照明控制调控设备。这种装置可以完全满足照明系统的多种调控要求用于提高照明系统的照明效果和最大节电率。它还能精确地稳定输出电压，进而起到节电10%～20%的作用，同时，它还具有软启动、慢斜坡的功能，可以有效地减小电光源启动时的冲击电流，提高灯的寿命。

4.2.2 照明系统能效分析结构

1. 照明系统能效分析结构图（见图4-6）

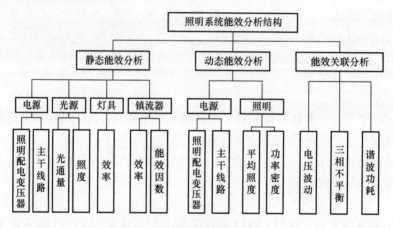

图4-6 照明系统能效分析结构

2. 照明系统能效分析结构的组成

（1）静态能效分析

1）电源节点链。

· 照明配电变压器其型号、容量的选用，应满足高效低耗的绿色节能变压器的要求。

· 主干线路为配电低压母线至各车间的主干线路，其型号、各导线截面积应当满足线路的设计要求。

2）光源节点链。

其光源的光通量（lm）和照度（lx）应满足规划设计要求。

3）灯具节点链。

其不同的环境场所，应有不同的灯具效率和要求。

4）镇流器节点链。

各种照明光源的配套镇流器，应满足其效率和能效因数的基本要求。

（2）动态能效分析

1）电源节点链。

照明配电变压器的运行工况应满足经济运行区的基本要求。主干线路应满足经济电流密度和线损率的技术要求。

2）照明节点链。

其平均照度（lx）和功率密度应满足灯光效率的设计要求。

（3）能效的关联分析

照明系统能效的关联影响，主要涉及电源电压的波动及三相电压、电流的不平衡和非线性灯具负载造成的谐波污染。

4.2.3　照明系统主要性能参数

除了常用的电压（U）、电流（I）、功率（P）等参数外，照明领域还有特定的性能参数，主要是光通量、照度、发光强度、亮度、色温、显色指数、光效、寿命、利用系数以及维护系数（M）等。

1. 光通量

光源单位时间内向周围空间辐射出去的使人眼产生光感的能量，称光通量，单位为流明（lm），表 4-20 为几种常见光源的额定光通量。

表 4-20　常见光源的额定光通量

类型	功率/W	光通量/lm	类型	功率/W	光通量/lm
普通白炽灯	15	110	直管形荧光灯	15	560
普通白炽灯	25	220	直管形荧光灯	20	960
普通白炽灯	100	1250	直管形荧光灯	40	2400
高压汞灯（外镇流）	400	20000	金属卤化物灯（钪钠）	400	36000
高压钠灯	400	44200			

从上表可见，光源向空间发出的光通量越大，说明发光的强度大，视觉感到物体上亮些，光源功率越大，则光通量（lm）越大，人眼视觉越亮。

2. 照度

在某一平面上所接收到的光通量称为照度，单位为勒克斯（lx）。

表 4-21 为常见情况下的照度值，表 4-22 为推荐照度应用范围。

表 4-21　常见情况下的照度值

光照情况	照度值/lx	光照情况	照度值/lx
夏天阳光直射下	100000	40W普通白炽灯下	530
白天室外（无直射阳光）	1000	一般阅读时	300～500
白天室内	100～500	普通工作场合下	50～500
40W荧光灯下	300	夜晚满月照在地面上	0.2

表4-22 推荐照度应用范围

照度范围/lx	活动及工作场所	照度范围/lx	活动及工作场所
20 ~ 50	室外活动场所及工作场所	500 ~ 1000	较强视觉要求的作业场所
30 ~ 150	流通场所，短程旅行的方向定位	750 ~ 1500	较弱视觉要求的作业场所
100 ~ 200	非连续使用的工作房间	1000 ~ 2000	特殊视觉要求的作业场所
200 ~ 500	简单视觉要求的作业场所	2000 以上	进行很精确的视觉作业场所
300 ~ 750	中等视觉要求的作业场所		

3. 发光强度

光源在空间某一方向上的光通量的空间密度，称为光源在这一方向上的发光强度，单位为坎德拉（cd）。

4. 亮度

发光体在视线方向单位投影面积上的发光强度，称为该发光体的亮度，单位为坎德拉每平方米（cd/m^2）。

5. 色温

光源发出的光与黑体在某一温度下辐射的光的光谱成分接近，则称黑体的这个绝对温度为光源发射的光的色温，单位为开尔文（K）。

表4-23 为不同光源环境的色温值，表4-24 为不同色温给人的感受。

表4-23 不同光源环境的色温值

光源	色温/K	光源	色温/K
北方晴空	8000 ~ 8500	高压汞灯	3450 ~ 3750
阴天	6500 ~ 7500	暖色荧光灯	2500 ~ 3000
夏日正午阳光	5500	卤素灯	3000
金属卤化物灯	4000 ~ 4600	钨丝灯	2700
下午日光	4000	高压钠灯	1950 ~ 2250
冷色荧光灯	4000 ~ 5000	蜡烛光	2000

表4-24 不同色温给人的感受

色温/K	光源	气氛效果	应用场所举例
>5000	日光色（带蓝的白色）	冷	高照度场所、加热车间、白天需补充自然光的房间
3300 ~ 5000	中间色（白）	中	办公室、阅览室、教室、诊所、机加工车间、仪表装配车间
<3300	暖色（带红的白色）	暖	卧室、客房、病房、酒吧、餐厅

6. 显色指数

对同一物体用不同光源照射时显出的颜色和在标准光源照射时颜色的一致性程度，称为显色指数，最高为100。

表4-25 为常见光源的显色指数，表4-26 为其分类与适用范围。

表4-25 常见光源的显色指数

光源	显色指数	光源	显色指数
白炽灯	100	金卤灯（美标）	>60
卤素灯	100	金卤灯（欧标）	>90
荧光灯（卤粉）	>75	陶瓷金卤灯	>80
三基色荧光灯	88	高压钠灯	<25

表 4-26 显色指数分类与适用范围

分类	显色指数	适用范围
Ⅰ	$R_a > 90$	临床检查、美术馆
Ⅱ	$90 > R_a \geq 80$	住宅、饭店、商店、医院、学校、写字楼、印刷厂、纺织厂等
Ⅲ	$80 > R_a \geq 60$	一般加工场所
Ⅳ	$60 > R_a \geq 40$	粗加工工厂
Ⅴ	$40 > R_a \geq 20$	储藏室等变色要求不高的场所

7. 光效

光效是指灯泡消耗单位功率所获得的光通量，表 4-27 为常见光源的光效。

表 4-27 常见光源的光效

光源种类	光效/(lm/W)	光源种类	光效/(lm/W)
白炽灯泡	16	石英卤素灯	25
汞灯	65	普通荧光灯	75
三基色荧光灯	88	T5 荧光灯	92
荧光灯	104	高压钠灯	130
低压钠灯	200	LED	150

8. 寿命

寿命一般分为平均寿命、经济寿命，见表 4-28。

表 4-28 寿命指数的物理量

名称	单位	含义
平均寿命	h	指一批灯泡点燃至光通量衰减至 50% 的数量损坏不亮时的小时数
经济寿命	h	在同时考虑灯泡的损坏以及光衰的状况下，其总通量光束输出减至一特定比例的小时数。此比例一般用于室外的光源时为 70%，用于室内的光源时为 80%

9. 利用系数

灯具输出的全部光通量与光源发出的全部光通量之比。

10. 维护系数

经过一定时期后的工作面照度与初期照度之比。

下面介绍几种典型电光源性能指标的比较，见表 4-29。

表 4-29 几种典型电光源性能指标的比较

光源种类	光效/(lm/W)	显色指数（R_a）	色温/K	功率范围/W	平均寿命/h
白炽灯	15	100	2800	15 ~ 300	1000
卤钨灯	25	100	3000	20 ~ 120	2000 ~ 5000
普通荧光灯	70	70	2500 ~ 5000	20 ~ 120	10000
三基色荧光灯	93	80 ~ 98	2500 ~ 5000	18 ~ 200	12000
紧凑型荧光灯	60	85	2500 ~ 5000	3 ~ 120	8000
高压汞灯	50	45	3300 ~ 4300	50 ~ 1000	6000
金属卤化物灯	75 ~ 95	65 ~ 92	3000/4500/5600	35 ~ 3500	6000 ~ 20000
高压钠灯	100 ~ 120	23/60/85	1950/2200/2500	35 ~ 130	24000
低压钠灯	200	85	1750	18 ~ 180	28000
高频无银灯	50 ~ 70	85	3000 ~ 4000	10 ~ 200	40000 ~ 80000
低频无银灯	85	80	3000 ~ 4000	20 ~ 400	40000 ~ 80000
LED	120	80	2700 ~ 10000	1 ~ 1000	100000

4.2.4 照明系统的能耗与效率计算

照明系统的能耗与效率，涉及复杂的物理与光照感知过程，由电能转换为光源，其光源效率、灯具效率和配光效率如图4-7所示。

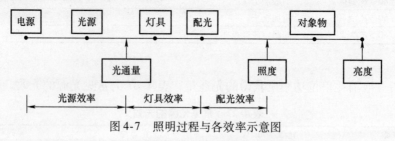

图4-7 照明过程与各效率示意图

1. 照明系统的能耗

照明系统的能耗主要包括：电光源能耗、灯具能耗、配件能耗，以及其他能耗（配电线路、变压器等）。

（1）电光源能耗

电光源的电能转化为光能，同时产生发热、辐射损耗，其电光源能耗如图4-8所示。

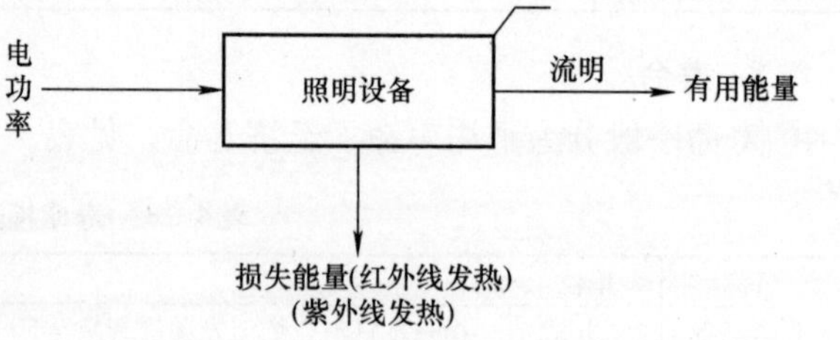

额定损耗为

$$P_{损} = \eta P_N \qquad (4-1)$$

式中　$P_{损}$——电光源的能耗；

　　　η——电光源的发光效率；

　　　P_N——电光源的额定功率。

图4-8 电光源能耗图

（2）灯具能耗

由于灯具保护罩的材质、遮光度以及透光距离等因素，造成了灯具的损耗。

灯具能耗一般由制造厂提供，或通过其出厂灯具效率换算所得。

（3）镇流器能效

照明附件大多数情况下指的是镇流器。一般来说镇流器应根据光源的类型来选择。为了实现高效节能照明，在设计中应倾向于选用性能优的镇流器，如电子镇流、节能型电感镇流器等。

镇流器能耗一般由制造厂提供，电能检测平台无须单独进行能耗计算。

2. 照明设备的效率测算

电气照明设备的电能利用率包括了两个方面：一是光源本身的电能转换效率即产品的电能利用率，随着产品新技术的使用及国家能效标准的实施，光源产品自身效率大大提升；二是光源在各种场所的综合利用率即被实际使用的效率，此效率受到维修制度不健全、使用场所等影响。

企业照明的实际电能利用率可按下式计算。

电能利用率：

$$\eta = \frac{E'}{E} \times 100\% \qquad (4-2)$$

式中　E'——光源的实测照度（lx）；

　　　E——光源的铭牌照度（lx）。

照明系统能量平衡如图4-9所示。

4.2.5　静态、动态和关联分析与评价

照明系统是由照明光源、灯具和配电系统组成，照明系统能效分析由其静态、动态和关联分析三部分构成。其中，静态分析是指照明光源、灯具和配电设备的本体静态能效分析。动态分析涉及电能转化为光能的照明系统运行的动态能效分析。关联分析是探讨影响照明系统能效的关联因素分析。

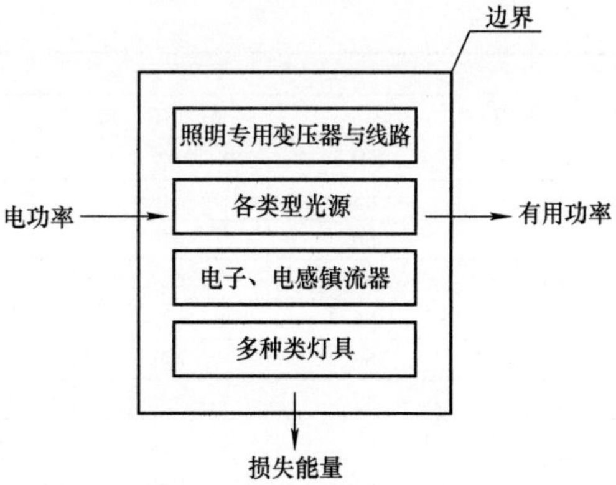

1. 照明系统能效的静态分析

图4-9　照明系统能量平衡图

照明系统能效的静态分析，主要指光源的光通量、照度、灯具的效率、镇流器效率和配电变压器铜铁损等能耗指标。上述能效指标在设计与安装后已为本体能效，在静态分析中仅以其设备说明书或产品目录技术文件阐明能效进行核对比较，即可认定其能效数据是否符合有关的能效限定值及能效等级。

目前，国家正式发布的关于照明光源和配套镇流器现有国家标准见表4-30。

表4-30　照明光源和配套镇流器现有能效标准

标准编号	能效标准
GB 19044—2022	普通照明用荧光灯能效限定值及能效等级
GB 20054—2015	金属卤化物灯能效限定值及能效等级
GB 30255—2019	室内照明用 LED 产品能效限定值及能效等级
GB 19573—2004	高压钠灯能效限定值及能效等级
GB 17896—2022	普通照明用气体放电灯用镇流器能效限定值及能效等级
GB 17625.1—2022	电磁兼容 限值 第1部分：谐波电流发射限值（设备每相输入电流≤16A）

（1）照明光源的能效限定值及能效等级

1）普通照明用荧光灯能效限定值及能效等级。

① 荧光灯能效等级分为了3级，其中1级能效等级最高。各等级自镇流荧光灯光效不应低于表4-31的规定。

表4-31　自镇流荧光灯能效等级

额定功率/W	光效/（lm/W）					
	色调：RR、RZ			色调：RL、RB、RN、RD		
	1级	2级	3级	1级	2级	3级
3	54	46	33	57	48	34
4	57	49	37	60	51	39
5	58	51	40	61	54	42
6	60	53	43	63	56	45
7	61	55	45	64	57	47
8	62	56	47	65	59	49
9	63	57	48	66	60	51
10	63	58	50	66	61	52
11	64	59	51	67	62	53
12	64	59	52	67	62	54
13	65	60	53	68	63	55
14	65	61	53	68	64	56

（续）

额定功率/W	光效/（lm/W）					
	色调：RR、RZ			色调：RL、RB、RN、RD		
	1级	2级	3级	1级	2级	3级
15	65	61	54	69	64	57
16	66	61	55	69	64	58
17	66	62	55	69	65	58
18	66	62	56	70	65	59
19	67	62	56	70	66	59
20	67	63	57	70	66	60
21	67	63	57	70	66	60
22	67	63	57	70	66	60
23	67	63	58	71	67	61
24	67	64	58	71	67	61
25	68	64	58	71	67	61
26	68	64	59	71	67	62
27	68	64	59	71	67	62
28	68	64	59	71	68	62
29	68	64	59	71	68	62
30	68	65	60	72	68	63
31	68	65	60	72	68	63
32	68	65	60	72	68	63
33	68	65	60	72	68	63
34	68	65	60	72	68	63
35	68	65	60	72	68	63
36	69	65	60	72	68	64
37	69	65	61	72	68	64
38	69	65	61	72	68	64
39	69	65	61	72	68	64
40	69	65	61	72	69	64
41	69	65	61	72	69	64
42	69	65	61	72	69	64
43	69	65	61	72	69	64
44	69	65	61	72	69	64
45	69	65	61	72	69	64
46	69	65	61	72	69	64
47	69	65	61	72	69	65
48	69	65	61	72	69	65
49	69	65	62	72	69	65
50	69	65	62	72	69	65
51	69	65	62	72	69	65
52	69	65	62	72	69	65
53	69	65	62	72	69	65
54	69	65	62	72	69	65
55	69	65	62	72	69	65
56	69	65	62	72	69	65
57	69	65	62	72	69	65
58	69	65	62	72	69	65
59	69	65	62	72	69	65
60	69	65	62	72	69	65

注：RR 为日光色，RZ 为中性白色，RL 为冷白色，RB 为白色，RN 为暖白色，RD 为白炽灯色。

各等级双端荧光灯光效不应低于表4-32的规定。

表4-32 双端荧光灯能效等级

工作类型	标称管径/mm	标称功率/W	补充信息	光效/(lm/W)					
				色调：RR、RZ			色调：RL、RB、RN、RD		
				1级	2级	3级	1级	2级	3级
工作于交流电源频率带启动器的线路的预热阴极灯	26	18	—	70	64	50	75	69	52
		30		75	69	53	80	73	57
		36		87	80	62	93	85	63
		58		84	77	59	90	82	62
工作于高频线路的预热阴极灯	16	14	高光效系列	80	77	69	86	82	75
		21		84	81	75	90	86	83
		24	高光通系列	68	66	65	73	70	67
		28	高光效系列	87	83	77	93	89	82
		35		88	84	75	94	90	82
		39	高光通系列	74	71	67	79	75	71
		49		82	79	75	88	84	79
		54		77	73	67	82	78	72
		80		72	69	63	77	73	67
	26	16	—	81	75	66	87	80	75
		23		84	77	76	89	86	85
		32		97	89	78	104	95	84
		45		101	93	85	108	99	90

注：RR为日光色，RZ为中性白色，RL为冷白色，RB为白色，RN为暖白色，RD为白炽灯色。

各等级单端荧光灯光效不应低于表4-33的规定。

表4-33 单端荧光灯能效等级

灯的类型	标称功率/W	光效/(lm/W)					
		色调：RR、RZ			色调：RL、RB、RN、RD		
		1级	2级	3级	1级	2级	3级
双管类	5	—	51	42	—	54	44
	7	—	53	46	—	57	50
	9	—	62	55	—	67	59
	11	—	75	69	—	80	74
	18	—	63	57	—	67	62
	24	—	70	62	—	75	65
	27	—	64	60	—	68	63
	28	—	69	63	—	73	67
	30	—	69	63	—	73	67
	36	—	76	67	—	81	70
	40	—	79	67	—	83	70
	55	—	77	67	—	82	70
	80	—	75	69	—	78	72
四管类	10	—	60	52	—	64	55
	13	—	65	60	—	69	63
	1.8	—	63	57	—	67	62
	26	—	64	60	—	67	63
	27	—	56	52	—	59	54

（续）

灯的类型		标称功率/W	光效/（lm/W）					
			色调：RR、RZ			色调：RL、RB、RN、RD		
			1级	2级	3级	1级	2级	3级
多管类		13	—	61	60	—	65	63
		18	—	63	57	—	67	62
		26	—	64	60	—	67	63
		32	—	68	55	—	75	60
		42	—	67	55	—	74	60
		57	—	68	59	—	75	62
		60	—	65	59	—	69	62
		62	—	65	59	—	69	62
		70	—	68	59	—	74	62
		82	—	69	59	—	75	62
		85	—	66	59	—	71	62
		120	—	68	59	—	75	62
方形		10	—	60	54	—	65	58
		16	—	63	56	—	67	61
		21	—	61	56	—	65	61
		24	—	63	57	—	67	62
		28	—	69	62	—	73	66
		36	—	69	62	—	73	66
		38	—	69	63	—	73	66
环形	Φ29（卤粉）	22	—	—	44	—	—	51
		32	—	—	48	—	—	57
		40	—	—	52	—	—	60
	Φ29（三基色粉）	22	—	62	55	—	64	59
		32	—	70	64	—	74	68
		40	—	72	64	—	76	68
	Φ16	20	—	76	72	—	81	75
		22	—	74	72	—	78	75
		27	—	79	72	—	84	75
		34	—	81	72	—	87	75
		40	—	75	69	—	80	74
		41	—	81	69	—	87	74
		55	—	70	63	—	75	66
		60	—	75	63	—	80	66

注：RR 为日光色，RZ 为中性白色，RL 为冷白色，RB 为白色，RN 为暖白色，RD 为白炽灯色。

各等级自镇流无极荧光灯光效不应低于表4-34 的规定。

表 4-34　自镇流无极荧光灯能效等级

额定功率/W	光效/（lm/W）		
	1 级	2 级	3 级
10	49	45	39
11	50	46	40
12	52	48	42
13	53	49	44
14	54	51	45
15	56	52	47
16	57	53	48
17	58	55	49
18	59	56	50
19	61	57	52
20	62	58	53
21	63	59	54
22	63	60	55
23	64	61	56
24	65	62	57
25	66	63	58
26	67	64	59
27	67	64	59
28	68	65	60
29	69	65	61
30	69	66	61
31	70	66	62
32	70	67	62
33	70	67	63
34	71	67	63
35	71	67	63
36	71	68	63
≥37	71	68	64

各等级单端无极荧光灯光效不应低于表 4-35 的规定。表中未列出额定功率值的单端无极荧光灯，其光效可用线性插值法确定。

表 4-35　单端无极荧光灯能效等级

额定功率/W	光效/（lm/W）					
	外耦合			内耦合		
	1 级	2 级	3 级	1 级	2 级	3 级
30	61.6	53.8	46.2	58.9	52.2	44.6
40	64.7	57.1	49.4	61.3	55.1	47.4
45	67.4	59.9	52.2	63.2	57.4	49.6
48	69.7	62.3	54.5	64.7	59.2	51.4
50	71.6	64.3	56.4	65.9	60.6	52.8

（续）

额定功率/W	光效/(lm/W)					
	外耦合			内耦合		
	1级	2级	3级	1级	2级	3级
55	73.2	65.9	58.0	66.7	61.6	53.8
70	74.5	67.2	59.3	67.2	62.3	54.5
75	75.5	68.2	60.4	67.5	62.7	54.9
80	76.3	69.0	61.2	67.6	62.8	55.1
85	77.0	69.6	61.8	67.6	62.8	55.1
100	77.5	70.1	62.2	67.5	62.6	54.9
120	77.9	70.4	62.6	67.4	62.4	54.7
125	78.3	70.7	62.9	67.3	62.2	54.5
135	78.6	71.0	63.1	67.3	62.0	54.3
150	79.0	71.3	63.4	67.4	61.8	54.1
165	79.4	71.7	63.7	67.7	61.8	54.0
180	79.9	72.2	64.1	68.2	62.0	54.1
200	80.6	72.9	64.6	68.9	62.5	54.4
220	81.4	73.7	65.3	70.0	63.2	55.0
250	82.4	74.8	66.2	71.4	64.3	55.8
300	83.7	76.2	67.3	73.2	65.8	57.0
400	85.2	77.9	68.7	75.6	67.7	58.6

② 荧光灯能效限定值。

自镇流荧光灯、双端荧光灯、单端荧光灯、自镇流无极荧光灯、单端无极荧光灯能效限定值分别为表4-31～表4-35中的3级。

2）金属卤化物灯能效限定值及能效等级。

① 金属卤化物灯的能效等级。

金属卤化物灯能效等级分为3级，其中1级能效最高。各等级金属卤化物灯初始光效均应不低于表4-36或表4-37的规定。

表4-36 钪钠系列金属卤化物灯能效等级

灯类型	标称功率/W	初始光效/(lm/W)		
		1级	2级	3级
单端	50	84	66	56
	70	90	79	67
	100	96	84	72
	150	100	88	76
	175	102	90	64
	250	104	92	70
	400	107	96	76
	1000	110	99	85
	1500	127	121	87

（续）

灯类型	标称功率/W	初始光效/（lm/W）		
		1 级	2 级	3 级
双端	70	85	75	61
	100	95	88	72
	150	93	85	71
	250	90	82	68

表 4-37　陶瓷金属卤化物灯能效等级

标称功率/W	初始光效/（lm/W）		
	1 级	2 级	3 级
20	85	82	78
25	88	84	80
35	91	86	78
70	95	91	85
100	98	95	89
150	100	96	90
250	103	101	98
400	101	98	95

② 金属卤化物灯能效限定值。

金属卤化物灯能效限定值为表 4-36 或表 4-37 中的 3 级。

3）室内照明用 LED 产品能效限定值及能效等级。

① 室内照明用 LED 产品的能效等级。

室内照明用 LED 产品能效等级分为 3 级，其中 1 级能效最高。各等级 LED 产品光效不应低于表 4-38 的规定。

表 4-38　LED 筒灯产品能效等级

额定功率/W	额定相关色温（CCT）/K	光效/（lm/W）		
		1 级	2 级	3 级
≤5	CCT<3500	95	80	60
	CCT≥3500	100	85	65
>5	CCT<3500	105	90	70
	CCT≥3500	110	95	75

各等级定向集成式 LED 产品光效不应低于表 4-39 的规定。

表 4-39　定向集成式 LED 产品能效等级

灯类型	额定相关色温（CCT）/K	光效/（lm/W）		
		1 级	2 级	3 级
PAR16/PAR20	CCT<3500	95	80	65
	CCT≥3500	100	85	70
PAR30/PAR38	CCT<3500	100	85	70
	CCT≥3500	105	90	75

各等级非定向自镇流 LED 产品光效不应低于表 4-40 规定。

表 4-40　非定向自镇流 LED 产品能效等级

配光类型	额定相关色温（CCT）/K	光效/（lm/W）		
		1 级	2 级	3 级
全配光	CCT < 3500	105	85	60
	CCT ≥ 3500	115	95	65
半配光/准全配光	CCT < 3500	110	90	70
	CCT ≥ 3500	120	100	75

② 室内照明用 LED 产品的能效限定值。

LED 筒灯产品能效限定值为表 4-38 中的 3 级。

定向集成式 LED 产品能效限定值为表 4-39 中的 3 级。

非定向自镇流 LED 产品能效限定值为表 4-40 中的 3 级。

4）高压钠灯能效限定值及能效等级。

① 高压钠灯的能效等级。

高压钠灯能效等级分为 3 级，其中 1 级能效最高。各等级样本量的平均初始光效值不应低于表 4-41 的规定。并且单个样本的初始光效不能低于各等级平均初始光效值的 90%。

表 4-41　高压钠灯能效等级

额定功率/W	最低平均初始光效值/（lm/W）		
	能效等级		
	1 级	2 级	3 级
50	78	68	61
70	85	77	70
100	93	83	75
150	103	93	85
250	110	100	90
400	120	110	100
1000	130	120	108

② 高压钠灯的能效限定值。

高压钠灯的能效限定值为表 4-41 中能效等级的 3 级，并且单个样本的初始光效值不应低于 3 级的 90%。

（2）照明灯用镇流器能效限定值及能效等级

1）普通照明用镇流器能效限定值及能效等级。

① 普通照明用镇流器的能效等级。

镇流器能效等级分为 3 级，其中 1 级能效最高。

各等级管形荧光灯用电子镇流器效率不应低于表 4-42 的规定，各等级管形荧光灯用电感镇流器能效不应低于表 4-43 的规定。

表 4-42　管形荧光灯用电子镇流器能效等级

配套灯的类型、规格等信息				效率（%）		
类别和示意图		标称功率/W	国际代码	额定功率/W	1 级	2 级	3 级

类别和示意图		标称功率/W	国际代码	额定功率/W	1 级	2 级	3 级
T8		15	FD-15-E-G13-26/450	13.5	87.8	84.4	75.0
		18	FD-18-E-G13-26/600	16	87.7	84.2	76.2
		30	FD-30-E-G13-26/900	24	82.1	77.4	72.7
		36	FD-36-E-G13-26/1200	32	91.4	88.9	84.2
		38	FD-38-E-G13-26/1050	32	87.7	84.2	80.0
		58	FD-58-E-G13-26/1500	50	93.0	90.9	84.7
		70	FD-70-E-G13-26/1800	60	90.9	88.2	83.3
TC-L		18	FSD-18-E-2G11	16	87.7	84.2	76.2
		24	FSD-24-E-2G11	22	90.7	88.0	81.5
		36	FSD-36-E-2G11	32	91.4	88.9	84.2
TCF		18	FSS-18-E-2G10	16	87.7	84.2	76.2
		24	FSS-24-E-2G10	22	90.7	88.0	81.5
		36	FSS-36-E-2G10	32	91.4	88.9	84.2
TC-D/DE		10	FSQ-10-E-G24q=1 FSQ-10-I-G24d=1	9.5	89.4	86.4	73.1
		13	FSQ-13-E-G24q=1 FSQ-13-I-G24d=1	12.5	91.7	89.3	78.1
		18	FSQ-18-E-G24q=2 FSQ-18-I-G24d=2	16.5	89.8	86.8	78.6
		26	FSQ-26-E-G24q=3 FSQ-26-I-G24d=3	24	91.4	88.9	82.8
TC-T/TE		13	FSM-13-E-GX24q=1 FSM-13-H-GX24dm1	12.5	91.7	89.3	78.1
		18	FSM-18-E-GX24q=2 FSM-18-1GX24d=2	16.5	89.8	86.8	78.6
TC-T/TC-TE		26	FSM-26-E-GX24q=3 FSM-26-GX24d=3	24	91.4	88.9	82.8
TC-DD/DDE		10	FSS-10-E-GR10q FSS-10-L/P/H-GR10g	9.5	86.4	82.6	70.4
		16	FSS-16-E-GR10g FSS-16-I-GR8 FSS-16-L/P/H-GR10q	15	87.0	83.3	75.0
		21	FSS-21-E-GR10g FSS-21-GR10q FSS-21-L/P/H-GR10q	19.5	89.7	86.7	78.0
		28	FSS-28-E-GR10q FSS-28-I-GR81 FSS-28L/P/L-GR10g	24.5	89.1	86.0	80.3
		38	FSS-38-E-GR10q FSS-38-L/P/L-GR10c	34.5	92.0	89.6	85.2

（续）

配套灯的类型、规格等信息				效率（%）		
类别和示意图	标称功率/W	国际代码	额定功率/W	1级	2级	3级
TC	5	FSD-5-IHG23 FSD-5-E-2G7	5	72.7	66.7	58.8
	7	FSD-7-FG23 FSD-7-E-2G7	6.5	77.6	72.2	65.0
	9	FSD-9-HG23 FSD-9-E-2G7	8	78.0	72.7	66.7
	11	FSD-11-IG23 FSD-11-E-2G7	11	83.0	78.6	73.3
T5	4	FD-4-E-GS-16/150	3.6	64.9	58.1	50.0
	6	FD-6-E-G5-16/225	5.4	71.3	65.1	58.1
	8	FD-8-E-G5-16/300	7.5	69.9	63.6	58.6
	13	FD-13-E-G5-16/525	12.8	84.2	80.0	75.3
T9-C	22	FSC-22-E-G10q-29/200	19	89.4	86.4	79.2
	32	FSC-32-E-G10q-29/300	30	88.9	85.7	81.1
	40	FSC-40-E-G10q-29/400	32	89.5	86.5	82.1
T2	6	FDH-6-L/P-W4.3x8.5d-7/220	5	72.7	66.7	58.8
	8	FDH-8-L/P-W4.3x8.5d-7/320	7.8	76.5	70.9	65.0
	11	FDH-11-L/P-W4.3x8.5d-7/420	10.8	81.8	77.1	72.0
	13	FDH-13-L/P-W4.3x8.5d-7/520	13.3	84.7	80.6	76.0
TS-E	14	FDH-14-G5-L/P-16/550	13.7	84.7	80.6	72.1
	21	FDH-21-GS-L/F16/850	20.7	89.3	86.3	79.6
	24	FDH-24-G5-L/P-16/550	22.5	89.6	86.5	80.4
	28	FDH-28-G5-L/P-16/1150	27.8	89.8	86.9	81.8
	35	FDH-35-G5-L/P-16/1450	34.7	91.5	89.0	82.6
	39	FDH-39-G5-L/P-16/850	38	91.0	88.4	82.6
	49	FDH-49-G5-L/P-16/1450	49.3	91.6	89.2	84.6
	54	FDH-54-G5-L/P-16/1150	53.8	92.0	89.7	85.4
	80	FDH-80-G5-L/P-16/1150	80	93.0	90.9	87.0
T8	16	FDH-16-L/P-G13-26/600	16	87.4	83.2	78.3
	23	FDH-23-L/P-G13-26/600	23	89.2	85.6	80.4
	32	FDH-32-L/PG13-26/1200	32	90.5	87.3	82.0
	45	FDH-45-L/PG13-26/1200	45	91.5	88.7	83.4
T5-C	22	FSCH-22-L/P2GX13-16/225	22.3	88.1	84.8	78.8
	40	FSCH-40-L/P-2GX13-16/300	39,9	91.4	88.9	83.3
	55	FSCH-55-L/P-2GX13-16/300	55	92.4	90.2	84.6
	60	FSCH-60-L/P-2GX13-16/375	60	93.0	90.9	85.7

（续）

配套灯的类型、规格等信息				效率（%）		
类别和示意图	标称功率/W	国际代码	额定功率/W	1 级	2 级	3 级
TCLE	40	FSDH-40-L/P-2G11	40	91.4	88.9	83.3
	55	FSDH-55-L/P-2G11	55	92.4	90.2	84.6
	80	FSDH-80-L/P-2G11	80	93.0	90.9	87.0
TC-TE	32	FSMH-32-L/P-GX24q=3	32	91.4	88.9	82.1
	42	FSMH-42-L/P-GX24q=4	43	93.5	91.5	86.0
	57	FSM6H-57-L/P-GX24q=5 FSM8H-57-L/P-GX24q=5	56	91.4	88.9	83.6
	70	FSM6H-70-L/PGX24q=6 FSM8H-70-L/P-GX24q=6	70	93.0	90.9	85.4
	60	FSM6H-60-L/P-2G8=1	63	92.3	90.0	84.0
	62	FSMBH-62-L/P-2G8=2	62	92.2	89.9	83.8
	82	FSM8H-82-L/P-2G8=2	82	92.4	90.1	83.7
	85	FSM6H-85-L/P-2G8=1	87	92.8	90.6	84.5
	120	FSM6H-120-L/P-2G8=1	122	92.6	90.4	84.7

注：1. 灯额定功率为相应灯性能标准参数表中规定的灯功率。

2. 多灯镇流器情况下，镇流器的能效要求等同于单灯镇流器，计算时灯的功率取连接该镇流器上所有灯的功率之和。

3. 调光电子镇流器各等级效率为其 100% 光输出时所对应的效率。

表 4-43　管形荧光灯用电感镇流器能效等级

配套灯的类型、规格等信息				效率（%）		
类别和示意图	标称功率/W	国际代码	额定功率/W	1 级	2 级	3 级
TC-D/DE	10	FSQ-10-E-G24q=1 FSQ-10-I-G24d=1	10	—	—	59.4
	13	FSQ-13-E-G24q=1 FSQ-13-HG24d=1	13	—	—	65.0
	18	FSQ-18-E-G24q=2 FSQ-18-HG24d=2	18	—	—	65.8
	26	FSQ-26-E-G24q=1 FSQ-26-HG24d=1	26	—	—	72.6
TC-T/TE	13	FSM-13-E-GX24q=1 FSM-13-1GX24d=1	13	—	—	65.0
	18	FSM-18-E-GX24q=2 FSM-18-IGX24d=2	18	—	—	65.8
TC-T/TC-TE	26	FSM-26-E-GX24q=3 FSM-26-I-GX24d=3	26.5	—	—	73.0

（续）

配套灯的类型、规格等信息				效率（%）		
类别和示意图	标称功率/W	国际代码	额定功率/W	1级	2级	3级
TC-DD/DDE	10	FSS-10-E-GR10q FSS-10-L/P/H-GR10q	10.5	—	—	60.5
	16	FSS-16-E-GR10q FSS-16-I-GR8 FSS-16-L/P/H-GRIOq	16	—	—	66.1
	21	FSS-21-E-GR10g FSS-21-I-GR10q FSS-21-L/P/H-GR10q	21	—	—	68.8
	28	FSS-28-F-GR10q FSS-28-I-GR8 FSS-28-L/P/L-GR10q	28	—	—	73.9
	38	FSS-38-E-GR10q FSS-38-L/P/L-GR10q	38.5	—	—	80.4
TC	5	FSD-5-I-G23 FSD-5-E-2G7	5.4	—	—	41.4
	7	FSD-7-FG23 FSD-7-E-2G7	7.1	—	—	47.8
	9	FSD-9-H-G23 FSD-9-E-2G7	8.7	—	—	52.6
	11	FSD-11-IG23 FSD-11-E-2G7	11.8	—	—	59.6
T5	4	FD-4-E-G5-16/150	4.5	4	—	37.2
	6	FD-6-E-G5-16/225	6	6	—	43.8
	8	FD-8-E-G5-16/300	7.1	8	—	42.7
	13	FD-13-E-G5-16/525	13	13	—	65.0
T9-C	22	FSC-22-E-G10q-29/200	22	—	—	69.7
	32	FSC-32-E-G10g-29/300	32	—	—	76.0
	40	FSC-40-E-G10g-29/400	40	—	—	79.2

注：1. 灯额定功率为相应灯性能标准参数表中规定的灯功率。

2. 多灯镇流器情况下，镇流器的能效要求等同于单灯镇流器，计算时灯的功率取连接该镇流器上所有灯的功率之和。

各等级单端无极荧光灯用交流电子镇流器效率不应低于表 4-44 的规定。额定功率值未在表 4-44 中列出的镇流器，其各等级效率可用线性插值法确定。

表 4-44　单端无极荧光灯用交流电子镇流器能效等级

配套灯的额定功率/W	效率（%）		
	1 级	2 级	3 级
30	93.0	89.7	85.1
40	93.1	89.8	85.2
45	93.2	89.9	85.3
48	93.2	90.0	85.4
50	93.3	90.1	85.5
55	93.4	90.2	85.6
70	93.5	90.3	85.7
75	93.6	90.4	85.8
80	93.7	90.5	85.9
85	93.8	90.6	86.1
100	93.9	90.8	86.2
120	94.0	90.9	86.3
125	94.0	91.0	86.4
135	94.1	91.1	86.5
150	94.2	91.2	86.6
165	94.3	91.3	86.7
180	94.4	91.4	86.8
200	94.5	91.5	86.9
220	94.6	91.6	87.0
250	94.7	91.7	87.2
300	94.8	91.8	87.3
400	94.9	91.9	87.4

② 普通照明用镇流器的能效限定值。

管形荧光灯用电子镇流器能效限定值为表 4-42 中的 3 级，电感镇流器能效限定值为表 4-43 中的 3 级。单端无极荧光灯用交流电子镇流器能效限定值为表 4-44 中的 3 级。

2）金属卤化物灯用镇流器能效限定值及能效等级。

① 金属卤化物灯用镇流器能效等级。

金属卤化物灯用镇流器能效等级分为 3 级，其中 1 级能效最高，能效等级见表 4-45。

表 4-45　金属卤化物灯用镇流器能效等级

配套灯的额定功率/W	效率（%）		
	1 级	2 级	3 级
20	86	79	72
35	88	80	74
50	89	81	76
70	90	83	78

（续）

配套灯的额定功率 /W	效率（%）		
	1 级	2 级	3 级
100	90	84	80
150	91	86	82
175	92	88	84
250	93	89	86
320	93	90	87
400	94	91	88
1000	95	93	89
1500	96	94	89

注：顶峰超前式镇流器各等级能效为表中规定值的 95%。

② 金属卤化物灯用镇流器的能效限定值。

金属卤化物灯用镇流器能效限定值为表 4-45 中的 3 级。

（3）照明灯具

照明灯具品种、规格和外形众多，以及空间距离不同，目前国内未见有关能耗计算和能效限定值与能效等级的评价标准，灯具能效率——按 GB/T 50034—2024 有关灯具能效定义为，在规定的使用条件下，灯具发出的总光通量与灯具内所有光源的总光通量之比。

（4）照明配电

一般照明光源的配电常采用 220V/380V 电压，若遇大功率、冲击性负荷或谐波含量较大时，宜采用照明专用变压器；同时为考虑安全和经济性，宜采用三相四线制配电线路。为此照明配电效率主要论述照明专变和交流三相四线的配电效率，见第 2 章相关内容。

2. 照明系统能效的动态分析

照明系统能效的动态分析着重于电能传输能效分析和电能转化为光能的能效分析，前者讨论的是照明变压器和配电线路的经济运行，后者讨论光源及其附属设备经济运行的最佳光效。

（1）照明专用变压器讨论重点为变压器平均负载率的经济运行划分与评价（可参考第 2 章相关内容）。

（2）配电线路动态能效讨论重点为导线的经济电流密度和电压降耗分析与评价（可参考第 2 章的相关内容）。

（3）光源照明的动态效果的分析，是研究讨论电能转化为光能在不同场所的照明标准是否符合国标的规定。

1）公共和工业建筑通用房间或场所照明标准值应符合 GB/T 50034—2024 的规定。

2）照明系统动态能效的分析评价。

① 除其他场所的照度另有规定外，一般照明照度不应低于标准值的 10%。

② 照明系统动态能效，除满足规定的照度和照明质量的要求前提下，一般还应满足照明功率密度（LPD）的节能评价指标。

③ 根据 GB/T 3485—1998《评价企业合理用电技术导则》，受电端至用电设备的变压器，其总线损率不应超过以下指标：一级变压，3.5% 估算，照明配变有功损耗在 2% 以内，

照明配电线损率为 1.5% 左右，其效率应为 98% 以上才较合理。同理，企业户内低压配电线的允许电压线损率应 <2%。

3. 照明系统能效的关联分析

照明系统的能效，除了与设计、选型、安装和维护等有关外，还与电压波动、三相不平衡、光源设备谐波和功率因数等关联因素有关。

（1）电源电压波动的关联分析

1）电源电压波动的原因。用户外网电源电压波动和配网内负荷变化导致有功功率与无功功率失衡而引起电压波动。

2）电压波动的限值。根据国标 GB/T 12325—2008 中供电电压偏差限值为：

① 20kV 及以下三相供电电压偏差为标称电压的 ±7%；

② 220V 单相供电电压偏差为标称电压的 +7%，−10%。

3）电压波动的影响。照明电压偏低时，光源的有关参数（如光通量、光效、色温等）将低于额定值对应的指标数值，而达不到使用要求；反之，如果电压偏高，虽能满足使用要求，但光源的能耗将大幅增加，寿命将大幅降低，严重时将导致光源烧毁。

4）合理的降压节电。照明电器电源电压正偏差时，采用降压措施，一般均能获得节电的效果。

① 在电源电压负偏差的合理范围内，适当合理地降低光源电压时，其光源功耗将随之降低。有功功率与电压的关系基本符合下列关系式：

$$P_2 = P_1 \left(\frac{U_2}{U_1} \right)^n \tag{4-3}$$

式中　P_2——光源电压下降后的有功功率（W）；

　　　P_1——光源电压下降前的有功功率（W）；

　　　U_2——光源电压下降后的有效值（V）；

　　　U_1——光源电压下降前的有效值（V）；

　　　n——不同光源的调压系数（热辐射光源 $n=2$、气体放电光源 $n=1\sim2$）。

② 我国在 20 世纪，全国各大城市的道路照明均采用合理降压原理来降低照明功耗，以实现节约用电，特别在下半夜低负荷电压时，节电效果较为显著，一般节电率均在 15% ~ 20% 之间。另外，自耦调压节电技术在应用到工厂的照明系统，同样取得了 15% 左右的节电效果。

③ 随着光源电压的下降，照明的光通量及照度也随之下降，但因视觉对光源光通量呈对数关系，视觉效果不明显，不影响降压后的视觉感光质量。

④ 光源系统中，LED 灯功耗与电源电压基本无关。因 LED 灯的电压稳压范围很宽，在 AC90 ~ 264V 范围内，运行稳压变化仅在 2% 左右，LED 系统的 AC/DC、驱动系统直至发光系统的转换效率变化很小，因此可以认定，LED 灯无降压节电效果。

（2）三相负荷不平衡的关联分析

1）三相四线制的照明电路很难做到三相负荷的平衡，因为照明光源为单相负荷，控制复杂分散、再加上厂区、车间的布线的不平衡，故照明三相负荷无法做到三相平衡用电。而照明三相负荷的不平衡将增加附加线损。照明电路经常发生的是三相电流的不平衡，其计算公式如下：

$$\Delta P = \left[\frac{(I_A - I_B)^2 + (I_B - I_C)^2 + (I_C - I_A)^2}{3} R + I_0^2 R_0 \right] \times 10^{-3} \tag{4-4}$$

式中　ΔP——附加线损（kW）；

I_A、I_B、I_C——A、B、C 相的线电流（A）；

I_0——中性线电流（A）；

R_0——中性线电阻（Ω）；

R——各相导线电阻（Ω）。

2）民用建筑中改善三相不平衡的措施。

① 合理分配三相照明负荷。调整三相照明负荷，尽量使其平衡化。

② 电源插座不宜和普通照明灯接在统一分支回路。

③ 将不对称负荷分散接到不同的供电点，以减小集中连接造成不平衡。

（3）照明电器的谐波畸变功率的关联分析

照明电器中除白炽灯和卤钨灯外，其他灯具设备均为非线性负载，由于发光原理需要，均带有镇流器和 LED 灯的 AC/DC 整流元件，故产生以 3 次谐波为主的奇次谐波。

1）照明谐波畸变功率的计算。

① 含有奇次谐波电流的总输入电流

$$I^2 = I_1^2 + \sum_{h=3}^{\infty} I_h^2 \tag{4-5}$$

② 含有奇次谐波电压的总输入电压

$$U^2 = U_1^2 + \sum_{h=3}^{\infty} U_h^2 \tag{4-6}$$

③ 照明谐波的畸变功率

$$P_h = \sqrt{\sum_{h=3}^{\infty} U_h^2} \cdot \sqrt{\sum_{h=3}^{\infty} I_h^2} \tag{4-7}$$

2）谐波畸变功率与基波功率间的矢量图（见图 4-10）。

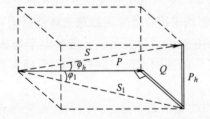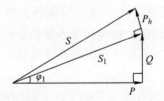

图 4-10　畸变功率与基波功率间的矢量图

基波视在功率见式（4-8）

$$S_1^2 = P^2 + Q^2, \quad Q \text{ 垂直于 } P, \quad \cos\varphi_1 = \frac{P}{\sqrt{P^2 + Q^2}} \tag{4-8}$$

总视在功率

$$S^2 = S_1^2 + P_h^2, \quad P_h \text{ 垂直于 } S_1, \quad \cos\varphi_h = \frac{P}{\sqrt{P^2 + Q^2 + P_h^2}} \tag{4-9}$$

由于 $S^2 = S_1^2 + P_h^2 = P^2 + Q^2 + R^2$，其 S、P、Q 与 P_h 之间系不同类型的三维量，$\cos\varphi_1$ 与

$\cos\varphi_h$ 间的 φ_1 与 φ_h 存在非平面的角差,而 P_h 又是 P 提供的功率能量,故非正弦波形下暂无简单而又清晰的物理概念。为使畸变功率有一个实用的计算值,建议在工程计算中按 $P_h = U_h I_h$ 作为谐波畸变功率最大的计算值(设定 $\cos\varphi_h = 1$)。

3)照明灯具谐波电流含有率及其波形图。

① 荧光灯设备。

各类荧光灯的谐波电流含有率与波形相差很大,早些年代都是普通型的长管荧光灯,现在越来越多的是紧凑型荧光灯。

② 高压气体放电灯的谐波电流见表 4-46 和表 4-47,二表列出某些高压钠灯和汞灯的 I_1 和主要 I_h。

表 4-46　某些高压钠灯和汞灯的 I_1 和主要 I_h　　　　　　(单位:A)

类型	功率/W	I_1	I_3	I_5	I_7	I_9
钠灯	70	1.4 ~ 1.45	0.16 ~ 0.17	0.025 ~ 0.03	0.025	0
	110	1.49 ~ 1.54	0.19 ~ 0.2	0.032 ~ 0.035	0.03 ~ 0.04	0
	215	2.15 ~ 2.38	0.31 ~ 0.36	0.035 ~ 0.036	0.04 ~ 0.06	0.01
汞灯	125	1.22 ~ 1.24	0.15 ~ 0.16	0.02	0.02	0
	250	1.77 ~ 1.81	0.22 ~ 0.23	0.02	0.02	0
	400	2.81 ~ 2.97	0.29 ~ 0.34	0.03 ~ 0.04	0.03	0.01

表 4-47　没有和有并联电容器的钠灯和汞灯的 $\dfrac{I_h}{I_1}$

类型	并联电容	I_h/I_1 (%)								
		3 次	5 次	7 次	9 次	11 次	13 次	15 次	17 次	19 次
钠灯	无	8 ~ 11	3 ~ 7	1 ~ 3	0.5 ~ 1.5	0.3 ~ 1.5	0.2 ~ 3	0 ~ 1	0 ~ 1.5	0 ~ 1
	有	18	23	17	5	9	16	9	11	8
汞灯	无	8 ~ 15	3 ~ 9	1 ~ 7	0.2 ~ 2	0 ~ 2.5	0 ~ 4	0 ~ 2.5	0 ~ 3	0 ~ 3
	有	17 ~ 20	22 ~ 27	15 ~ 19	3 ~ 5	6 ~ 9	14 ~ 18	7 ~ 9	7 ~ 11	6 ~ 11

③ 照明电器的谐波限值。

按照国标 GB 17625.1—2022 的规定,照明电器属于 C 类设备,其谐波电流限值见表 4-48。

表 4-48　C 类设备的限值

谐波次数	基波频率下输入电流百分数表示的最大允许谐波电流(%)
2	2
3	27[①]
5	10
7	7
9	5
11 ≤ h ≤ 39 (仅奇次谐波)	3

① 基于现代照明技术可实现 0.90 或更高的功率因数的假设而确定此限值。

4.2.6　节电技术与管理措施

1. 照明系统的节电技术

（1）合理的照明方式

工厂企业照明涉及的范围比较庞杂，不同的工作场所对照明有着不同的要求，按需要以不同的照明方式予以满足，不然将造成过度的照度，导致用电的浪费，或电能利用率的降低。

（2）推广高效光源、节能灯具和镇流器

1）推广使用高光效照明光源。

光源光效由高向低排序为低压钠灯、高压钠灯、金属卤化物灯、三基色荧光灯、普通荧光灯、紧凑型荧光灯、高压汞灯、卤钨灯、普通白炽灯。

除光效外，还要考虑显色性、色温、使用寿命、性能价格比等技术参数指标。

为节约电能，合理选用光源的主要措施如下：

① 要尽量减少白炽灯的使用量；

② 推广使用细管径（≤26mm）的 T8 或 T5 直管形荧光灯或紧凑型荧光灯；

③ 积极推广高光效、长寿命的金属卤化物灯和高压钠灯；

④ 逐步减少高压汞灯的使用量；

⑤ 扩大发光二极管（LED）的应用；

⑥ 选用符合节能限定值的光源。

2）推广高效率节能灯具。

推广高效率节能灯具具体措施如下：

① 选用高效率的灯具。

在满足眩光限制和配光要求的条件下，荧光灯灯具效率不应低于：开敞式的为 75%，带透明保护罩的为 65%，带磨砂或棱镜保护罩的为 55% 和带格栅的为 60%。高强度气体放电灯灯具效率不应低于：开敞式的为 75%，带格栅或透光罩的为 60%，常规道路照明灯具不应低于 70%，泛光灯具不应低于 65%。

② 选用控光合理的灯具。

根据使用场所条件，采用控光合理的灯具，如蝙蝠翼式配光灯具、块板式高效灯具等，块板式灯具可提高灯具效率 5%～20%。

③ 选用光通量维持率好的灯具。

如选用涂二氧化硅保护膜、反射器采用真空镀铝工艺和蒸镀银光学多层膜反射材料以及采用活性炭过滤器等，以提高灯具效率。

④ 选用灯具光利用系数高的灯具。

使灯具发射出的光通量最大限度地落在工作面上，利用系数值取决于灯具效率、灯具配光、室空间比和室内表面装修色彩等。

⑤ 尽量选用不带附件的灯具。

灯具所附带的格栅、棱镜、乳白玻璃罩等附件会引起光输出的下降，灯具效率降低约 50%，电能消耗增加，不利于节能，因此最好选用开敞式直接型灯具。

3）积极推广节能型镇流器。

节能型电感镇流器采用低耗材料，其能耗介于传统型和电子型之间，目前在我国有较大的应用前景。下面为 36W 荧光灯用镇流器性能对比表 4-49（供参考）如下：

表 4-49 国产 36W 荧光灯用镇流器性能对比表

比较对象	普通电感镇流器	节能型电感镇流器	电子镇流器
自身功耗/W	8~9	<5	3~5
系统光效比	1	1.1	1.25
价格比较	低	中	较高
质量比	1	1.5 左右	0.3 左右
寿命/年	15~20	15~20	5~10
可靠性	较好	好	较好
电磁干扰（EMI）或无线电干扰（RFI）	较小	较小	在允许范围内
灯光闪烁度	有	有	无
系统功率因数	0.4~0.6（不补偿）	0.4~0.6（不补偿）	0.9 以上（$P>25W$） 0.5~0.6（$P\leqslant 25W$）

4）正确选用照度和功率密度标准。

① 正确选用照度标准值。

为了节约能源、应根据实际需要，选用照度值时，贯彻该高则高或该低则低的原则。

② 实施照明功率密度值标准

为了照明节能，在新修订的照明设计中，专门规定了多种建筑房间或场所的最大允许照明功率密度值作为建筑照明节能的评价指标。

5）天然光源的使用。

天然光是取之不尽、用之不竭。在可能的条件下，应尽可能积极利用天然光源，以节约电能，其主要措施如下：

① 房间的采光系数或采光窗地面积比应符合《建筑采光设计标准》的规定。

② 室内的天然光照度，随室外天然光的变化，宜自动调节人工照明照度。

③ 有条件时宜利用各种导光和反光装置，将天然光引入室内进行照明。

④ 有条件时宜利用太阳能作为能源。

⑤ 提高室内各表面的反射比，以提高照度，节约电能。

2. 照明系统的管理措施

（1）建筑供配电系统管理节能措施

主要是通过安装能效监测系统，实时监测各用电设备系统的运行状况、能耗参数，分析各时段的能耗分布，及时发现与跟踪异常和不合理的用电现象及其过程，并以实测数据为依据，制定一套各系统最优的运行方案，以便持续改进电能的使用效率。

（2）制定定期检查、清扫管理制度，提升维护系数

维护系数 K 表示经过一定时期后的工作面照度与初期照度之比，$K<1$。导致照明设备减光原因有如下三点：①电光源的光效随点亮时间的增长而逐渐衰减；②灯具因脏污而使反射的光通量大大降低；③由天棚和墙壁脏污原因而造成的减光。因此，必须加强照明器的维护管理，提高其维护系数，具体措施有：

1）采用效率逐年降低比例较小的照明灯具。

2）定期清扫灯具，保持照明灯具的高效率。照明灯具效率降低的最主要原因是反射镜上附着灰尘，或者是反射镜受到腐蚀，使反射的光通量大大降低。合理确定灯具的清扫周期，定期清扫灯具，是保持照明灯具高效率的有效方法。

3）定期更换灯泡。在一般情况下，更换灯泡的适当时间为：荧光灯，5200～6000h，荧光汞灯，5500～7000h。

通过定期换灯和定期清扫灯具之后，可获得在照明设计时所规定的维护系数。

4）加强管理，定期维修室内表面，提高反射率。

参 考 文 献

[1] 李炳华，宋镇江. 建筑电气节能技术及设计指南［M］. 北京：中国建筑工业出版社，2011.

[2] 李美姿. 建筑电气节能技术［M］. 北京：中国电力出版社，2018.

[3] 梁春生，智勇. 中央空调变流量控制节电技术［M］. 北京：电子工业出版社，2005.

[4] 张建一，李莉. 制冷空调节能技术［M］. 北京：机械工业出版社，2011.

[5] 朱立. 制冷压缩机与设备［M］. 北京：机械工业出版社，2005.

[6] 北京照明学会照明设计专业委员会. 照明设计手册［M］. 北京：中国电力出版社，2006.

[7] 北京电光学研究所，北京照明学会. 电光源实用手册［M］. 北京：中国物资出版社，2005.

[8] 广东电网公司广州供电局. 企业照明设计与节能［M］. 北京：中国电力出版社，2011.

[9] 韩文科等. 能效标准标识与绿色照明［M］. 北京：中国标准出版社，2012.

[10] 蔡文剑. 建筑节能技术与工程基础［M］. 北京：机械工业出版社，2008.

[11] 周梦公. 智能节电技术［M］. 北京：冶金工业出版社，2016.

[12] 周梦公. 工厂系统节电与节电工程［M］. 北京：冶金工业出版社，2008.

第5章

电加热设备系统

钢铁工业是我国国民经济的支柱产业。电加热设备是钢铁工业生产流程中不可或缺的设备，由于其在节能环保、循环经济等方面的特有优势，故在钢铁生产领域占有重要地位。

目前，我国钢铁生产的能耗约占国民经济总生产能耗的16%，其中，电加热设备在钢铁熔化、精炼、热处理等过程中的能耗占钢铁生产能耗的1/2左右，可见其节能减排的潜力。

电加热设备是利用电热效应产生热量加热物料的设备，目前已广泛应用于工农业生产及日常生活的各个领域。

5.1 电加热设备系统分类

工业企业中电加热设备类型众多，工作特点和应用范围各异，一般电加热设备系统可分为电阻炉、电弧炉、感应炉和其他加热炉系统四大类，如图5-1所示。

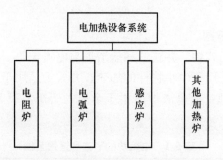

图5-1 电加热设备系统分类

5.2 电阻炉设备系统能效诊断分析、贯标评价与节能

常用的电加热设备主要为工业电炉，由于电阻炉具有热效率高、加热速度快、温度控制精准、易于实现机械化与自动化，以及电能便于输送和无污染，在现代化生产中得到了广泛的应用。

5.2.1 电阻炉设备系统概述

电阻炉是指当导体通以电流时，电流就在导体的电阻上产生热量的设备。

导体是特制的加热元件或加热物自身，加热元件产生的热量将被加热物加热至所需的温度。电阻加热方法是工业中发展最早、目前应用最多的一种加热方法。

1. 电阻炉的分类

电阻炉的分类繁多，一般有如下几种分类方式。

（1）按加热方式分

直接式——直接与电源连接的物体内部加热方式。

间接式——通过加热元件加热物体的加热方式。

（2）按工作方式分

连续式——如传送带推送式或辊底式连续加热方式。

间歇式——如箱式、井式或罩式、周期式等加热方式。

（3）按结构分

箱式炉——由耐火和隔热材料构成矩形的加热炉。

井式炉——加热元件置于炉侧墙上加热的竖井式加热炉。

电渣炉、盐浴炉——分别借助电渣导电加热和利用盐液体来加热的电阻炉。

（4）按温度分

低温炉：≤650℃（烘焙）。

中温炉：650～950℃（热处理）。

高温炉：＞950℃（熔化）。

（5）按用途分

热处理炉——用于机械零件的淬火、退火、回火、渗碳和氮化等热处理。

锻造炉——用于加热金属毛坯的锻造和挤压等。

电烘烤炉——用于物料的烘焙及干燥，温度一般在 600℃ 以下的烘箱、烘房及隧道室等。

2. 电阻炉形式和适用范围

电阻炉的形式一般有箱式炉、井式炉和盐浴炉与电渣炉等。由于其形式的不同，其适用范围也有差异，箱式炉常适用于中小物件的加热；井式炉适用于长杆物料的加热；盐浴炉常用于金属热处理和化学处理；而电渣炉适用于金属的熔炼。表 5-1 为电阻炉的形式和适用范围。

表 5-1　电阻炉的形式和适用范围

电阻炉名称	形式	适用范围
箱式炉	由耐火和隔热材料构成矩形加热室，外面包一层金属外壳。炉内加热元件放置在炉子的后墙、顶部和底部。炉底加热元件上通常盖有耐热板	适用于炉料品种多、工艺变化频繁的场合，及各种中、小件的加热，空载损耗一般为额定功率的25%～40%
井式炉	外形为竖井形，加热元件放置在加热室的侧墙上，炉顶有盖，供炉料进出用，炉盖可以密封。炉内加热工件可以吊挂，装卸炉料靠吊车进行	适用于轴类、丝杆等长杆物料和金属壳筒的加热，井式炉空载损耗为额定功率的15%～20%
盐浴炉	利用盐液来加热制品的一种电炉。正确选择盐液可以在 250～1300℃ 内获得任意的工作温度。盐浴炉在结构上有外部加热式和内部加热式，加热物在盐液中靠盐液与加热物之间的传导和对流来加热	用于金属热处理，如淬火、回火和化学处理（如渗碳）

3. 电阻炉设备系统简介

电加热是用电作为能源来加热或熔炼金属、非金属材料及制品，它是通过各种类型的成套电炉来实现的。电阻炉设备系统的结构一般由电源系统、炉体系统、机械系统和控制系统组成，如图 5-2a 所示，其能效分析结构如图 5-2b 所示。

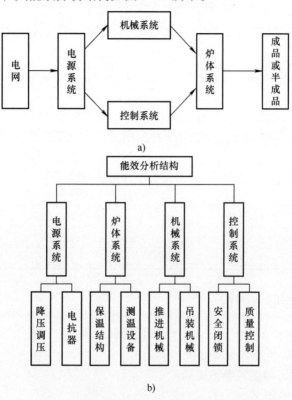

图 5-2　电阻炉设备系统和能效分析结构图

a）电阻炉设备系统　b）能效分析结构

5.2.2　电阻炉装置热平衡模型

按 GB/T 8222—2008《用电设备电能平衡通则》和 GB/T 2587—2009《用能设备能量平衡通则》标准要求，可绘出电阻炉装置热平衡模型。

1. 电阻炉装置热平衡模型（见图 5-3）

根据能量平衡定律，用能设备的能量平衡计算公式为

$$E_\lambda = E_{CY} + E_{CS} \tag{5-1}$$

式中　E_λ——电阻炉的输入能量（kJ）；

E_{CY}——电阻炉的有效能量（kJ）；

E_{CS}——电阻炉的损失能量（kJ）。

电阻炉效率为

$$\eta = \frac{E_{CY}}{E_\lambda} 100\% \tag{5-2}$$

2. 用能设备能量平衡表

用能设备能量平衡的内容和结果按项目列入能量

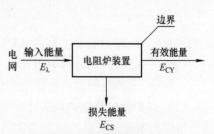

图 5-3　电阻炉装置热平衡模型

平衡表（见表5-2）。

表5-2　用能设备能量平衡表

序号	输入能量			输出能量		
	项目	能量值/MJ	百分数（%）	项目	能量值/MJ	百分数（%）
1	燃料			产品		
2	电能			工质		
3	机械能			电能		
4	工质			机械能		
5	物料带入显热			产生的其他形式能量		
6	环境传入热			化学反应吸热		
7	化学反应放热			废物带出能量		
8	输入的其他形式能量			体系散热		
9	其他			设备蓄热		
10				其他形式能量损失		
11				其他热损失		
12	合计		100	合计		100

5.2.3　能耗计算与能效等级

遵循 GB/T 30839.4—2014《工业电热装置能耗分等 第4部分：间接电阻炉》有关规定，电阻炉的能耗参数和能效等级分析如下。

1. 间接电阻炉定义和能耗参数说明

（1）间接电阻炉的定义

间接电阻炉指电源电流通过加热元件（对电极盐浴炉，是流过电极和盐液）所产生的热量通过传导、对流和辐射，使炉料间接得到加热的电阻炉。

（2）能耗参数说明

间接电阻炉在热量传输过程中，由于传导、对流和辐射等能量边界条件的复杂性等，用效率作为能效标准测量计算十分困难，故国内采用能耗参数来进行能效的评价（见 GB/T 30839.4—2014）。

2. 电阻炉的能耗参数

（1）电阻炉的单位电耗

电阻炉的单位电耗是指电阻炉装置处理单位炉料或工件所消耗的电能，单位为 kWh/t。

$$N = \frac{W}{G} \tag{5-3}$$

式中　N——电阻炉的单位电耗（kWh/t）；

　　　W——试验时间段内电阻炉的主电路和机电附属设备所消耗的总电能（kWh）；

　　　G——试验时间段内所加的炉料或工件总质量（t）。

（2）空炉损失及空炉损失比

空炉损失比指包括炉体表面散热、热短路和炉室密闭不良等造成的功率损失与额定功率之比。

$$P_0 = \sqrt{3} U_{20} I_{20} t \times 10^{-3} \tag{5-4}$$

$$R = \frac{P_0}{P_N} \times 100\% \tag{5-5}$$

式中　U_{20}、I_{20}、t——空炉电压、空炉电流、空炉时间；

$\quad\quad$ P_0——空炉损失（kW）；

$\quad\quad$ P_N——额定功率（kW）；

$\quad\quad$ R——空炉损失比（%）。

（3）电阻炉的表面温升

电阻炉的表面温升指在额定工作温度下的热稳定状态时，炉体表面指定范围内任意点的温度与环境温度的差，计算公式如式（5-6）。

$$\Delta\theta = \theta_P - \theta_0 \tag{5-6}$$

式中　$\Delta\theta$——表面温升（℃）；

$\quad\quad$ θ_P——炉体表面某点温度（℃）；

$\quad\quad$ θ_0——环境温度（℃）。

3. 能效等级划分与评价

在制定各类电阻炉能耗分等指标时，应根据炉型、作业方式、工艺方式及能耗统计范围的不同，分别对计算公式进行修正，以便准确表达其单位电耗。

（1）各系列空炉损失比指标（见 GB/T 15318—2010）（见表 5-3）

表 5-3　各系列空炉损失比指标

分类名称	系列名称	额定功率/kW	额定温度/℃	空炉损失比（%）		
				一等	二等	三等
间歇式电阻炉	箱式炉	≤75	950	≤20	≤23	≤26
		>75	950	≤18	≤22	≤25
	井式炉	≤75	950	≤19	≤23	≤26
		>75	950	≤18	≤22	≤25
	台车炉	≥65	950	≤20	≤25	≤30
	密封箱式多用炉	≥75	950	≤18	≤24	≤30
	罩式炉	≥90	950	≤20	≤22	≤25
	电热浴炉	≥30	950	≤33	≤36	≤40
连续式电阻炉	网带式、链带式、推送式、辊底式等连续式电阻炉	≥60	950	≤30	≤34	≤38
真空电阻炉	真空淬火炉、真空回火炉、真空热处理和钎焊炉、真空烧结炉、真空渗碳炉、真空退火炉	≥40	950	≤23	≤26	≤30

注：1. 当额定温度低于 800℃时，空炉损失比乘以系数 0.9；当额定温度高于 1050℃时，空炉损失比乘以系数 1.15。

$\quad\quad$ 2. 对特大型或有特殊要求的电阻炉，由供需双方自行商定。

（2）表面温升等级划分及其指标（见 GB/T 15318—2010）

不同炉温的电阻炉表面温升分等指标见表 5-4。

表 5-4　电阻炉表面温升指标

分类		额定温度/℃	表面温升/℃					
			炉壳			炉门或炉盖		
			一等	二等	三等	一等	二等	三等
间歇式电阻炉		350	33	36	40	35	40	50
		650	35	40	50	40	45	50
		950	40	45	50	55	60	65
		1200	50	60	70	60	70	80
		1350	60	70	80	70	80	90
		1500	70	80	90	80	90	100
连续式电阻炉		650	40	45	50	50	55	60
		950	45	50	55	60	65	70
真空电阻炉	内热式	≤1350	25	30	35	25	30	35
	外热式	≤1000	40	45	50	40	50	60

注：额定温度超出表列温度范围的电阻炉，应在其能耗分等标准中另行规定。

（3）能耗等级的评价（GB/T 30839.1—2014）

电热装置的能耗参数分等一般分为一等、二等和三等，也可分为特等、一等、二等和三等，达不到三等的属于等外。三等为合格水平，一等为国内先进水平，二等介于一等与三等之间，特等达到国际先进水平。

5.2.4　电阻炉能效的关联分析与评价

电阻炉的能效评估还受诸多因素的影响，如电压波动、温控方式以及运行方式等。

1. 电源电压波动的关联分析

电阻炉输入电源电压的波动，直接影响电热功率的波动和电能利用的效率。国标 GB/T 10066.4—2004《电热设备的试验方法第 4 部分：间接电阻炉》中指出，若检验期间受电压波动的影响，测量结果应按式（5-7）进行折算。

$$P_N = P'_N \left(\frac{U_N}{U}\right)^2 \tag{5-7}$$

式中　P_N——额定功率（kW）；

$\quad\quad P'_N$——在电压 U（与 U_N 的偏差不超 ±5%）时测得的功率（kW）；

$\quad\quad U_N$——额定电压（V）；

$\quad\quad U$——测量功率时的电压（V）。

从式（5-7）可知，电阻炉电压提升，炉体受热功率增大，炉的电热效率会有所提高。

2. 温控方式的关联分析

电阻炉的温控方式一般采用交流调压和交流调功两种方式。

（1）交流调压温控方式

交流调压电路常用于电热调温和照明调光，其基本原理为通过晶闸管切除正弦电压的一部分来调节负载电压的大小，从而使电源输入电热功率变化来实现温控。其电路图、对应波形图及典型谐波含量如图 5-4 所示。

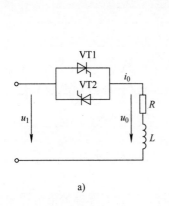
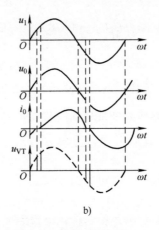
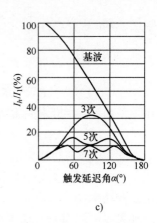

图 5-4　单相调压电路

a）电路图　b）对应波形　c）典型谐波含量

从上述单相调压对应波形和谐波含量可见，相控调压电压波形部分缺失，发热元件电流除基波以外，还包含较大的 3 次和 5 次、7 次等谐波。

（2）交流调功温控方式

交流调功电路的控制目标是输出可调的平均功率，即采用通断控制方式，以交流电的周期为单位，通过调节晶闸管导通周期数与断开周期数的比值，达到调节输出平均功率的目的。

1）交流调功电路的基本原理：是在设定的 M 个电源周期内，用零开关接通 N 个周期，关断 $M-N$ 个周期，其工作波形如图 5-5 所示。

2）交流调功电路产生的谐波。

通过对工作波形的谐波分析，可以做出此时电路电流的频谱，如图 5-6 所示，并由此可以得出如下几点。

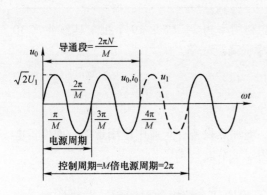

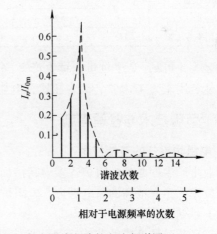

图 5-5　交流调功电路典型　　　　　　图 5-6　交流调功电路的电流频谱图（$M=3$，$N=2$）

① 交流调功电路产生的谐波，与整流及交流调压等电路产生的谐波不同。

改变晶闸管接通的周期数 N，即改变晶闸管的通断比例，就可调节负载上的平均功率。如图 5-7 所示，调节器的输出电压有效值为

$$U_0 = \sqrt{\frac{1}{2M\pi} \int_0^{2N\pi} u^2 \mathrm{d}t} = \sqrt{\frac{N}{M}} U \qquad (5\text{-}8)$$

输出功率为

$$P_0 = \frac{U_0^2}{R} = \frac{NU^2}{MR} = \frac{N}{M} P \qquad (5\text{-}9)$$

式中　U 和 P——设定的 M 个周期全部都导通（即 $N = M$）时的有效值电压和输出功率。

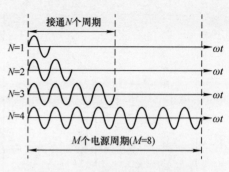

图 5-7　交流调功电路工作波形

可见，只要改变导通周期数 N，就可以改变输出电压和功率。

如果以电源周期为基准，电流中不含整数倍电源频率的谐波，但含有非整数倍电源频率的谐波。

② 电流中除含有频率高于电源频率的谐波外，还含有频率低于电源频率的谐波，即次谐波。

③ 含量比较大的谐波主要分布在电源频率附近，且高于电源频率的谐波含量随谐波次数的增高而显著降低。

④ 谐波电流在电阻炉上产生附加的谐波功率损耗，降低了电阻炉的能效；谐波电流反馈电网将污染电网环境，并将影响敏感电子设备正常运行，从而危及企业的安全生产。

⑤ 交流调功电路广泛用于时间常数很大的电热负载控制，如电阻炉温控 IT 行业的自动温控及纺织、塑料行业的温控等。

（3）电阻炉连续运行的关联分析

电阻炉连续运行可以减少间歇式电阻炉的冷却升温耗能，从而提高电能利用率。例如：某企业统计了 75kW 箱式电阻炉生产批量与电能利用率的关系，见表 5-5。

表 5-5　电阻炉生产批量与电能利用率的关系

项目批量	1	2	10	15	20	30	40
连续生产次数	1	2	10	15	20	30	40
电能利用率 η（%）	15.5	24.7	47.1	50.9	53	55.4	56.6

由表 5-5 可见：2 个批量连续生产 2 次，电能利用率为 24.7%；10 个批量连续生产 10 次，电能利用率为 47.1%，二者相比，电能利用率提高近一倍。

5.2.5　节电技术与管理措施

1. 电阻炉设备的节能技术

工业生产中的典型电阻炉，多为间接加热炉。电加热设备在企业中应用量多、面广、电耗大、效率低，有很高的节电潜力。电阻炉常采用以下节能技术。

（1）改进工艺

改进工艺是最直接的节能途径，具体是改进升温曲线，缩短加热时间。在热处理工艺中，对加热时间、温度，长期以来都有严格规定，加热时间一般包括从开始加热到工件表面温度达到规定温度的升温时间和以此为开始相当于升温时间的 1/5 ~ 1/4 的保温时间。但研究实验表明，工件表面达到工艺温度时其内部也能很快达到规定温度。因此，取消保温阶段，缩短加热时间，是一项可行的节电技术措施，节电率可达到 20% 以上。

（2）尽量减少电阻炉的蓄热和散热损失

电阻炉的蓄热和散热损失是其最大的一项热损失，一般占总输入能量的 20% ~ 35%。老式电阻炉多采用重质黏土砖和硅藻土砖作耐火隔热保温层，保温性能差。与多孔轻质耐火砖相比，电耗要高 25% 左右，与硅酸铝纤维炉衬相比电耗要高 50% 以上。因此，应该采用耐火纤维、轻质砖等轻质、高效隔热材料作炉衬，减少炉壁的散热和蓄热损失。另外，还可在耐温、耐火及隔热层外加一层由矿渣棉、高温超轻质珍珠岩等构成的保温材料。

用硅酸铝纤维毡改造各种电热炉炉衬，可以收到明显的节能效果。改造后，升温时间可以缩短 30% ~ 70%，节电 30% ~ 60%。

（3）改善加热元件性能，增强热辐射能力

加热元件发热性能的好坏直接影响加热速度。应按照工艺要求，合理选用加热元件的种类，科学设计炉内加热元件的安装位置和传热条件。

1）在炉内壁涂刷远红外涂料，或采用远红外加热器，或在中温电阻炉的螺旋形电阻丝内放置碳化硅管等措施，可取得 20% 以上的节电效果。

2）在炉内壁喷涂高温节能涂料以增加炉衬内壁的黑度，强化炉内的热交换过程，使工件被迅速加热，从而提高电阻炉的热效率，这是电加热设备的一项有效的节电措施，在电加热设备节能改造中得到了广泛的应用。常用的高温节能涂料多是以碳化硅为主要材料，加入一定数量的增塑剂、烧结剂和高温黏结剂制备而成，将涂料喷涂到加热炉内表面上，喷涂厚度一般控制在 0.1 ~ 0.2mm，最多不超过 0.5mm。采用节能涂料后，电加热设备的节电率能提高 5%。

3）为了减少电加热设备外壁的散热损失，将设备外壳用银粉漆喷涂，根据实验，喷涂银粉漆外壳的电加热设备散热损失比普通灰漆低 20% 左右。

（4）改进夹具及料框，减少夹具、料框的吸热损失

在加热工件、物料的同时，往往要使用部分夹具、料框。据测算，夹具、料框的吸热占总输入热量的 18% ~ 20%。因此，加热工件、物料时应尽量使用结构合理、质量轻的夹具、料框，并选用密度小的材料制作夹具及料框，以减少吸热损失。

（5）减少线路损耗

电阻炉的加热元件自身电阻一般较小，供电电流很大。因此，电源变压器或变流装置等与炉子的距离应尽可能短，以减小供电线路的功率损耗。

（6）加强电阻加热设备的密封，防止热"短路"

提高炉门、炉盖和热电偶插孔处的密封程度，尽量避免从炉外壁直通炉内壁使用金属件，防止热"短路"。减少进出炉的输送装置的体积和质量，以免带出过多的热量。

（7）采用大容量的电炉，减少单位产品的耗热量

尽量采用连续式电炉，合理安排生产，加强计划调度，减少电炉的热损失。改善炉内功率和温度分布，强化传热过程，提高生产率，改进操作以及装料量。

2. 电阻炉设备的管理措施

电加热设备的节能管理应从维护使用、生产调度、工艺控制、定额考核、对标管理等多方面着手，制定出完善的规章制度，并认真组织实施，保证电加热设备高效率运行，以达到优质、高产、低耗的目的。

（1）电热设备的选型

严格按照工艺的要求，合理选择电加热炉的炉型，尽量选用高效的电热设备，采用热容小、热导率低的轻质耐火保温材料，采用先进的加热元件。

（2）加强维护保养，减少设备热损失

加热设备炉内温度高，长期使用后，炉门、炉盖、观察孔、测温元件孔易烧损变形，使电加热设备密封不严，炉内高温气体溢出，炉外冷空气吸入，形成对流热损失。同时，因高温气体的外溢伴随辐射热损失增大。因此电加热设备的检查、维护、检修和保养工作是十分重要的。

（3）尽量集中生产，减少空载损失

电加热设备及其附属构件都有一定的损耗，包括电气装置自身的电阻损耗及炉体和工装夹具的蓄热、散热损耗等。在加热产品产量一定的情况下，开炉次数越多，时间越长，一次装入工件量越少，则这一部分损耗就越大。因此，在工作品种多、数量少的情况下，应进行合理调度生产，尽量将应加热工件集中，让电加热设备能连续满载运行，减少开炉次数和空载升温次数，以减少空载损耗。

（4）制定科学的工艺操作规程，严格按工艺要求进行操作

被加热工件或材料都有一定的工艺要求，应该按照工艺要求，制定出相应的工艺操作规程，并通过岗位培训和相关的制度约束，保证在生产过程中，操作人员能严格按操作规程进行操作。

（5）加强定额考核，促进电加热设备高效经济运行

单位产品耗电量是考核耗电设备、生产工艺和操作水平的综合指标，科学合理地制定出各种产品的电耗定额，制定完善的考核制度，严格考核、奖惩兑现，是实现节能降耗、促进电加热设备高效经济运行的重要手段。为此，应该结合国家、地方、行业关于电加热设备的相关标准，科学合理地制定各种产品的单耗定额指标，充分调动操作人员的积极性，达到节能降耗的目的。

（6）回收利用余热

各种电加热设备的余热普遍没有得到利用，这是节电技术中值得重视和研究的一个问题，电加热设备产生的余热，大致有以下两种：

1）高温烟气余热。如铁合金炉、炼钢电弧炉等，其烟气量很大，可回收直接用于预热炉料、入炉冷空气或间接加热热水或入炉冷空气等。

2）高温产品的余热。如加热物体等在冷却过程中放出大量的热量，可回收利用来预热物料、干燥、取暖等。

5.3　电弧炉设备系统能效诊断分析、贯标评价与节能

电弧炉是指利用电弧放电产生的热量来加热物体的一种熔炼设备。电弧炉炼钢是电加热用电大户，其电弧炉容量一般为 10～40t，甚至高达百吨，炉温一般在 2000℃，甚至高达4000℃，用电容量为几千 kVA 至上万 kVA。由于其容量大，炉温高，以及极大的用电量，故电弧炉在钢铁企业中的地位举足轻重，其节能减排也是钢铁企业提高用电效率，降低生产成本的重要议题。

5.3.1　电弧炉设备系统概述

1. 电弧炉的分类

电弧炉一般有交流电弧炉、直流电弧炉、埋弧炉和真空自耗电弧炉等几种，如图 5-8 所示。

2. 电弧炉炼钢的工作特点

电弧炉炼钢以电能为热源，利用电极与炉料间产生的电弧高温来加热和熔化炉料。因而电弧炉炼钢有一系列的优点。

（1）能灵活掌握温度

电弧炉中电弧区温度高达 4000℃以上，远远高于炼钢所需的温度，因而可以熔化各种高熔点的合金。通过电弧加热，钢液温度可达 1600℃以上。在冶炼过程中通过对电流和电压的控制，可以灵活掌握冶炼温度，以满足不同钢种冶炼的需要。

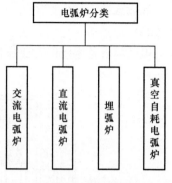

图 5-8　电弧炉分类

（2）热效率高

电弧炉炼钢没有大量高温炉气带走的热损失，因而热效率高，一般可达 60% 以上，比转炉炼钢的热效率还高。

（3）炉内气氛可以控制

氧气转炉吹入大量氧气是熔炼进行的必要条件，熔炼是自始至终在不同程度的氧化性气氛下进行的。在电弧炉中没有可燃气体，根据工艺要求，既可造成炉内的氧化性气氛，也可造成还原性气氛，这是转炉无法达到的。因而在碱性电弧炉炼钢过程中能够大量地去除钢中的磷、硫、氧和其他杂质，提高钢的质量，合金回收率高且稳定，钢的化学成分比较容易控制，冶炼的钢种也较多。

（4）设备简单，工艺流程短

电弧炉的主要设备为变压器和炉体两大部分，因而基建费用低，投产快。电弧炉以废钢为原料，不像转炉那样以铁水为原料，所以不需要一套庞大的炼铁和炼焦系统，因而流程较短。

电弧炉炼钢也有缺点，主要是电炉钢中氢和氮的含量较高。由于电弧的电离作用，使炉内空气和水汽大量离解而溶入钢液中，因而电炉钢中氢和氮含量比转炉钢高。

3. 电弧炉设备系统简介

电弧炉设备系统主要由电源系统、机械系统、控制系统、辅助系统和炉体系统五部分组成，如图 5-9a 所示，其能效分析结构如图 5-9b 所示。

电源系统——提供足够稳定和可靠的

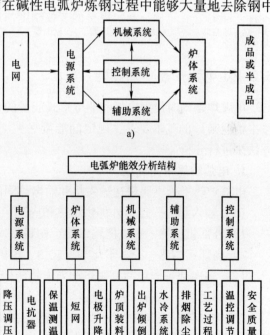

图 5-9　电弧炉设备系统与能效分析结构图

a）电弧炉设备系统　b）能效分析结构

电热电源；

　　机械系统——按设计工艺要求，确保灵活、可靠和正确的规范操作；

　　控制系统——提供精准的供电系统、机械系统和辅助系统的自动程控；

　　辅助系统——配合生产工艺过程，提供水冷系统、气压系统、液压系统和烟道排放系统等辅助功效；

　　炉体系统——电弧炉的关键设备，在满足系统最终设计要求下，炉体应紧固耐用，符合散热和冷却要求，达到高效和高产。

　　电弧炉设备系统的主要设备组成如图 5-10 所示。

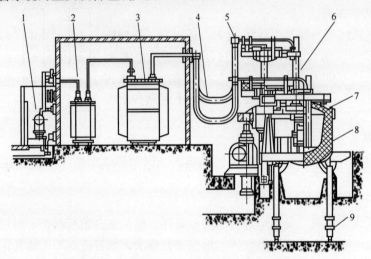

图 5-10　电弧炉设备系统的主要设备组成

1—高压断路器　2—电抗器　3—变压器　4—软电缆　5—炉盖提升机构　6—电极　7—炉盖　8—炉体　9—锁炉机构

5.3.2　电弧炉热平衡模型

　　电弧炉是同时使用电能和非电形式能量的设备，故应按 GB/T 2587—2009《用能设备能量平衡通则》的基本要求、规定的能量平衡图，以及规范能量的输入、输出与效率等计算方法来进行分析。

　　1. 电弧炉热平衡模型

　　电弧炉热平衡主要表达输入热和输出热间的能量平衡关系。

　　（1）输入热——包括外部供给热和内部产生热两部分

　　1）外部供给热——电能输入热、物料带入热和其他带入热。

　　2）内部产生热——元素化学反应热、电极燃烧热和炉渣生成热。

　　（2）输出热——包括有用热和损失热两部分

　　1）有用热——钢水带走热、炉渣带走热和分解吸热。

　　2）损失热——电损失热和热损失热（指炉体表面散热、电极表面散热，补炉和装料时的热损失、炉门等开口处的辐射热损失、冷却水带走的热和炉气带走的热等六项）。

　　根据上述有用热和损失热可绘出电弧炉热平衡模型，如图 5-11 所示。

　　2. 电弧炉热平衡模型方程式

$$E_\lambda + E_L + E_Q = E_{(G+Z+F)} + E_D + E_R \tag{5-10}$$

式中　E_λ——电能输入热；

　　　E_L——物料带入热；

　　　E_Q——除 E_λ 和 E_L 以外的带入热；

$E_{(G+Z+F)}$——钢水、炉渣带走热和分解吸
　　　　　热之和；

　　　E_D——电损失热；

　　　E_R——热损失热（指包括六项热损
　　　　　失之和）。

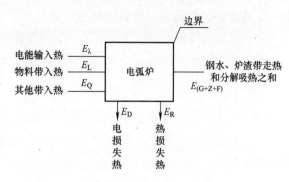

图 5-11　电弧炉热平衡模型

3. 电弧炉的热平衡表及热平衡分析

（1）电弧炉的能量平衡除可应用热平衡方程式进行解析研究外，还可绘制成表（见表 5-6）

表 5-6　列出 20t 炼钢电弧炉的热平衡表

热平衡项目	热量（%）	热平衡项目	热量（%）
		二、输出热	
		有用热	
		（1）钢水带走热	41.92
		（2）炉渣带走热	9.44
		（3）分解吸热	4.42
一、输入热	84.50	有用热合计	55.78
（1）电能输入热	0.42	损失热	
（2）物料带入热	0.17	（1）电损失热	8.54
（3）辅助加热	6.54	（2）炉体表面散热	11.00
（4）元素的化学反应热	6.35	（3）电极表面散热	1.98
（5）电极燃烧热	2.02	（4）补炉和装料时的热损失	2.55
（6）炉液生成热		（5）炉门等开口处的辐射热损失	1.91
		（6）冷却水带走的热	12.30
		（7）炉气带走的热	5.04
		（8）未计及的损失热	0.90
输入热合计	100.00	损失热合计	44.22
		输出热合计	100.00

（2）电弧炉的热平衡分析

现根据热平衡方程式或热平衡表，分析电炉炼钢生产过程中能量的分配状况，从而进一步根据这种分析，探求出改善这种分配状况的方法。

1）分析表 5-6，炉子输入热的主要项是从电路上取得的电能，它占输入热的 84.5%，其次为元素的化学反应热，占输入热的 6.54%，以及电极燃烧热，占输入热的 6.35%。

2）分析表 5-6 中输出热的各组成部分后可以发现，该 20t 电弧炉的损失热达到冶炼时全部输出热的 44.22%。其中，主要消耗在以下三项热损失上：被冷却水带走的热损失比例最大，竟占全部损失热的 27.8%，其次为炉体表面散热占全部损失热的 24.9%，以及被炉气带走的热占全部损失热的 11.4%。此外，电炉导电装置上的电损失热占全部热损失的 19.3%。因此，我们应该特别关注这些部分的节能潜力。

4. 电弧炉的电效率、热效率和总效率

为了表征电弧炉能量的使用情况，引用电弧炉装置的电效率、热效率和总效率的概念。

（1）电效率——冶炼过程中炉子本身所得到的电能与装置所得到的电能之比的百分数，即

$$\eta_0 = \frac{E_\lambda - E_D}{E_\lambda} \times 100\% \tag{5-11}$$

（2）热效率——冶炼过程中炉子本身所得到的有用热与炉子所得到的热量之比的百分数，即

$$\eta_r = \frac{E_Y}{E_\lambda + E_Q - E_D} \times 100\% \tag{5-12}$$

式中　E_Y——有用热。

（3）总效率——电弧炉装置的电效率与热效率之积。

$$\eta_Z = \eta_0 \eta_r \tag{5-13}$$

5.3.3　电弧炉炼钢过程的能耗与效率

电弧炉炼钢过程的能耗与功率阐述，是为了分析炼钢过程的能量分配状况，以便确定电弧炉的效率，并为现场确定各项能效指标提供依据。

炼钢电弧炉按所用炉衬的性质可分为碱性炉和酸性炉两种，在生产高级合金钢的电炉车间，主要使用碱性电炉。碱性电弧炉炼钢的工艺过程可分为熔化期、氧化期和还原期。

1. 熔化期

当补炉和装料完毕，电弧炉即进入炼钢的熔化期。所谓熔化期是指从通电开始到炉料全部熔清的阶段。熔化期约占整个冶炼时间的 1/2，耗电量则要占电耗总量的 2/3 左右。因此，加速炉料的熔化是提高产量和降低电耗量的关键所在。

熔化期的任务主要是在保证炉体寿命前提下用最少的电耗快速将固体炉料熔化为钢液及升温，并造好熔化期的炉渣，以便稳定电弧，防止吸气和提前去磷。

熔化期可以概括为四个阶段，即点弧阶段、穿井阶段、主熔化阶段和熔清阶段，如图 5-12 所示。

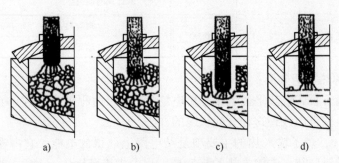

图 5-12　炉料的熔化过程示意图

a）点弧阶段　b）穿井阶段　c）主熔化阶段　d）熔清阶段

1）点弧阶段。通电点弧时，电弧在炉料上面燃烧，因此电弧与炉顶距离很近，如果输入功率过大，电压过高（电弧较长），则炉顶容易被烧坏，所以一般选用中级电压，输入变压器额定功率的 2/3 左右，将电弧控制在电极端面之内，减轻电弧对炉顶的辐射。点弧阶段

时间较短，为 5 ~ 10min。

2）穿井阶段。随着炉料的熔化，电极埋入炉料中，在自动调节器的作用下，电极随着炉料的熔化不断地向下移动，直至电弧与炉底钢液面接触为止，在炉料中打出 3 个很深的井洞（称为穿井），炉底形成熔池。这时期电弧完全被炉料所包围，热量几乎全部被炉料所吸收，不会烧坏炉衬，所以可以投入最大功率，促进快速熔化。一般穿井阶段为 20min 左右，约占总熔化时间的 1/4。

3）主熔化阶段。电极穿井到底后，炉底已形成熔池，由于电弧的作用，电极四周的炉料继续受辐射热而熔化，熔池钢液面渐渐升高，随着钢液面的上升，在自动调节器的作用下，电极逐步上升。电极上升时，中部料越来越多地被熔化，熔化后随即落入钢液中，当电极移到中间位置时，炉料的主要部分已被熔化。这时期因电弧被炉料包围，传热效率最高，故应投入设备允许的最大功率，达到迅速均匀熔化，主熔化阶段所用时间为总熔化时间的 1/2 左右。

4）熔清阶段。其特点是炉料的主要部分已熔化，仅在远离电弧的低温区处的炉料尚未熔化。此时可采取用钩子将残余炉料拉入熔池等措施，加速其熔化。待残余炉料全部熔化后，熔化期即告结束。熔清阶段的时间较短，但此时期电弧开敞地燃烧着，将大量的热量辐射到炉衬上，故应降低电压和输入功率。为了加速熔化，降低电能消耗量，还可采用吹氧助熔和炉料预热等方法。

2. 氧化期

当炉料全部熔化后取样分析进入氧化期。这时期的任务主要是：①将磷除至所要求的限值内；②去除钢液中的气体（氮、氢）和非金属夹杂物；③使钢液均匀加热升温，氧化末期达到高于出钢温度 10 ~ 20℃。

当氧化期结束时，只要化学成分符合要求，就可升温并扒除氧化渣，进入还原期。

3. 还原期

通常把氧化末期扒渣完毕到出钢这段时间称为还原期。还原期的主要任务是：①钢液和炉渣的脱氧；②脱硫；③调整钢液的化学成分和温度以达到所要求的标准。到此，可将经过冶炼符合要求的钢液，从出钢口倾入盛钢桶浇铸。

5.3.4 损耗计算与能效等级

电弧炉冶炼能源消耗限额是指冶炼单位产品电耗（kWh/t）和单位产品能耗（kgce/t）。

1. 电耗与能耗的定义

1）电弧炉冶炼单位产品电耗——指报告期内，电弧炉冶炼单位合格钢从冶炼原料入炉到钢包产生合格钢水过程实际消耗的电量，不包括精炼。

2）电弧炉冶炼单位产品能耗——指报告期内，电弧炉冶炼单位合格钢从冶炼原料入炉到钢包产生合格钢水过程实际消耗的能量，不包括精炼。

过程实际消耗电量指冶炼过程中，电炉及其附属用电设备的总消耗的电量。过程实际消耗能量指冶炼过程中，电炉及其附属设备和带入电炉其他所消耗能源的折算标准煤量。冶炼原料指废钢、铁水和生铁等金属材料。

2. 统计范围和计算方法

（1）统计范围

1）电弧炉冶炼单位产品电耗。

冶炼电量以炉前变压器的一次侧计量电表数据为准，不包括为提高电弧炉质量服务的炼渣炉所耗用的冶炼用电，扣除烘烤炉子用电量，有热装炼钢的企业，应将冷装、热装的冶炼用电量分别计算；铁水预处理用电不计。

2）电弧炉冶炼单位产品能耗包括电弧炉冶炼时氧气、氮气和燃气等的消耗。

（2）计算方法

1）电弧炉冶炼单位产品电耗计算。

$$e_{DLD} = \frac{E_{dld}}{P_{DL}}$$ (5-14)

式中　e_{DLD}——电弧炉冶炼单位产品电耗（kWh/t）；

　　　E_{dld}——报告期内电炉冶炼用电量（kWh）；

　　　P_{DL}——报告期内合格电炉钢产出量（t）。

2）电弧炉冶炼单位产品能耗计算。

$$e_{DL} = \frac{E_{dlz}}{P_{DL}}$$ (5-15)

式中　e_{DL}——电弧炉冶炼单位产品能耗（kgce/t）；

　　　E_{dlz}——报告期内电炉冶炼消耗的能源的折算标准煤量（kgce）；

　　　P_{DL}——报告期内合格电炉钢产出量（t）。

3. 单位产品电耗、能耗的限额

现有电弧炉全废钢冶炼时，根据 GB 32050—2015《电弧炉冶炼单位产品能源消耗限额》规定，按限定值、准入值和先进值三个标准进行评价。

（1）现有电弧炉冶炼单位产品电耗和单位产品能耗限定值

现有电弧炉全废钢冶炼时单位产品电耗和单位产品能耗限定值应符合表5-7的规定。

表 5-7　现有电弧炉冶炼单位产品电耗和单位产品能耗限定值

公称容量 /t	单位产品电耗 /（kWh/t）	单位产品能耗 /（kgce/t）
>30 ~ <50	≤640	≤86
≥50	≤450	≤72

注：1. 原料中每增加1%铁水比，降低单位产品电耗5kWh/t。

　　2. 原料中每增加1%铁水比，降低单位产品能耗0.8kgce/t。

电弧炉冶炼全不锈钢时单位产品电耗和单位产品能耗限定值在表5-7的基础上提高10%。

（2）新建和改扩建电弧炉冶炼单位产品电耗和单位产品能耗准入值

新建和改扩建电弧炉全废钢冶炼时单位产品电耗和单位产品能耗准入值应符合表5-8的规定。

表 5-8　新建和改扩建电弧炉冶炼单位产品电耗和单位产品能耗准入值

公称容量 /t	单位产品电耗 /（kWh/t）	单位产品能耗 /（kgce/t）
≥70	≤400	≤64

注：1. 原料中每增加1%铁水比，降低单位产品电耗5kWh/t。

　　2. 原料中每增加1%铁水比，降低单位产品能耗0.8kgce/t。

电弧炉冶炼全不锈钢时单位产品电耗和单位产品能耗准入值在表 5-8 的基础上提高 10%。

（3）电弧炉冶炼单位产品电耗和单位产品能耗先进值

电弧炉全废钢冶炼时单位产品电耗和单位产品能耗先进值应符合表 5-9 的规定。

表 5-9　电弧炉冶炼单位产品电耗和单位产品能耗先进值

公称容量 /t	单位产品电耗 /（kWh/t）	单位产品能耗 /（kgce/t）
>30 ~ <50	≤420	≤67
≥50	≤380	≤61

注：1. 原料中每增加 1% 铁水比，降低单位产品电耗 5kWh/t。
　　2. 原料中每增加 1% 铁水比，降低单位产品能耗 0.8kgce/t。

电弧炉冶炼全不锈钢时单位产品电耗和单位产品能耗先进值在表 5-9 的基础上提高 10%。

5.3.5　电弧炉能效的关联分析与评价

炼钢电弧炉的单位电耗和生产率涉及众多关联因素，现归纳为如下几个方面。

1. 水冷电极和炉壁

1）减少导电电极的热损耗和电极氧化损失，一般电极消耗可降低 20% ~ 40%。

2）用水冷炉壁与炉盖取代炉壁和炉盖砌砖，以降低热量损失，大幅提高炉衬寿命，耐材消耗能减少 50% 左右。

2. 推广长弧泡沫渣操作

1）取代短弧操作，炉子在吹氧的同时喷碳造泡沫渣埋弧，以减轻电弧对炉衬的辐射，提高电弧稳定性，并大幅提高炉衬寿命，缩短冶炼时间而节电。

2）功率因数提高到 0.85 以上。

3. 使用氧燃烧嘴和吹氧助燃

1）采用氧燃烧嘴。在废气预热废钢的基础上，补充供气下消除炉内冷点和补充热能，使熔化均匀，可缩短冶炼时间 10 ~ 25min，节电 35 ~ 65kWh/t。

2）吹氧助燃。提供碳、磷氧化所需氧源，造泡沫渣，加速熔化完成氧化期任务。吹氧 $1m^3/t$ 时可节电 6kWh/t，且能改善劳动条件。

4. 应用偏心底出钢

代替出钢槽出钢，实现无渣出钢和留钢操作，炉子倾角减小 20° ~ 30°；短网缩短 2m，提高输入功率，缩短冶炼时间 5 ~ 9min，使出钢流紧密；减少二次氧化，出钢温度降低 30℃，可节电 20 ~ 25kWh/t。

5. 废钢预热节能

利用第四孔排出热烟气预热废钢，回收热能。废钢预热温度可达 200 ~ 300℃，缩短冶炼时间 5 ~ 8min，节电 40 ~ 50kWh/t。

6. 电炉底吹技术

电弧炉吹惰性气体搅拌熔池技术的应用，可缩短熔化期 5min，节电 16kWh/t；缩短氧化期 3min；缩短还原期 10min，节电 32kWh/t；铬和硅铁烧损分别减少 1kg/t 和 4kg/t。

7. 冶炼过程中的计算机控制

按热模型与冶炼模型配料计算和热平衡计算，控制最佳输入功率，与上位管理计算机联网进行生产管理，以获得冶炼生产的最佳技术经济效益。可节电 5%，降低吨钢生产成本 11%。

8. 无功功率静止式动态补偿装置的应用

消除或减弱电弧炉冶炼中负荷波动造成的电压闪变与谐波对电网的危害，将电弧炉对电网造成的污染控制在可接受的范围内。

5.3.6 节电技术与管理措施

炼钢电弧炉的用电单耗，在一定程度上反映了企业电炉炼钢的工艺和管理水平，与炉料质量、布料情况、熔炼钢种和熔炼工艺等都有着十分密切的关系。近年来，随着国家节能政策的出台和电弧炉节电技术的发展，电炉炼钢单耗指标逐年下降。炼钢电弧炉常采用的节电技术与管理措施如下。

1. 电弧炉的节电技术

（1）强化用氧技术

在电弧炉冶炼过程中采用强化用氧技术，除了可以加快钢的脱碳速度外，还可以充分利用氧与原料中的碳、锰、硅、磷等氧化而释放出的热量。据测，吹氧氧化所产生的反应化学热的能量占总能量的 10%～20%，可缩短熔炼周期 40min 以上。

（2）采用泡沫渣技术

在电弧炉熔炼过程中，在吹氧的同时，向熔池内喷碳粉或碳化硅粉，加剧碳的氧化反应，在渣层内形成大量的 CO 气体泡沫，电弧完全被屏蔽，从而减少了电弧的热辐射损失，提高了电弧炉的热效率，缩短了冶炼时间，延长了电弧炉的寿命。采用泡沫渣技术后，可节电 10～30kWh/t，缩短冶炼时间 14% 左右。

（3）采用偏心底出钢技术

电弧炉采用偏心底出钢技术可进行留钢、留渣操作，做到无渣出钢。因而可以有效地利用余热预热废钢，缩短冶炼时间，降低电耗。这种出钢方式减小了电弧炉倾斜角度，降低了短网电缆的线损。而且，出钢时间缩短了几分钟，也减少了出钢过程中的温度下降。

（4）使用氧燃烧嘴

电弧炉炼钢的过程中，废钢熔化时间占全炉冶炼时间的一半以上。熔化期电耗占总耗电量的 70% 左右。采用氧燃烧嘴强化废钢的熔化过程，可以有效地消除电弧炉内的冷区，促进废钢的同步熔化，对缩短冶炼周期、降低电耗有显著的效果。资料表明，氧燃烧嘴能提供电弧炉炼钢所需能量的 25%，可节电 50～100kWh/t，缩短冶炼时间 15～30min。

（5）减少短网的电能损耗

电弧炉从变压器的低压侧出线端至电炉电极下端这一段导线，称为电炉的短网。其长度虽然只有 10～20m，但通过的电流非常大，可达到几万安培，故线损较大，占总耗电量的 9%～13%。因此，降低短网的线损是电弧炉节电的一个主要方面。

短网的电阻与其长度成正比，应选择合适的位置安装变压器。在保证电极升降和炉体转动的前提下，尽量减少短网电缆的长度。为了避免趋肤效应的影响，母线的厚度要小，矩形母线的宽厚比要大。短网的导电母线一般应由铜材或水冷铜管组成，还有一段挠性的铜芯电缆。应尽量减少短网的连接，不拆卸的连接处应采用焊接或增大接触面积的连接方法。

在运行过程中，如果短网母线温度升高，将会使电阻增大，线损增加。据测，10kA 运行的短网，温度升高 1℃，每米母线增加损耗 3 ~ 6W。因此，应采用水冷方法尽量降低短网温度。

在短网通过强大的交流电流时，电极架、水冷密封圈和紧固螺栓等都会被磁化，并产生涡流和磁滞损耗，增加短网的附加损耗。因此，短网上应尽量不使用铁磁材料，水冷密封圈也不要做成整体的圆环，应在中间留一道缝隙，避免产生涡流。

一般短网采用单线布线方式，容易产生较大的感抗。如果采用双线布线方式，可以利用流向相反的电流抵消磁场，有效地减小其感抗，从而提高了功率因数。据报道，有的钢厂改用双线布线后，功率因数从原来的 0.76 可提高到 0.82 ~ 0.87，节电效果显著。

（6）采用直流电弧炉

直流电弧炉具有电弧稳定，短网压降小、短路冲击电流小、磁路涡流损失小、电弧热交换效率高等优点。与传统的三相交流电弧炉相比，可使冶炼熔化期缩短 60%，电耗减少 22%，且使脱磷脱硫速度加快。电弧炉运行的功率因数由 0.85 上升到 0.90，且三相电流平衡、电弧稳定，噪声显著降低。

2. 电弧炉的节电管理措施

（1）超高功率供电，缩短冶炼时间，提高生产效率

电弧炉炼钢采用超高功率熔炼，可以提高熔池能量输入密度，加速炉料熔化，大幅减少冶炼时间，从而提高电弧炉的热效率，使单位电耗下降。超高功率供电时，在熔化期采用高电压、长电弧快速化料。熔化末期采用埋弧泡沫渣操作，起到了提高生产率、降低电耗的作用。表 5-10 给出了某 72t 电弧炉不同功率的主要指标。

表 5-10　某 72t 电弧炉不同功率的主要指标

	变压器容量 /MVA	熔化时间 /min	单位容量 /(kVA/t)	生产率 /(t/h)	电耗 /(kWh/t)	总效率
普通功率	20	124	240	27	538	61%
高功率	30	75	360	41	465	70%
超高功率	50	40	600	62	417	78%

应该指出，随着电弧炉变压器容量的增大，必须解决一系列其他问题。如电极的质量、电极夹持器的结构、炉子耐火内衬的侵蚀和炉外精炼等。这些问题的存在限制了超高功率供电方式的使用效果。

（2）废钢预热，提高工作效率

在电弧炉的总热量中，废气带走的热量大约占 21%。如果利用这部分余热来加热入炉炉料，使其温度升高，就会缩短电弧炉加热时间，起到明显的节电效果。据测算，炉料预热温度为 500℃ 时，可节电 25% 左右。如果炉料预热温度达到 600 ~ 700℃，将节电 30% 以上。总体上，预热温度每提高 100℃，效率提高 5%。

（3）消除谐波，减少损耗

电弧炉是以三相交流电作电源，利用电流通过石墨电极与金属料之间产生电弧的高温来加热和熔化炉料。传统电弧炉依靠加大电极电流来提高电弧功率，经常产生短路，其短路电流对供电电网冲击非常严重，造成电网电压波动和闪变，并产生大量高次谐波，使冶炼周期变长，能量消耗极大。

采用高电抗平波和高电压低电弧电流供电方式，使电弧电流更稳定，无功、有功冲击小，降低了能耗，缩短了冶炼时间，节电效果明显。

（4）电加热设备用电合理化

GB/T 3485—1998《评价企业合理用电技术导则》中为电加热设备合理用电规定如下：

1）根据生产的需要，合理地选用相应的电加热设备、电弧炉、感应炉、远红外加热炉等电加热设备。

2）根据余热的种类、排出情况、综合热效率及经济效果的测算，采取适当途径，加以回收利用。

（5）合理参照有关电阻炉相关的管理措施

5.4 感应炉设备系统能效诊断分析、贯标评价与节能

感应炉设备是我国钢铁工业和军工、机械、桥梁、航天等工业中不可或缺的有色金属和稀有金属的冶炼设备。比较电阻炉、电弧炉等其他电加热设备，在加热损耗与效率、污染排放，以及质量要求和生产成本等方面具有绝对的优势和重要的社会经济意义。

5.4.1 感应炉设备系统概述

感应炉的理论基础，就是利用电磁感应原理，使处于磁场中的金属材料内部产生感应电流，从而把金属材料加热至熔化的一种设备。

1. 感应炉的定义

指真空和非真空状态用工频、中频或高频感应的装置，包括熔炼、保温、浇注用的各种感应装置和淬火、回火、退火、透热、烧结、钎焊等的感应加热装置。

2. 感应炉的分类

（1）按工作频率分类

1）工频感应炉。它的工作频率为50Hz，可由单相、两相和三相电源供电。

2）中频感应炉。通用频率（Hz）档级依次是150Hz、250Hz、450Hz、1000Hz、2500Hz、4000Hz、8000Hz、10000Hz。一律采用单相供电。自从出现晶闸管中频装置以后，所用的频率范围已逐渐扩大到100kHz。

3）高频感应炉。它的工作频率通常为50～400kHz。

（2）按结构分类

根据炉子结构中有无铁心穿过被熔化的金属熔池这一特点，又可把感应炉分为无（铁）心和有（铁）心两种。

1）无心感应炉。这种感应炉分为真空和非真空两种。非真空无心感应炉（简称无心感应炉）多用于熔炼钢、铁块以及铜、铝、锌、镁等有色金属及其合金。真空感应炉用于熔炼耐热合金、磁性材料、电工材料、高强度钢、特种钢和核燃料等。无心感应炉视所熔炼材料的性质及工艺要求可选用工频、中频或高频加热电源。

2）有心感应炉。这种炉子设有围绕铁心的液体金属熔沟，因此又叫作熔沟炉或沟槽式感应炉。这种炉子一般用于铸铁和铜、铝、锌等有色金属及其合金的熔炼、保温和浇铸，通常都采用工频电源。

3. 感应炉的特点

（1）感应炉同其他一些用于熔炼金属和合金的电弧炉、冲天炉等相比具有下列一些优点

1）在被加热的金属本身感应产生强大的感应电流，使金属发热而熔化，因而加热温度均匀，烧损少，可以避免像电弧炉那样产生局部高温。这对于贵重金属和稀有金属及其合金的熔炼具有十分重要的意义，例如，镍、铬、钒、钨在感应炉中熔炼的烧损比电弧炉少2/3。

2）感应炉中，由于电磁力引起金属液搅动，所以熔化所得的金属成分均匀，质量高，加热设备不会污染金属。

3）熔化升温快，炉温容易控制，生产效率高，能广泛应用于黑色及有色金属的熔炼。

4）炉子周围的温度低，烟尘少，噪声小，因此作业的环境条件好。

5）没有电极或不需要燃料，可以间歇或连续运行。

（2）感应炉的缺点

1）对作为加热对象的原材料有一定要求，多半只用于金属和合金的重熔。

2）冷料开炉时，需要起熔块（频率较低的炉子），升温慢。材料熔化后，由于炉渣本身不产生感应电流，靠金属液传给它热量，所以炉渣的温度比金属液的低，不利于造渣，从而影响到精炼反应的进行。这一缺点，决定它只适宜于熔化金属，而不适于金属的冶炼提纯。

3）感应炉本身的功率因数低，需要辅之以一定数量的补偿电容器，这是比较昂贵的。

4. 感应炉的结构简介

（1）无心感应炉

无心感应炉主要由电炉本体、电气配套设备以及相应的机械传动和保护装置组成。

这种炉子的特点之一是功率因数低，通常只有0.1~0.25。为把炉子的功率因数调整到1，需要并联大电容量的补偿电容器。无心感应炉按电源频率不同，分为高频（50~500kHz）、中频（0.15~10kHz）和工频炉三种。一般来说，炉子容量越大，所用的供电频率越低。

1）工频无心感应炉。

工频无心感应炉是20世纪40代发展的产品，图5-13为工频无心感应炉的结构，炉子分为炉体、炉架、液压系统和冷却水系统等四部分。

① 炉体有感应器、磁轭及炉衬三个主要部分，配以型钢结构组成单元整体。

② 炉架主要由型钢焊接而成，分固定和转动两个支架，旋转运动由用于操作的液压倾动结构来完成。

③ 液压系统由油箱、油泵、操纵阀、倾动油缸及炉盖油缸等液压设备组成。

④ 冷却水系统的作用是带走感应炉本身损耗产生的热，以及通过坩埚壁的传导传热。

工频无心感应炉用于钢、铸铁、铜和铝等有色金属及其合金的熔炼和保温，平均单耗：铜为380~400kWh/t，黄铜为300~320kWh/t，500kWh/t。

2）中频无心感应炉。

中频炉结构和工频炉结构基本相同，但也有不可忽视的差异。中频炉电动效应较弱，所以不必使熔体液面高度显著超过感应线圈的上端，通常维持两者大体上平齐。感应线圈靠物料的一侧的管壁较工频炉薄，因为其频率较高，穿透深度小。中频炉的频率通常在4kHz以

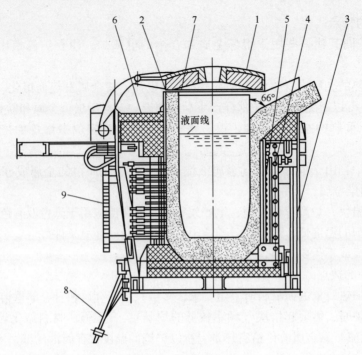

图 5-13 工频无心感应炉

1—炉盖 2—坩埚 3—炉架 4—辊铁 5—感应器 6—耐火砖 7—坩埚模 8—可绕汇流排 9—冷却水系统

下。电炉所需的补偿电容相当多，一般配有独立的补偿电容器架或柜。用它熔炼有色金属及其合金的电能单耗为：铜 $400 \sim 500kWh/t$，镍 $650 \sim 700kWh/t$，黄铜 $220 \sim 360kWh/t$。

3）高频无心感应炉。

高频炉的工作频率通常是 $50 \sim 400kHz$，高频变频器的效率低，设备费用较高，适合于实验或小规模生产，供特种钢和特种合金熔炼使用。装料量一般在 $50kg$ 以下，输入功率在 $100kW$ 以下。炉体部分结构简单，感应线圈铜管的外面一般不作绝缘处理，坩埚的倾倒采用手动机构。

高频炉起熔容易，可以处理碎料，熔池稳定，熔体凸起高度小，产品质纯且金属损耗小。但电能单耗较高，为中频炉电耗的 $2 \sim 3$ 倍，容量为 $10kg$ 的炉子输入功率为 $30 \sim 60kW$，熔化时间为 $15 \sim 25min$，电能单耗为 $1500 \sim 2000kWh/t$。

（2）有心感应炉

有心感应炉也称熔沟式感应炉，常用来熔炼钢与铜合金。炉子由熔池、熔沟炉衬（炉底石）、感应器及炉壳等组成。熔沟炉衬中有一或两条环沟，其中充满和熔池连通的熔体，称为熔沟。感应炉铁心由硅钢片制作，感应线圈套在铁心上。

有心感应炉的工作原理、技术特点与坩埚式感应炉基本相同。所不同的是使用工频电热效率较高，电气设备费用较少，熔沟部分易局部过热，炉衬寿命一般也较长，熔炼温度较低。由于熔沟中金属感应的电流密度大，加上有熔沟金属作起熔体，故熔化速率较高。炉子容量已系列化（$0.3 \sim 40t$），并正向大型化、自动化方向发展。图 5-14 为有心感应炉的工作原理及结构示意图。

图 5-15 是容量为 $3t$ 的熔炼黄铜的有心感应炉，炉子功率为 $750kW$，具有三个铁心感应器，变压器容量为 $100kVA$，炉子周期工作。炉料从上部的炉口加入，出料口在炉子端墙上，

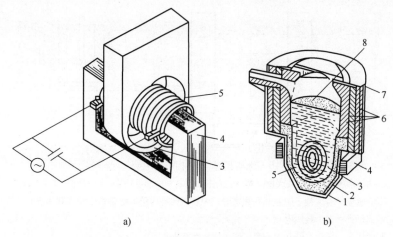

图 5-14　有心感应炉工作原理及结构示意图

a）工作原理　b）结构示意图

1—炉底　2—炉底石　3—熔沟　4—铁心　5—感应器　6—炉衬　7—炉壳　8—熔体

其中心线与炉子倾转轴线重合。排渣口在另一端墙上。炉子坐落在铁轮上，用电动机驱动倾转，设有终点行程开关以限制倾转角度。采用通水冷却感应线圈，并且用鼓风冷却熔沟部位的炉衬。炉子生产率为 5t/h，电能单耗为 200kWh/t，电效率为 0.95，热效率为 0.89。

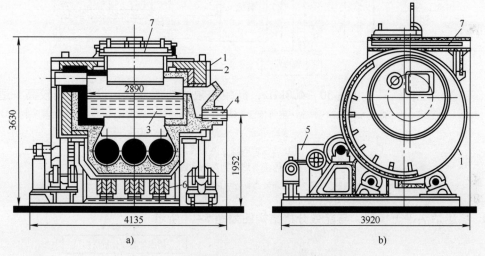

图 5-15　容量为 3t 的熔炼黄铜的有心感应炉

a）正视图　b）侧视图

1—炉壳　2—炉衬　3—熔池　4—放出槽　5—倾转机构　6—铁心　7—炉盖

5. 感应炉的电源系统接线示意图

（1）无心感应炉电源系统接线（见图 5-16）

（2）有心感应炉电源系统接线（见图 5-17）

5.4.2　感应炉热平衡模型

按 GB/T 8222—2008《用电设备电能平衡通则》和 GB/T 2587—2009《用能设备能量平衡通则》标准要求，可绘出感应炉热平衡模型图。

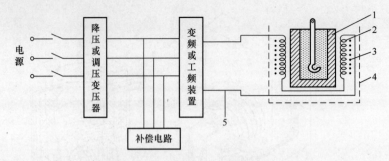

图 5-16　无心感应炉三相电源接线示意图

1—坩埚炉体　2—感应线圈（或水冷线圈）　3—冷却保护套　4—外壳　5—汇流排

注：1. 无心感应炉有工频、中频和高频之分，中、高频感应炉需配备整流装置和相应的滤波设备。

　　2. 汇流母排一般为绕线电缆。

　　3. 感应线圈一般都有冷却保护套，或采用水冷线圈。

　　4. 坩埚炉体有色金属的倾倒与炉盖启闭用液压或电力传动装置。

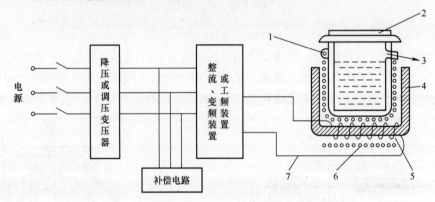

图 5-17　有心感应电炉电源系统接线示意图

1—沟槽式熔池及倾倒系统　2—炉盖（启闭传动系统）　3—出钢口　4—闭合铁心　5—感应线圈

6—水冷系统　7—输电线路

注：1. 有心感应炉的感应体有闭合铁心。

　　2. 其炉体主要结构为沟槽式熔池。

　　3. 其他部分类同于无心感应炉。

1. 感应炉热平衡模型，与能效分析结构图如图 5-18 所示

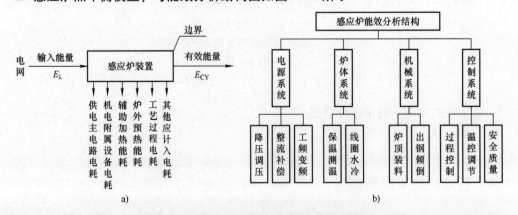

图 5-18　感应炉热平衡模型与能效分析结构图

a）热平衡模型　b）能效分析结构图

2. 感应炉热平衡的能耗

感应炉能耗范围应按 GB/T 30839.1—2014《工业电热装置能耗分等第 1 部分：通用要求》中第 7 章的规定为：

（1）电热装置单位电耗所涉及的能耗

1）电热设备供电主电路输入端的电耗，包括配套电炉变压器或整流变压器、电源装置、主电路输电线路和电热设备等的电耗，而电热设备的电耗包括加热炉料或工件的有效能耗以及炉料或工件和炉体的散热损失等。

2）电热装置机电附属设备的电耗，如自身配套的液压、气动和电气传动系统，真空炉的真空系统，控制气氛炉的控制气体发生装置，水冷系统以及电气操作控制和测量系统等的电耗。

3）辅助加热的能耗，如炼铜电弧炉吹喷天然气、氧气和煤粉等所输入的热能，并将其折合成电耗。

4）炉料或工件炉外预热的电耗，但利用自身余热（如高温外排烟气）所进行的预热则不计入。

5）对热处理机组和生产线应包括用于加热、淬火、清洗、干燥等工艺全过程的电耗。

6）其他应计入的电耗。

（2）电热装置单位能耗所涉及的能耗应不计生产过程中的其他能耗

1）熔炼炉的烘炉、升温、浇铸和洗炉的电耗。

2）运行过程中因待料、故障和停电造成的额外电耗。

3）不合格被处理炉料或工件对电耗的影响。

5.4.3　电耗参数计算与电耗等级

1. 感应炉（熔炼）电耗参数

根据 GB/T 30839.1—2014 规定，原则上应优先考虑单位电耗。只有在单位电耗不适用时才考虑其他电耗参数，如电炉损失和炉体受热构件表面温升等。单位电耗是直接、全面反映电热装置能耗状况的重要参数。

（1）单位电耗

用于把试验炉料从其起始温度加热、熔化和（或）升温到其额定温度所供给炉子总电路等的总电能与试验炉料质量的比值，单位为 kWh/kg。

单位电耗的计算公式为

$$N = \frac{E_\lambda}{G} \tag{5-16}$$

式中　N——单位电耗（kWh/kg）；

　　　E_λ——总电耗（kWh）；

　　　G——炉料质量（kg）。

（2）熔化率（或称升温率）

熔化率指炉料从起始温度到额定温度，其质量与用于加热、熔化和（或）升温所需的总时间之比，单位为 kg/h。

计算公式为

$$M = \frac{G}{T} \tag{5-17}$$

式中　M——熔化率（kg/h）；

　　　G——炉料质量（kg）；

　　　T——熔化总时间（h）。

（3）感应炉的效率

$$\eta = \frac{E_{CY}}{E_\lambda} \qquad (5\text{-}18)$$

2. 感应炉单位电耗等级评价

按国标 GB/T 30839.1—2014 规定，电热装置的能耗参数一般分为一等、二等和三等，也可分为特等、一等、二等和三等，达不到三等的属于等外。三等为合格水平，一等为国内先进水平，二等介于一等与三等之间，特等达到国际先进水平。

（1）中频无心感应炉的电耗等级

1）根据 GB/T 30839.31—2014《工业电热装置能耗分等 第 31 部分：中频无心感应炉》，其电耗指标分等为 GW、GWT 与 GWL 三个系列，见表 5-11 ～ 表 5-13。

表 5-11　GW 系列中频无心感应铸铁和钢熔炼炉的单位电耗分等

中频无心炉品种规格代号	额定容量 /t	单位电耗 N/(kWh)					
		铸铁 1450℃			钢 1600℃		
		一等	二等	三等	一等	二等	三等
GW1	1	590≤N≤635	635<N≤680	680<N≤735	650≤N≤695	695<N≤740	740<N≤792
GW1.5	1.5	580≤N≤625	625<N≤670	670<N≤725	640≤N≤685	685<N≤730	730<N≤785
GW2	2	570≤N≤615	615<N≤660	660<N≤715	625≤N≤670	670<N≤715	715<N≤770
GW3	3	555≤N≤600	600<N≤645	645<N≤700	610≤N≤655	655<N≤700	700<N≤755
⋮	⋮	⋮	⋮	⋮	⋮	⋮	⋮
GW30	30	500≤N≤545	545<N≤590	590<N≤645	550≤N≤595	595<N≤640	640<N≤695
GW35	35	495≤N≤540	540<N≤585	585<N≤640	545≤N≤590	590<N≤635	635<N≤690
GW40	40	490≤N≤535	535<N≤580	580<N≤635	540≤N≤585	585<N≤630	630<N≤685
GW50	50	485≤N≤530	530<N≤575	575<N≤630	535≤N≤580	580<N≤625	625<N≤680
GW60	60	480≤N≤525	525<N≤570	570<N≤625	530≤N≤575	575<N≤620	620<N≤675

2）GWT 系列中频无心感应铜及其含金熔炼炉的单位电耗分等（见表 5-12）

表 5-12　GWT 系列中频无心感应铜及合金熔炼炉的单位电耗分类

中频无心炉品种规格代号	额定容量 /t	单位电耗 N/(kWh)					
		紫铜 1200℃			黄铜 1000℃		
		一等	二等	三等	一等	二等	三等
GWT1	1	435≤N≤465	465<N≤495	495<N≤555	320≤N≤350	350<N≤380	380<N≤440
GWT1.5	1.5	430≤N≤460	460<N≤490	490<N≤550	315≤N≤345	345<N≤375	375<N≤435
GWT2	2	420≤N≤450	450<N≤480	480<N≤540	305≤N≤335	335<N≤365	365<N≤425
⋮	⋮	⋮	⋮	⋮	⋮	⋮	⋮
GWT30	30	385≤N≤415	415<N≤445	445<N≤505	260≤N≤290	290<N≤320	320<N≤380
GWT35	35	380≤N≤410	410<N≤440	440<N≤500	255≤N≤285	285<N≤315	315<N≤375
GWT40	40	380≤N≤410	410<N≤440	440<N≤500	255≤N≤285	285<N≤315	315<N≤375
GWT50	50	380≤N≤410	410<N≤440	440<N≤500	255≤N≤285	285<N≤315	315<N≤375
GWT60	60	380≤N≤410	410<N≤440	440<N≤500	255≤N≤285	285<N≤315	315<N≤375

3) GWL 系列中频无心感应铝熔炼炉的单位电耗分等（见表 5-13）

表 5-13　GWL 系列中频无心感应铝熔炼炉的单位电耗分等

中频无心炉品种规格代号	额定容量/t	单位电耗 N/(kWh)（700℃下）		
		一等	二等	三等
GWL1	1	$600 \leqslant N \leqslant 630$	$630 < N \leqslant 675$	$675 < N \leqslant 735$
GWL1.5	1.5	$585 \leqslant N \leqslant 615$	$615 < N \leqslant 660$	$660 < N \leqslant 720$
GWL2	2	$575 \leqslant N \leqslant 605$	$605 < N \leqslant 650$	$650 < N \leqslant 710$
⋮	⋮	⋮	⋮	⋮
GWL15	15	$530 \leqslant N \leqslant 560$	$560 < N \leqslant 605$	$605 < N \leqslant 665$
GWL20	20	$525 \leqslant N \leqslant 555$	$555 < N \leqslant 600$	$600 < N \leqslant 660$
GWL25	25	$525 \leqslant N \leqslant 555$	$555 < N \leqslant 600$	$600 < N \leqslant 660$

（2）根据 GB/T 30839.32—2014《工业电热装置能耗分等 第 32 部分：电压型变频多台中频无心感应炉成套装置》，其电耗指标分等为 2DGW、2DGWT 和 2DGWL 三个系列。其中 2D 即为系采用双路输出变频装置和由两台相同中频熔炼炉组成。

1) 2DGW 系列成套装置炼铁和铜熔炼炉的单位电耗分等见表 5-14。

表 5-14　2DGW 系列成套装置的单位电耗分等

成套装置品种规格代号	单台中频熔炼炉额定容量/t	单位电耗 N/(kWh/t)					
		铸铁 1450℃			铜 1600℃		
		一等	二等	三等	一等	二等	三等
2DGW1	1	$590 \leqslant N \leqslant 635$	$635 < N \leqslant 680$	$680 < N \leqslant 735$	$650 \leqslant N \leqslant 695$	$695 < N \leqslant 740$	$740 < N \leqslant 795$
2DGW1.5	1.5	$580 \leqslant N \leqslant 625$	$625 < N \leqslant 670$	$670 < N \leqslant 725$	$640 \leqslant N \leqslant 685$	$685 < N \leqslant 730$	$730 < N \leqslant 785$
2DGW2	2	$568 \leqslant N \leqslant 613$	$613 < N \leqslant 658$	$658 < N \leqslant 713$	$623 \leqslant N \leqslant 668$	$668 < N \leqslant 713$	$713 < N \leqslant 768$
2DGW3	3	$563 \leqslant N \leqslant 598$	$598 < N \leqslant 643$	$643 < N \leqslant 598$	$605 \leqslant N \leqslant 653$	$653 < N \leqslant 698$	$698 < N \leqslant 763$
⋮	⋮	⋮	⋮	⋮	⋮	⋮	⋮
2DGW30	30	$490 \leqslant N \leqslant 535$	$535 < N \leqslant 580$	$580 < N \leqslant 635$	$540 \leqslant N \leqslant 585$	$586 < N \leqslant 630$	$630 < N \leqslant 685$
2DGW40	40	$485 \leqslant N \leqslant 530$	$530 < N \leqslant 575$	$575 < N \leqslant 630$	$535 \leqslant N \leqslant 580$	$580 < N \leqslant 625$	$625 < N \leqslant 680$
2DGW50	50	$480 \leqslant N \leqslant 525$	$525 < N \leqslant 570$	$570 < N \leqslant 625$	$530 \leqslant N \leqslant 575$	$575 < N \leqslant 620$	$620 < N \leqslant 675$
2DGW60	60	$475 \leqslant N \leqslant 520$	$520 < N \leqslant 565$	$565 < N \leqslant 620$	$525 \leqslant N \leqslant 570$	$570 < N \leqslant 615$	$615 < N \leqslant 670$

2) 2DGWT 系列成套装置熔铜的单位电耗分等见表 5-15。

表 5-15　2DGWT 系列成套装置的单位电耗分等

成套装置品种规格代号	单台中频熔炼炉额定容量/t	单位电耗 N/(kWh/t)					
		紫铜 1200℃			黄铜 1000℃		
		一等	二等	三等	一等	二等	三等
2DGWT1	1	$435 \leqslant N \leqslant 465$	$465 < N \leqslant 495$	$495 < N \leqslant 555$	$320 \leqslant N \leqslant 350$	$350 < N \leqslant 380$	$380 < N \leqslant 440$
2DGWT1.5	1.5	$430 \leqslant N \leqslant 460$	$460 < N \leqslant 490$	$490 < N \leqslant 550$	$315 \leqslant N \leqslant 345$	$345 < N \leqslant 375$	$375 < N \leqslant 435$
2DGWT2	2	$418 \leqslant N \leqslant 448$	$448 < N \leqslant 478$	$478 < N \leqslant 538$	$303 \leqslant N \leqslant 333$	$333 < N \leqslant 363$	$363 < N \leqslant 423$
2DGWT3	3	$413 \leqslant N \leqslant 443$	$443 < N \leqslant 473$	$473 < N \leqslant 533$	$293 \leqslant N \leqslant 323$	$323 < N \leqslant 353$	$353 < N \leqslant 413$
⋮	⋮	⋮	⋮	⋮	⋮	⋮	⋮
2DGWT25	25	$382 \leqslant N \leqslant 412$	$412 < N \leqslant 442$	$442 < N \leqslant 502$	$257 \leqslant N \leqslant 287$	$287 < N \leqslant 317$	$317 < N \leqslant 377$

（续）

成套装置品种规格代号	单台中频熔炼炉额定容量/t	单位电耗 N/(kWh/t)					
		紫铜 1200℃			黄铜 1000℃		
		一等	二等	三等	一等	二等	三等
2DGWT30	30	$381 \leqslant N \leqslant 411$	$411 < N \leqslant 441$	$441 < N \leqslant 501$	$256 \leqslant N \leqslant 286$	$286 < N \leqslant 316$	$316 < N \leqslant 376$
2DGWT35	35	$376 \leqslant N \leqslant 406$	$406 < N \leqslant 436$	$436 < N \leqslant 496$	$251 \leqslant N \leqslant 281$	$281 < N \leqslant 311$	$311 < N \leqslant 371$
2DGWT40	40	$376 \leqslant N \leqslant 406$	$406 < N \leqslant 436$	$436 < N \leqslant 496$	$251 \leqslant N \leqslant 281$	$281 < N \leqslant 311$	$311 < N \leqslant 371$
2DGWT50	50	$376 \leqslant N \leqslant 406$	$406 < N \leqslant 436$	$436 < N \leqslant 496$	$251 \leqslant N \leqslant 281$	$281 < N \leqslant 311$	$311 < N \leqslant 371$
2DGWT60	60	$376 \leqslant N \leqslant 406$	$406 < N \leqslant 436$	$436 < N \leqslant 496$	$251 \leqslant N \leqslant 281$	$281 < N \leqslant 311$	$311 < N \leqslant 371$

3）2DGWL 系列成套装置熔铝的单位电耗分等见表 5-16。

表 5-16 2DGWL 系列成套装置的单位电耗分等

成套装置品种规格代号	单台中频熔炼炉额定容量 t	单位电耗 N/(kWh/t)		
		铝 700℃		
		一等	二等	三等
2DGWL1	1	$601 \leqslant N \leqslant 631$	$631 < N \leqslant 676$	$676 < N \leqslant 736$
2DGWL1.5	1.5	$585 \leqslant N \leqslant 615$	$615 < N \leqslant 660$	$660 < N \leqslant 720$
2DGWL2	2	$574 \leqslant N \leqslant 604$	$604 < N \leqslant 649$	$649 < N \leqslant 709$
⋮	⋮	⋮	⋮	⋮
2DGWL20	20	$521 \leqslant N \leqslant 551$	$551 < N \leqslant 596$	$596 < N \leqslant 656$
2DGWL25	25	$521 \leqslant N \leqslant 551$	$551 < N \leqslant 596$	$596 < N \leqslant 656$

中频无心感应炉广泛应用于熔炼铜、铁和有色金属，产品已规范化、系列化，并能成套供应市场，相关国标已陆续出台。

（3）高频无心感应炉的电耗等级

高频无心感应炉的工作频率一般高于 100kHz，其频率高，坩埚容量小，主要用于实验室和热处理等场合。

（4）工频感应炉的电耗等级

工频感应炉主要用于铁和有色金属的熔炼、保温和升温。工频感应炉在化学工业和医药工业中的应用也很多。

1）工频无心感应炉熔炼技术参数和熔铝、熔铜耗电量见表 5-17～表 5-19。

① 工频无心感应炉技术参数见表 5-17。

表 5-17 工频无心感应炉技术参数

额定容量/t	0.75	1.5	3	8	10
坩埚直径/mm	450	580	730	900	1130
坩埚深度/mm	980	1190	1430	1430	1450
熔化温度/℃	1450	1450	1450	1450	1450
额定功率/kW	340	450	900	1350	2400
供电容量/kVA		630	1350	2000	3150
额定电压/V	500	400	500	750	1000
熔化率/(t/h)	0.5	0.75	1.5	2.5	4
单位耗电量/(kWh/t)	700	600	600	500	600
冷却水量/(t/h)	4.3	8	10	16.5	40

② 工频无心感应炉熔铝耗电量等参数见表 5-18。

表 5-18　工频无心感应熔铝炉技术参数

额定容量 /t	额定功率 /kW	变压器容量 /kVA	额定电压 /V	熔化率 /(t/h)	工作温度 /℃	单位耗电量 /(kWh/t)	冷却水量 /(t/h)
0.3	150	200	380	0.22	700	680	3.5
0.5	200	250	380	0.3	700	667	5.2
0.8	250	400	380	0.38	700	658	6
1	320	400	380	0.53	700	600	6.5
1.5	450	630	750/500	0.77	700	585	7

③ 工频无心感应炉熔铜耗电量等参数见表 5-19。

表 5-19　工频无心感应熔铜炉技术参数

额定容量 /t	额定功率 /kW	变压器容量 /kVA	1000℃熔炼能力		1200℃熔炼能力		冷却水量 /(t/h)
			熔化率/(t/h)	单位耗电量 /(kWh/t)	熔化率/(t/h)	单位耗电量 /(kWh/t)	
0.5	180	220	0.56	315	0.42	410	6.6
1	300	360	1.03	285	0.8	365	7.8
1.5	400	480	1.46	270	1.14	340	9.8
2	500	600	1.89	260	1.48	328	1.3
3	700	820	2.77	245	2.18	312	14.4
5	1000	1200	4.07	240	3.22	300	19.2

2）工频有心感应炉几种有色金属熔炼和熔铝、熔铜技术参数。

① 几种有色金属熔炼技术参数见表 5-20。

表 5-20　几种有色金属熔炼的技术参数

金属	纯铜	炮铜	青铜	黄铜	铝	锌
熔化温度/℃	1083	1045~1075	920~1100	900~940	658	419
浇铸温度/℃	1225	1190~1225	1070~1225	1040~1070	700~750	500
单位耗电量/(kWh/t)	305~330	230~265	280~330	180~240	425~500	120~130

② 工频有心感应熔铝炉技术参数见表 5-21。

表 5-21　工频有心感应熔铝炉技术参数

额定容量 /t	额定功率 /kW	额定电压 /V	熔化率 /(t/h)	工作温度 /℃	单位耗电量 /(kWh/t)	电源相数	变压器容量 /kVA	冷却水量 /(t/h)
0.3	100	380	0.17	700	590	3/1	160	2
1	160	380	0.28	700	570	3	200	2.5
1.5	240	380	0.43	700	560	3	315	3
3	450	500	0.86	700	520	3	500	4
4	450	500	0.86	700	530	3	630	4
5	600	750/500	1.14	700	525	3	800	6

③ 工频有心感应熔铜炉技术参数见表 5-22。

表 5-22　工频有心感应熔铜炉技术参数

额定容量/t	额定功率/kW	额定电压/V	熔化率/(t/h)	工作温度/℃	单位耗电量/(kWh/t)	电源相数	变压器容量/kVA	冷却水量/(t/h)
0.3	75	380	0.2	1200	370	1	150	2
0.5	120	380	0.3	1200	365	3	200	3
0.8	180	380	0.5	1200	360	3	250	3.5
1.5	320	380	0.9	1200	350	3	400	6
1.5	400	500	1.17	1200	340	3	500	7
3	600	750	1.71	1200	340	3	800	12
3	600	750	1.71	1200	350	3	800	12

5.4.4　感应炉电耗的关联分析与评价

影响感应炉电耗和用电效率的因素很多，本节主要通过感应炉的电压波动、三相平衡、谐波等关联因素进行分析。

1. 电压波动的关联分析

1）GB/T 1232.5—2208《电能质量 供电电压偏差》规定，电网供给用户的供电电压波动必须在标准的允许偏差范围之内。其中，35kV 及以上供电电压正、负偏差绝对值之和不应超出标准电压的 10%。

2）感应炉是冶金企业用电的大型设备，感应炉的用电容量一般在几百 kW 至几千 kW；钢铁厂一般的供电电压为 35kV 以上，即 110kV 或 220kV，而设备用电电压在 10kV 以下，需经 2 至 3 级降压才能满足感应炉降压变压器的需要。然而高电压大型变压器的短路阻抗（$X_d\%$）很大，110kV 级短路阻抗达 10% 以上；220kV 级短路阻抗 $X_d\%$ 为 12%～15%。这样主变负载波动时，其电压波动就呈现 $\Delta U \approx 10\%$～15% 的波动，如果钢厂为避峰用电，则白天低谷负荷大，就出现超标的用电电压，这就需要及时调整电压分接开关，或用稳压器来满足白天低谷办公用电的要求。

3）为提高感应炉的用电率，降低电耗，往往要求输电变压器能超功率输出，以满足感应炉的高效熔炼，即希望电压水平在正偏差限值运行，而钢铁厂一般主电源变压器采用含有载调压变压器，以适时调整输出电压来实施超功率用电。然而频繁调节有载开关将会带来未知的安全隐患。

4）供电电压的波动将直接影响无功补偿装置的无功输出。按无功功率计算公式 $Q = U^2 \omega C$ 可见，无功补偿功率 Q 与电压平方成正比，如电压出现过大的波动，或出现较大负偏差，将严重影响无功补偿的成效，影响无功损耗和企业力率调整电费的支出。

5）电压波动较大，将影响钢铁厂企业内部大量使用的电机的安全运行和电能损耗。综上简述可见，由于负荷波动，电网电压波动及大型高压变压器短路阻抗较大的影响，将会涉及企业的安全、经济运行。电压波动的问题切不可疏忽大意，务必予以高度重视。

2. 钢铁厂三相电源的平衡分析

根据工频感应炉的结构特点，感应炉可以设计为单相、两相或三相。由于单相感应炉的加热效率与功率因数 $\cos\varphi$ 都比两相与三相感应炉的高，一般都希望使用单相感应炉。当感应加热所消耗的功率不大时，可将单相感应炉接于三相电源上；当感应加热消耗的功率比较大时，单相感应炉接于三相电源上，将使三相电源严重不平衡，这在供电上是不允许的。为了使单相负载在三相电源上平衡，可以使用三相平衡器。即在其他两相上分别附加一个平衡电抗器和一组平衡电容器，正确配置这些，可以获得完全平衡的三相负载，从而改善电网供电工况。

3. 感应炉的谐波关联分析

感应炉按感应电流的频率分为工频、中频和高频三类。中频感应炉具有特定的优点而被广泛应用。其中频感应炉的中频（0.15kHz ~ 10kHz）来自 AC-DC-AC 变换，一般为三相桥式整流或 Y/Δ 六脉波整流，经逆变后产生中频电流。其产生的特征谐波取决于整流特性，其谐波频次分析如下：

（1）三相桥式整流的谐波次数

$$h = kp \pm 1$$

式中　　h——谐波电流次数；

$\quad\quad p$——整流脉动数（其中，三相半波 $p=3$，三相全波 $p=6$）；

$\quad\quad k$——常数（$1, 2, \cdots\cdots$）。

（2）三相 Y/Δ 双桥整流的谐波次数

$$h = kp \pm 1$$

其中 $p=12$。

生产实践中，经常遇到的中频感应炉的谐波，主要为 $h = 5$、7、11、13、17、19 等谐波。由于中频感应炉的用电量较大，谐波电流的倍数也较大，目前广泛应用的滤波设备仍为无源滤波器。

4. 优选炉料与合理装炉的关联分析

炉料与装料的科学管理，对提高炼钢能效，缩短熔化时间，减少主变超负荷，提升企业的竞争能力和经济效益具有重要的经济意义。

（1）炉料科学管理，优选炉料，精料出精品

1）炉料除去杂质，清除非磁性物质（如塑料、棉纺纱、玻璃碎片、黄沙等）。

2）炉料尺寸大小应精选，大尺寸废钢要剪切粉碎，防止大料崩塌，较薄炉料打包处理。

3）回炉料在投料前进行抛丸处理，严重锈蚀的废钢应进行滚筒除锈等。

4）炉料的余热利用，可提升用电效率，降低单位电耗。

（2）合理装料，能缩短熔炼时间，提升用电效率

1）装料时，炉料要求装得严实，磁阻较大的空气间隙越小越好。

2）放置较大的物料时，其间隙中填入小块碎料，熔化后加屑料，以加快熔化过程。

3）协调配合好适宜的装料时间，尽量减少物件塌棚，以免引起炉衬的局部侵蚀，以致延长熔化时间，降低用电效率。

5. 避峰填谷，降低用电成本的关联分析

充分利用电价政策，转移高峰用电，充分利用谷电，减少电费支出，见表5-23。

表 5-23　避峰填谷用电量及电费汇总表

用电 时间	峰电		谷电		平电		总电费 /元	产量 /t	单位电耗 /(kWh/t)
	电量 /kWh	占比	电量 /kWh	占比	电量 /kWh	占比			
5 月	83452	16.1%	293404	56.6%	141500	27.3%	518356	694	747
6 月	65088	13.0%	307484	61.2%	130004	25.8%	502556	703	715

由表 5-24 可见：电炉 5 月与 6 月电量、电费相比，峰电占比从 16.1% 降为 13.0%，谷电占比从 56.2% 提高至 61.2%，其单位电耗下降 4.28%（$\frac{747-715}{747} \times 100\% = 4.28\%$），电费减少 3.05%（$\frac{518356-502556}{518356} \times 100\% = 3.05\%$）。如果全部利用谷电，不用峰电，即节电降耗将是上述几倍的递增，经济意义十分显著。

5.4.5　节电技术与管理措施

1. 感应炉设备的节电技术

利用感应加热升温速度快、加热时间短、节能与环保的优势替代火焰炉与电阻炉，用新技术、新设备淘汰能耗高、污染环境的落后技术与设备。但在感应加热的节能方面选择还体现在感应炉具有较高的热效率与电效率，故感应加热的节能降耗有以下几项节电技术措施，如图 5-19 所示。

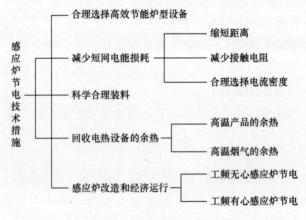

图 5-19　感应炉节电技术措施

（1）合理选择高效节能炉型设备

感应炉的额定功率很大，特别是冶金工业中使用的感应炉，功率可达几百 kW 至几千 kW。应根据生产条件及工艺要求，合理确定电炉的容量、坩埚的尺寸以及电源的工作频率，正确设计感应线圈的有关参数。在满足生产要求的情况下，尽量选择经济的节能型电炉。

无心感应炉有工频炉、中频炉和高频炉之分。与工频感应炉相比，中频感应炉的物料加热快、熔化率高。另外，中频炉搅拌力小、可防止吸气和氧化，优点明显。因此，在其他要求大致相同的情况下，应尽量选用频率较高的感应熔炼炉。

感应炉的被加热材料主要有碳钢、铸铁、磁性合金材料以及铜、铝等有色金属及其合金材料。感应加热时，由于交流电的趋肤效应，会在炉料的表面形成一环状加热层。热量由表及里传导。这会使被加热工件的不同部分产生温差，影响加热效果。因此。必须合理地选择感应炉的功率、频率及炉膛的大小。

（2）减少短网电能损耗

工频和中频感应炉，其感应器的输入端均由一段汇流排或称绕线电缆（短网）供电，由于感应炉容量较大，短网通过电流很大，10% 的电能损耗十分可观。减少短网长度，可减少电能损耗，又可降低电阻发热。具体降损措施为

1）缩短短网长度，减少短网电阻——移动或升高电炉变压器安装位置，缩短输电距离。

2）减少接触电阻，减少功率损耗——不拆卸的连接部位采用焊接或加大接触面积，对接触面进行精加工，保持足够的接触压力。

3）采用水冷短网，降低发热损耗——短网汇流排（包括软电缆）采用水冷降温降耗。

4）合理选择短网电流密度，降低电阻电耗等。

（3）科学合理装料

实践证明科学合理地装料，能够加快熔炼速度，缩短熔炼时间，提高用电效率，减少单位电耗。从感应炉熔炼功率动态显示可见，其 dp/dt 直线提升，起始功率直线上升。

（4）回收电热设备的余热

各种电热设备存在各种余热，大致存在以下几种。

1）高温产品的余热——如加热或熔炼后的钢铁、钢渣、铸件等其冷却过程放出的热量，可回收利用来预热物料、干燥和取暖等。

2）高温烟气的余热——如铁合金炉、炼钢电弧炉等其烟气量很大，可回收直接预热炉料及空气或间接利用去加热水或空气等。

（5）感应炉改造和经济运行

1）工频无心感应炉节电。

无心炉的熔化率及电耗与炉子容量、设备利用率以及工艺状况有很大关系。最理想、最节能的运行状态应该是不间断地熔化并加热炉料，以最低的允许浇注温度立即倒空所有熔融金属液。然而，这种理想状态是不可企及的。

① 浇注温度是影响熔化电耗的重要因素。浇注温度主要取决于被熔金属（或合金）料的状态等因素。显然，要是在高于必需的浇注温度下浇注，必然会增加电耗、延长周期，并加剧金属对炉衬的侵蚀。在制定熔化温度时，应特别予以重视。

② 浇注辅助时间对炉子的熔化率和能耗有明显影响。如果浇注时不停电，或者只降低电压，并减少浇注辅助时间，则有利于提高熔化率及降低电耗。实行有载无级功率调节，多台炉子运行，都对降低电耗有利。

③ 热态残留金属、浇注后感应炉中的残留金属对降低电耗不利。感应线圈通常要求炉内溶液处于满容量的约 2/3，以利于冷起动并减少熔池的扰动。但是，只有在线圈完全与金属料交连时才能输入满功率。因而，为了实现减少电耗和最佳运行，工频感应炉应该留有约 2/3 金属液。

图 5-20 给出了输入功率与最大功率的百分比与炉子坩埚中金属量与坩埚容量的百分比的关系曲线。

④ 炉料状况。炉料中混有脏物、锈蚀、涂覆物、砂或者水气，以及炉料本身的大小和

容重都会影响熔化电耗。不好的炉料不仅会增加冷却水的热损失及炉顶的辐射损失，从而延长熔化周期，而且还可能引起结渣、炉衬损坏，甚至造成停炉。表 5-24 为炉料状况对电耗的影响。

⑤ 炉盖。炉盖的热损失主要由炉子大小及运行状况决定。密闭盖的损失不大，如 6t 炉约 0.4kW，10t 炉约 13kW，均小于其炉子输入功率的 1%。然而，要是不加盖，熔池的辐射损失就相当惊人，6t 和 10t 炉分别达到 70kW 和 130kW。由此可见，炉盖应尽可能密合，在熔化周期中尽可能少打开，把浇注、装料、扒渣及取样等必须开盖的时间减到最低限度。

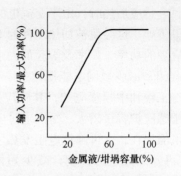

图 5-20　输入功率与金属液的关系

⑥ 改进控制系统。近些年来，出现了不少感应炉的先进控制系统，有的采用了计算机控制，可以控制金属料的成分，自动实现冷起动等，从而提高了生产率，又减少了电耗。但昂贵的先进控制系统不适合大多数感应炉客户。至少每台炉子应设置其独立的电能表以监控炉子耗能实况，而这点却往往不是都能做到的。

表 5-24　炉料状况对电耗的影响

炉料	质量/kg	1500℃熔化时间/min	电能消耗/kWh	电耗/(kWh/t)
洁净废钢	250	75	210	840
带锈废钢	200	185	270	1350
带锈废钢	275	192	335	1218

2）工频有心感应炉节电。

提高有心感应炉效率的关键在于感应体，而炉子的功率取决于感应体熔沟对熔池的传热效果。为了降低熔沟的热负荷，加快熔沟与熔池之间的热传递，美国某公司开发了名为 Jet flow（喷射流动）型的金属单向流动感应体和熔沟设计，前苏联研究院也自行研究试验成功了金属单向流动型感应体，两者采用了各自不同的设计，但都取得了减少熔沟的热负荷，减少熔沟和熔池间的温差，提高了熔池温度均匀性。加大感应体单台功率，提高炉子生产率，减少对熔沟耐火材料侵蚀从而也可降低有心感应炉综合能耗等。

在传统的有心感应炉中，熔沟中金属总要比熔池温度高 100℃ 以上。而金属单向流动型感应体熔沟内金属温度可以只比熔池高 45℃ 左右。表 5-25 给出了传统双感应体与金属单向流动型双感应体可以达到的最大功率对比，可以看出，金属单向型感应体为有心感应体，功率较大，使熔炼周期缩短，炉子所需感应体数量减少，从而提高了有心感应炉的热效率而节省能耗。

表 5-25　单向流动型与传统感应体的单台功率对比

熔化金属	双感应体功率/kW		熔化金属	双感应体功率/kW	
	金属非单向流动	金属单向流动		金属非单向流动	金属单向流动
铝	500	1600	锌	—	8000
铜	600	5500	铸铁	1000	6000
黄铜	600	8000			

2. 感应炉设备的管理措施

1）遵循国标 GB/T 3485—1998《评价企业合理用电技术导则》中，电能转换为热能的合理要求，严控感应炉电加热效率指标不低于 50%，并监测记录、统计分析下列产品技术经济指标：①单位产品电耗；②电炉的效率；③功率因数。

2）企业应根据 GB 17167—2006 要求，配备能源统计计算器具，建立能源管理制度，建设和完善企业能源监测平台，分析和评价能源利用效率，及时发现和挖掘节能潜力，提出节能措施。

3）企业应定期对感应炉冶炼电耗情况进行考核，并把考核指标分解落实到各基层单位，并建立用电责任制度。同时应及时建立文件档案，并对文件进行控制管理。

4）建立各级能管员职责机制，积极开展能源培训和群众性的节能技改活动。

参 考 文 献

[1] 张战波. 钢铁企业能源规划与节能技术 [M]. 北京：冶金工业出版社，2014.

[2] 赵学俭，邓寿禄. 工业用能设备节能手册 [M]. 北京：化学工业出版社，2014.

[3] 曾祥东. 能源与设备节能技术问答 [M]. 北京：机械工业出版社，2009.

[4] 王社斌，许并社. 钢铁生产节能减排技术 [M]. 北京：化学工业出版社，2009.

[5] 周梦公. 智能节电技术 [M]. 北京：冶金工业出版社，2016.

[6] 赵文广. 电弧炉炼钢生产技术 [M]. 北京：化学工业出版社，2010.

[7] 五洲工程设计研究院，付正博. 感应加热与节能——感应加热器（炉）的设计与应用 [M]. 北京：机械工业出版社，2008.

[8] 沈庆通，梁文林. 现代感应热处理技术 [M]. 北京：机械工业出版社，2008.

[9] 童军，章舟. 铸铁感应电炉生产问答 [M]. 北京：化学工业出版社，2012.

[10] 刘卫，王宏启. 铁合金生产工艺与设备 [M]. 北京：冶金工业出版社，2009.

第6章

电化学工业系统

化学工业是我国国民经济的支柱产业，是重要的原材料工业，同时又是能源消费大户，它与国民经济发展、国防建设和人民生活水平的提高关系极为密切。

电化学工业是化学工业的重要组成部分，是能源消耗大户，其碳排放量非常大，极其节能降碳的任务十分艰巨。

6.1 电化学工业概述

1. 电化学与电化学工业的定义

1）电化学的定义——是研究电能与化学能相互转化以及转化过程有关规律的学科。

2）电化学工业的定义——是指采用电化学方法改变物质组成或合成新物质而得到新产品的工业。

2. 电化学工业的分类及产品的主要领域

电化学工业是以电化学反应过程为基础的工业。电化学工业可分为电解工业、电热化学工业和化学电源工业三大类，如图 6-1 所示。

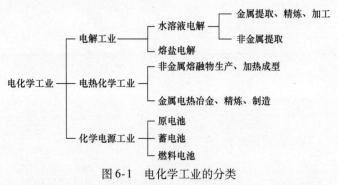

图 6-1　电化学工业的分类

随着电化学科学的不断发展，电化学理论与电化学方法也广泛应用于工业生产的多个领域，形成了应用电化学的多个工业领域。在化工领域中，可利用电化学方法，制备许多基本化工产品。如在冶金工业中，利用电解的方法提取有色金属，如电解铝工业；以矿物、空气和水等经电化学反应，合成氨化肥产品的工业；电解氯化钠水溶液（原盐水）得到烧碱、氯气和氧气，如氯碱工业；以焦炭、石灰石和燃料，在电石炉中形成钙、碳还原反应制取的电石工业；以磷矿石、硅石、无烟煤在电热炉高温、催化还原反应中制取黄磷的工业，如

图 6-2 所示。

3. 电化学工业的特殊性

1）原料生产方法和产品的多样性与复杂性，使电化学工业具有多功能和灵活性强的特点。

2）能耗高、节能潜力大，其用电量居各行业之首。

3）资金密集、知识密集，技术装备高、设备结构复杂，专业性强，产品更新速度快，科技开发投资大。

4）成本低、利润高，社会效益显著。

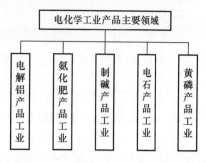

图 6-2 电化学工业产品主要领域

4. 电化学工业的用电特点

电化学工业主要用电设备有高压电动机拖动的气体（或液体）压缩机、鼓风机、离心机、离心泵、大功率工业电石炉、电解槽和电热器等。由于电化学工业是连续性生产，具有高温、高压、易爆、易燃和腐蚀毒害等危险因素，因此，电化学工业的用电性质和用电负荷具有以下特点：

1）供电可靠性要求高。大多数电化学工业关键生产工艺流程用电负荷属于一级用电负荷，一旦停电，将会造成化工装置爆炸、起火及人身中毒等恶性事故。因此，电化学工业生产必须具备可靠的供电电源。化工厂的供电多采用来自公共电力系统的多回路高压供电，或由并入电力系统的自备电站发电机组供电。

2）用电量大。化工装置连续运行，电力负荷集中，用电量很大。以 2023 年为例，化学工业用电量为 1928 亿 kWh，同比增长 13.62%。

3）电力负荷平稳、负荷率高。化工生产连续性强，电力负荷比较均衡，负荷率可达 95% 以上。

4）采用增安型电气设备。由于化工生产存在易燃、易爆、腐蚀性等危险因素，因此，对于存在这些危险因素的区域多采用防爆、防腐、防尘等增安型电气设备，以避免电气事故的发生。

6.2 电解铝工业能效诊断分析、贯标评价与节能

电解铝工业是国家重点高能耗有色金属工业之一。目前我国电解铝的产量为 4153.44 万吨左右，约占有色金属产量的 55.6%。我国已完成了 600kA 的现代化预焙槽工业试验和产业化，企业综合交流电耗已降至 14000kWh/t。2023 年电解铝耗电量为 5646 亿 kWh，耗电总量占全国总耗电量的 6.12% 左右。

6.2.1 电解铝工业生产简介

1. 电解铝生产的基本原理

电解铝是将以氧化铝（Al_2O_3）为原料，冰晶石（Na_3AlF_6）为溶剂，多种氟化盐为添加剂组成的电解质，加入到电解槽内，电解槽的阴、阳两电极通以直流电，在 950 ~ 970℃ 温度下熔融，于是直流电经阳极导入电解质层，并从阴极导出，进行电解。此时，氧化铝被分解成金属铝，在阴极上不断地析出液态铝并汇集于槽底，阳极上则不断地析出二氧化碳和一氧化碳气体，待电解槽底积累到一定数量的液态铝时，即可用真空包抽出铝液，经化学处理后铸成铝锭。

2. 铝电解生产的工艺过程

铝电解是利用熔盐电解提取金属铝的电冶金过程。电解冰晶石氧化铝熔体生产金属铝，是现代炼铝工业的基本生产方法。铝电解生产的工艺过程如图 6-3 所示。

3. 铝电解槽（或称反应器）**简介**

铝电解槽是电解铝的主要设备，其一般是一个由钢板制成的槽壳，槽壳内部衬以耐火材料，阴极由阴极棒和底部炭块组成，而碳素阳极可分为预焙阳极和自焙阳极两种，预焙阳极是将石油焦和沥青糊料压制成型，经焙烧固化而成；自焙阳极则是利用电解中流经电解槽内的电流产生的热量将石油焦和沥青制成的阳极糊自行烧结而成阳极炭块。

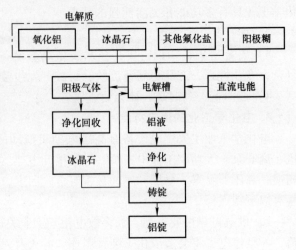

图 6-3　铝电解生产的工艺过程

铝电解槽因阳极结构型式不同分为预焙阳极槽和自焙阳极槽两种槽型。预焙阳极槽按打壳加料方式的不同，可分为边部加料和中间加料两种，如图 6-4 所示。自焙阳极槽按导电方式的不同，又可分为侧插导电和上插导电两种，如图 6-5 所示。

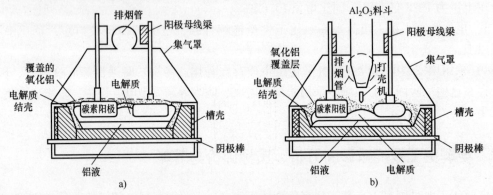

图 6-4　预焙阳极槽构造图

a）边部加料　b）中间加料

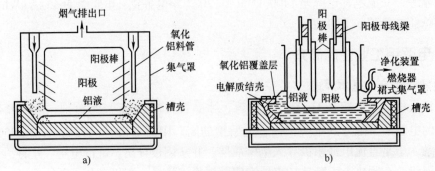

图 6-5　自焙阳极槽构造图

a）侧插导电　b）上插导电

铝电解生产是在许多台电解槽内同时进行的，槽数的多少主要由工厂的生产能力所确定。

由一套整流器组供电的，串联在同一条直流电路上的若干电解槽称为一个系列。电解车间一般是由一个系列组成。生产能力较大的工厂可以拥有若干个电解车间。

6.2.2 电解铝工业能源平衡模型

1. 电解铝工业能源平衡模型（见图6-6a）**与能效分析结构**（见图6-6b）

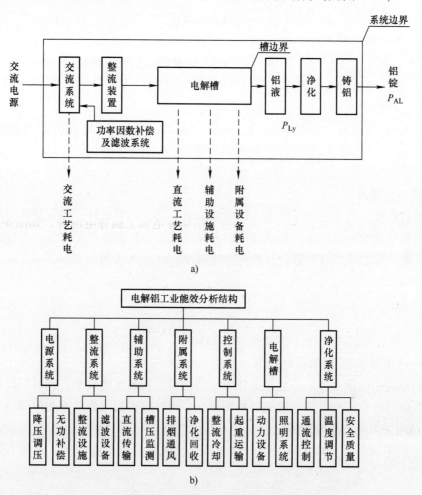

图6-6 电解铝工业能源平衡模型图与能效分析结构图
a）能源平衡模型 b）能效分析结构

2. 铝电解的电耗主要由以下三部分组成：

1）交流工艺部分：主要指交流电源系统变压、控制以及无功补偿与滤波系统的电能耗电量。

2）直流工艺部分：即包括交流变直流用于电解冰晶石—氧化铝熔蚀物，以制取铝所消耗的电量。

3）辅助工艺部分，包括下列辅助设施和附属设备的耗电量：电解车间和变电所的起重运输设备，及整流装置冷却系统、排烟净化通风系统、动力和照明系统、车间内部网络电耗等。

6.2.3 电解铝的性能参数

1. 铝电解槽的理论产量

根据法拉第定律,当电流通过电解质时,在电极上析出物质的数量与通过的电流强度以及通电的时间成正比,同时所析出物质的数量还与其电化当量成正比。于是,法拉第定律可用下式表示

$$G = KIt \times 10^{-6} \tag{6-1}$$

式中　G——电解析出物质的质量(t);

　　K——电化当量[g/(A·h)],即1A·h电量所电解析出物质的质量;

　　I——通入电解槽的电流(A);

　　T——通电时间(h)。

因为铝的电化当量 $K = 0.3355\text{g}/(\text{A}\cdot\text{h})$,故用式(6-2)可计算出铝电解槽的理论产量为

$$G_{\text{LL}} = 0.3355It \times 10^{-6} \tag{6-2}$$

2. 直流电流效率

在电解过程中,由于二次反应造成的电流损失,其他杂质电解,特别是钠的析出消耗了电流以及漏电引起的电流损失,铝电解槽的实际产量总是比理论产量要低。铝电解槽的实际产量与其理论产量之比的百分数,就称为电流效率,其定义式为

$$\eta_{\text{DL}} = \frac{G_{\text{sj}}}{G_{\text{LL}}} \times 100\% \tag{6-3}$$

或

$$\eta_{\text{DL}} = \frac{G_{\text{sj}}}{0.3355It} \times 100\% \tag{6-4}$$

式中　G_{sj}——电解槽实际产量(t)。

电流效率是铝电解生产的一项重要技术经济指标,提高电流效率,就可以提高产量。

电流效率同时也表明电解槽电流的利用情况,铝电解槽的电流效率为80%~95%。

3. 直流电能消耗与电能效率

(1)直流电能消耗,指实际生产1t金属铝所消耗的直流电能数量。直流电能消耗的计算公式为

$$D_{\text{h}} = \frac{W_{\text{xh}}}{G_{\text{sj}}} \tag{6-5}$$

式中　W_{xh}——消耗的直流电能数量(kWh);

　　G_{sj}——实际生产的金属铝量(t)。

式(6-5)中,消耗的直流电能数量可用式(6-6)计算:

$$W_{\text{xh}} = E_{\text{av}}I_{\text{av}}t \times 10^{-3} \tag{6-6}$$

式中　E_{av}——槽平均电压(V);

　　I_{av}——平均电流(A);

　　t——时间(h)。

而实际生产的金属铝量可用式(6-7)求得。

$$G_{sj} = 0.3355 I_{av} \eta_{DL} t \times 10^{-6} \tag{6-7}$$

将式（6-6）、式（6-7）代入式（6-5）可求的直流电能消耗为

$$D_h = \frac{W_{xh}}{G_{sj}} = \frac{E_{av} I_{av} t}{0.3355 I_{av} \eta_{DL} t} = \frac{E_{av}}{0.3355 \eta_{DL}} \times 10^3 \tag{6-8}$$

（2）直流电能效率，它表示铝电解生产中电能利用程度，即理论生产 1t 金属铝的电能消耗与实际生产 1t 金属铝的电能消耗的比值，以百分数表示：

$$\eta_{DL} = \frac{D_{LL}}{D_{sj}} \times 100\% \tag{6-9}$$

式中　D_{LL}——理论上生产 1t 铝的电能消耗（kWh/t）。根据计算，在 950℃ 下生产时，$D_{LL} = 6070 \text{kWh/t}$；

　　　　D_{sj}——实际上生产 1t 铝的电能消耗（kWh/t）。

在实际工作中，电能效率常以每消耗 1kWh 电量生产多少克铝来表示，即

$$\eta_{DN} = \frac{G_{sj}}{W_{xh}} = \frac{3.355 \eta_{DL}}{E_{av}} \times 10^3 (\text{g/kWh}) \tag{6-10}$$

由式 6-10 可见，要提高电能效率，就必须努力降低电解槽的平均电压和提高电流效率。

6.2.4　能耗计算与能效评价

根据 GB 21346—2022《电解铝和氧化铝单位产品能源消耗限额》要求的统计范围和计算方法，以及能效评价如下。

1. 统计范围

1）铝液交流电耗统计包括：属于生产系统的电解车间工艺消耗的交流电量，计算需扣除电解车间停槽导电母线及短路口损耗的交流用量、电解槽焙烧启动期间消耗的交流电量、外补偿母线损耗的交流电量和通廊母线损耗的交流电量。

2）铝液综合交流电耗统计包括：属于生产系统的电解车间，属于辅助生产系统的供电车间（整流所）、动力车间（空压站）、净化车间（主要负责烟气净化、电解脱硫和物料输送）以及属于附属生产系统的车间、管理部门的照明、取暖、降温、洗澡等消耗的交流电量和线路损失，计算需扣除电解系列烟气净化中电解脱硫消耗的交流电量。

3）铝锭综合交流电耗统计包括：属于生产系统的电解车间、铸造车间，属于辅助生产系统的供电车间、动力车间、净化车间以及属于附属生产系统的车间、管理部门的照明、取暖、降温、洗澡等消耗的交流电量和线路损失，计算需扣除电解系列烟气净化中电解脱硫消耗的交流电量。

4）铝锭综合单耗统计包括：属于生产系统的电解车间、铸造车间，属于辅助生产系统的供电车间、动力车间、净化车间以及属于附属生产系统的车间、管理部门的照明、取暖、降温、洗澡等消耗的交流电量和其他各种能源。

5）电解铝产品能耗指标计算只包括重熔用铝锭和电解铝液产量及能耗量，不包括多品种铝及铝合金产品的产量和能耗量。

6）余热利用装置用能计入能耗。回收能源自用部分，计入自用工序；回收的能源外供或其他非生产用途的应予以扣除。

7）能源的低位发热量和耗能工质耗能量，应按实测值或供应单位提供的数据折标准

煤。无法获得实测值的，其折标准煤系数可参照国家统计局公布的数据。自产的二次能源，其折标准煤系数应根据实际投入产出计算确定。

2. 计算方法

（1）铝液交流电耗

1）铝液交流电耗（即电解铝液可比交流电耗）按式（6-11）计算：

$$W_j = \frac{Q_j - (Q_{tj} + Q_{qj} + Q_{mj} + Q_{nj})}{M_{ly}} \tag{6-11}$$

式中　W_j——报告期内电解铝液交流电耗（kWh/t）；

　　　Q_j——报告期内电解系列工艺消耗的交流电量（以安装在整流机组输入侧的计量仪表计数为准）（kWh）；

　　　Q_{tj}——报告期内电解系列中停槽导电母线及短路口损耗的交流电量（kWh）；

　　　Q_{qj}——报告期内电解系列中电解槽焙烧、启动期间消耗的交流电量（kWh）；

　　　Q_{mj}——报告期内电解系列中外补偿母线损耗的交流电量（kWh）；

　　　Q_{nj}——报告期内电解系列中通廊母线损耗的交流电量（kWh）；

　　　M_{ly}——报告期内电解系列电解铝液产量（满足 GB/T 1196—2023 或合同要求正常生产过程中的铝液产量）（t）。

2）停槽导电母线及短路口损耗交流电量按式（6-12）计算：

$$Q_{tj} = Q_j \frac{N_t \times V_t}{V_x} \tag{6-12}$$

式中　Q_{tj}——报告期内电解槽停槽导电母线及短路口电压降损耗交流电量（kWh）；

　　　Q_j——报告期内电解系列工艺消耗的交流电量（kWh）；

　　　N_t——报告期内停槽日数（d）；

　　　V_t——每台停槽导电母线及短路口电压降实测值（V）；

　　　V_x——报告期内电解系列直流电压累计（Vd）。

3）电解槽焙烧、启动期间消耗交流电量按式（6-13）计算：

$$Q_{qj} = Q_j \frac{N_q \times V_q}{V_x} \tag{6-13}$$

式中　Q_{qj}——报告期内电解槽焙烧、启动期间消耗的交流电量（kWh）；

　　　Q_j——报告期内电解系列工艺消耗的交流电量（kWh）；

　　　N_q——报告期内电解系列中的焙烧启动槽数（台）；

　　　V_q——电解槽焙烧启动所用的电压（每台槽不超过 30Vd）（Vd/台）；

　　　V_x——报告期内电解系列直流电压累计（Vd）。

4）外补偿母线损耗交流电量按式（6-14）计算：

$$Q_{mj} = Q_j \frac{N_m \times V_m}{V_x} \tag{6-14}$$

式中　Q_{mj}——报告期内外补偿母线损耗交流电量（kWh）；

　　　Q_j——报告期内电解系列工艺消耗的交流电量（kWh）；

　　　N_m——报告期内运行日数（d）；

　　　V_m——电解系列外补偿母线和导电母线电压降实测值（V）；

V_x——报告期内电解系列直流电压累计（Vd）。

5）通廊母线损耗交流电量按式（6-15）计算：

$$Q_{nj} = Q_j \frac{N_n \times V_n}{V_x} \tag{6-15}$$

式中 Q_{nj}——报告期内通廊母线的交流电量（kWh）；

Q_j——报告期内电解系列工艺消耗的交流电量（kWh）；

N_n——报告期内运行日数（d）；

V_n——电解系列各段通廊母线电压降实测值（V）；

V_x——报告期内电解系列直流电压累计（Vd）。

（2）铝液综合交流电耗

铝液综合交流电耗按式（6-16）计算：

$$W_{zj} = \frac{Q_{zj}}{M_{ly}} \tag{6-16}$$

式中 W_{zj}——报告期内铝液综合交流电耗（kWh/t）；

Q_{zj}——报告期内电解铝液生产中消耗的交流电量（包括电解铝液生产、电解槽启动、停槽短路口压降、通廊母线、系列烟气净化、物料输送、动力照明等辅助生产系统、附属生产系统消耗的交流电量和线路损失。系列烟气净化中电解脱硫消耗的交流电量单独计量和统计，不纳入铝液综合交流电耗）（kWh）。

（3）铝锭综合交流电耗

铝锭综合交流电耗包括铝锭生产所使用的全部电解铝液在生产中消耗的交流电量（即 Q_{zj}）、铸造及其辅助和附属系统消耗的交流电量。铝锭综合交流电耗按式（6-17）计算：

$$W_{ld} = \frac{Q_{ld}}{M_{ld}} \tag{6-17}$$

式中 W_{ld}——报告期内铝锭综合交流电耗（kWh/t）；

Q_{ld}——报告期内铝锭生产中消耗的交流电量（包括铝锭生产所使用的全部电解铝液在生产中消耗的交流电量（即 Q_{zj}）、铸造及其辅助和附属生产系统消耗的交流电量）（kWh）；

M_{ld}——报告期内生产合格交库的铝锭产量，包括商品铝锭产量与自用量（t）。

（4）铝锭综合单耗

铝锭综合单耗按式（6-18）计算：

$$E_d = \frac{\sum_{i=1}^{n} (e_i \rho_i)}{M_{ld}} \tag{6-18}$$

式中 E_d——报告期内铝锭综合单耗（kgce/t）；

n——报告期内该产品消耗的能源品种数；

e_i——报告期内电解铝生产系统、辅助生产系统及附属生产系统消耗的第 i 种能源实物量；

ρ_i——报告期内第 i 种能源的折标准煤系数；

M_{ld}——报告期内生产合格交库的铝锭产量，包括商品铝锭产量与自用量（t）。

3. 能耗限额等级

电解铝单位产品能耗限额等级见表6-1，其中1级能耗最低。

表6-1 电解铝单位产品能耗限额等级

指标	能耗限额等级		
	1级	2级	3级
铝液交流电耗/(kWh/t)	≤12950	≤13000	≤13350
铝液综合交流电耗/(kWh/t)	≤13250	≤13350	≤13700
铝锭综合交流电耗/(kWh/t)	≤13300	≤13400	≤13750
铝锭综合单耗/(kgce/t)	≤1670	≤1680	≤1720

现有电解铝企业单位产品能耗限定值应不大于表6-1中的3级。新建、改扩建电解铝企业单位产品能耗准入值应不大于表6-1中的2级。

6.2.5 电解铝能效的关联分析与评价

1. 根据 GB/T 3485—1998《评价企业合理用电技术导则》有关电能转换为化学能的合理化原则要求

（1）槽电流效率和整流设备的转换效率

1）国标规定电解生产过程的电流效率应达到88%。

2）电力整流设备在额定负荷状态时，转换效率应不低于下列指标。

直流额定电压在100V以上，其转换效率应达到95%；

直流额定电压在100V及以下，其转换效率应达到90%。

（2）降低槽电压降和减少泄漏电流

1）在额定负荷下，电力整流设备至电解槽母线电压降应小于1.5V。

2）每个电解槽泄漏电流应小于槽组电流的0.1%~0.2%，或电解槽系统两端对地电压偏差值≤±10%。

（3）在合理的电流密度下，主要技术经济指标

1）电解铝平均电压指标：自焙阳极槽4.3V，预焙阳极槽4.1V。

2）单位产品电耗：应满足 GB 21346—2022 的规定。

2. 电解槽运行参数的优化要求

（1）合理的电解质温度

电解质温度是影响电流效率的一个极重要的因素。过高、过低的温度将影响其铝损耗与电流效率，铝电解生产必须保持950~970℃的合理温度。

（2）合适的电解质分子比

分子比是指铝电解生产中，溶剂（即电解质）氟化钠与氟化铝分子个数的比值。

实践证明，当分子比为2.7时，铝损失最少，电流效率最高。

（3）适宜的极距

极距是指阳极底掌到金属铝镜面的距离。极距直接影响电流效率和电解温度。一般认为极距保持在4~5cm较为适宜。

（4）降低电流密度

研究表明，不仅阴极电流密度对电流效率有影响，阳极电流密度对电流密度也有影响。

电流效率随着电流密度的增大而增加，但是电解质和电压降 ΔU 随着电流密度的增大而增加，为了降低电耗量，最好使电解槽在较低的电流密度 $0.65 \sim 0.75 A/mm^2$ 下运行。

（5）降低槽平均电压水平

1）降低电阻率。降低金属母线电阻率，降低电解质电阻率，提高电解质洁净度等。

2）减少接触电阻。金属母线采用焊接，改善槽的氧化铝沉淀状况和分布情况，及炭块与阴极棒接触状况。

3）减少金属母线长度，增加母线截面积，降低母线温度等。

3. 整流装置的调压与谐波分析

1）电解铝整流装置一般采用晶闸管调压器或有载变压器调压。

2）在电解工业低压大电流电源中，往往采用双星形电路，因为它可选用电源较少的整流器件，而获得较大的直流输出。

3）整流器件选用冷却方式时应进行技术经济比较后加以权衡，对于大功率整流装置，通常采用水冷方式。

4）电解铝企业用电电压高、用电量大，又是大功率非线性负载，其产生的谐波危害和谐波损耗极大，也引起了化工企业和电网企业的极大关注。

5）按 GB/T 14549—1993《电能质量 公用电网谐波》规定，对用户接入公用电网连接处谐波电压总畸变率超标、谐波电流允许值超过规定值的企业，应进行有效的谐波治理，其抑制和消除谐波的方案为增加整流相数、减少或消除幅值较大的谐波次数，其次是设置滤波装置，一般为无源滤波器和有源滤波器等。

6.2.6 节电技术与管理措施

1. 电解铝的节电技术

（1）电解槽的保温和余热利用

1）在电解工作过程中，电解槽有大量的热量散发到周围空间，主要是槽的辐射热，可在槽底、槽壁上涂敷一定的保温层，使内衬黑度降低，热阻增加，减小电解槽热损失。

2）在电解铝生产中，会产生大量的余热，企业应配备余热回收等节能设备，最大限度地对生产过程中可回收的热源进行利用。

（2）使用添加剂，加速电解反应，提高电解能效

1）在阳极中加入一定比例的 Li_2CO_3，可降低电压 110mV，每吨铝可节电 460kWh；

2）在碳素阳极中加入少量稀土化合物作催化剂，也可使阳极电压降低 $0.2 \sim 0.3V$，每吨铝可节电 $600 \sim 1000kWh$。

3）在电解质中添加某些锂、镁盐复合添加剂，可提高电流效率。如一般每增加 1% 的 LiF，可使电解质的导电能力提高 2%，相应地使极间电阻产生的电压降低 32mV。

（3）预焙阳极电解槽代替自焙阳极电解槽

预焙阳极电解槽电流强度大，已超过 30 万 A，电压损失低，电流效率高，每吨铝耗电减少 1000kWh 左右，用大电流预焙电解槽代替老式的自焙阳极电解槽（10 万 A），节电效果显著。

（4）铝电解槽生产过程的恒流、恒压控制

根据技术经济曲线，确定电解槽的最佳电流，并据此调节阳极极距，使铝电解生产过程

稳定在最佳电流状态,实现以最低电能单耗取得最高生产率。

目前,自动控制槽内电阻值的方法广泛应用于电解铝厂,对铝电解生产过程进行恒定电压控制,以降低电能单耗和提高电流效率。

2. 节能管理措施

1)企业应建立节能考核制度,定期对电解铝企业的各生产工序能耗情况进行考核,并把考核指标分解落实到各基层单位。

2)企业应按要求建立能耗统计体系,建立能耗计算和统计文件档案,并对文件进行管控管理。

3)按 GB 17167—2006 的要求,配备相应的能源计量器具,并建立能源计量管理制度。

4)合理组织生产,减少中间环节,提高生产能力,延长生产周期。

5)大力发展循环经济,利用现有技术,合理利用再生资源。

6.3 化肥工业能效诊断分析、贯标评价与节能

我国是世界上化肥第一生产和消费大国,2023 年化肥产量达 5700 多万吨,占世界总产量的 25% 左右。化肥工业是国民经济和农业生产的重要支柱产业,合成化肥工业经过 70 多年的发展,产量已居世界首位。

6.3.1 化肥工业生产的简介

1. 化肥工业生产的基本原理

化肥是以矿物、空气和水等原料经过一系列化学反应过程制成的产物。而氨肥是合成氨化肥的一种产品,其在高温高压和有催化剂存在的条件下直接合成。

2. 化肥的分类

氨和其他化合物经加工可以制成各种化肥,如磷肥、钾肥和微量元素肥料等。合成氨肥料是化肥生产中应用最广、产量最大的一种化肥。

3. 化肥生产工艺过程

生产化肥的原料很多,原料按物理状态的不同可分为固体原料、液体原料和气体原料。各种化肥虽采用的原料不同,生产方法各异,但却有共同的生产工艺过程。

1)原料气的制造。原料气是氮、氢混合气。氮气从空气中取得,氢气主要从天然气、石脑油、重质油及煤、焦炭和焦炉气等原料中制取。

2)原料气的净化处理。清除原料气中的硫化物、CO_2、CO 及部分灰尘、焦油等杂质。

3)原料气体的压缩。

4)中间产品合成。在 32MPa 压力的氨合成塔中合成氨。

5)成品加工。将合成氨进一步加工成尿素 $[CO(NH_2)_2]$、碳酸氢铵(NH_4HCO_3)和硝酸铵(NH_4NO_3)等肥料。

由于以煤为原料的合成氨企业占到将近 80%,本节化肥生产过程的流程如图 6-7 所示为合成氨工艺流程示意图。

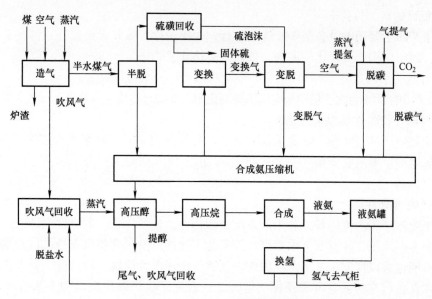

图 6-7　合成氨工艺流程示意图

6.3.2　生产特性和用电特点

1. 化肥工业生产特性（指合成氨）

化肥生产工艺特性是高温高压和低温负压共存，易燃易爆，有毒有害和腐蚀严重。

（1）高温高压和低温负压共存

化肥生产中使用的造气炉、转化炉等的操作温度需达 $1000\sim1450℃$，空气分离装置的操作温度为 $-195℃$；原料气体压缩装置的操作压力高达 $32MPa$。

（2）易燃易爆

化肥生产过程中，一氧化碳、氢气、碳化氢等高压系统排放的尾气与空气混合达到一定浓度时，遇到明火、高温或静电火花就会发生爆炸。

（3）有毒有害

化肥生产原料气中的一氧化碳、氮氧化物、二氧化硫都是有害气体，高浓度的氮气、二氧化碳会使人缺氧窒息。

（4）腐蚀严重

化肥生产中，一些生产介质具有较严重的腐蚀性，如硫化氢、尿素、高温下的氢气等，对设备、管道产生腐蚀，会造成设备隐患。

2. 化肥工业的用电特点

化肥工业用电具有生产装置大、电气设备多、用电量大、负荷稳定、负荷率高、自然功率因数高和对电气设备性能要求严格等特点。

（1）生产装置大、电气设备多、用电量大

化肥生产主要用电设备是多台大容量高压同步电动机、异步电动机。其次是上千台以至几千台高、低压感应电动机、电加热器等，在工业生产各行业中是耗电大户。我国化肥生产装置很大一部分还不够先进，单耗比较高。年产 5 万 t 的中型合成氨厂，合成氨的单耗可达 $2000kWh/t$ 左右，年用电量 20000 万 kWh。

（2）负荷稳定、负荷率高

化肥生产的主要用电设备是24h连续运行，一年中除少数几天检修外，都在工作，生产连续性强。因此，用电负荷比较平稳，负荷率可达95%左右。

（3）自然功率因数高

化肥生产中使用多台大容量同步电动机使得化肥工业的自然功率因数通常可达0.90~0.95。

（4）对电气设备性能要求严格

由于化肥生产的特殊性，除要求各种电气设备质量可靠外，还要根据工艺的工况条件，分别选用隔爆型、本质安全型（安全火花型）、正压型（防爆通风型）、增安型（防爆安全型）等电气设备。

（5）供电可靠性高

化肥工业生产工艺流程长，各生产系统密切相关，连续性强，危险性大，一旦发生断电将影响整个生产系统，并有发生中毒爆炸等恶性事故的危险，即使没有造成重大事故，装置全部停车短期也难以恢复正常生产。因此，化肥生产用电负荷属一级负荷。要求化肥生产供电系统必须具备可靠的供电电源及保安电源。一般化肥生产的供电电源多来自区域性变电所，并采用多回路高压供电，在厂区内设置一个或两个主降压变电所，并设置相应的与电力系统并网运行的发电机组，以保证各生产环节的连续供电。

6.3.3　化肥合成氨能源平衡模型

合成氨能源平衡模型见图6-8。

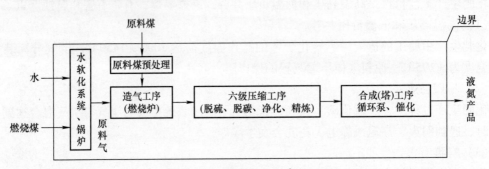

图6-8　合成氨能源平衡模型

合成氨能源平衡模型中，包括原料输入的三类处理，即水软化处理，原料煤预处理和燃烧煤锅炉处理工序，即造气工序、六级压缩工序和合成（塔）工序；三种系统能耗，即生产系统能耗、辅助生产系统能耗和附属生产系统能耗，同时参考图6-9所示合成氨工业能效分析结构图。

6.3.4　能耗计算与能效评价

根据国标 GB 21344—2023《化肥行业单位产品能源消耗限额》定义和要求，进行合成氨综合能耗与单位综合能耗计算及能耗限额等级、

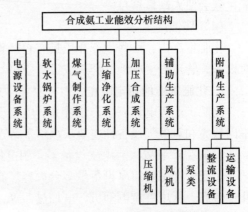

图6-9　合成氨工业能效分析结构

能耗限定值和能耗准入值的分析。

1. 统计范围

（1）合成氨生产系统能耗

合成氨生产系统能耗指从原材料经计量进入原料场（库）开始，到合成氨产品输出后阀为终点的期间所有工序和装备所组成的完整的工艺过程的生产能耗。包括原料预处理、空分、煤气化（天然气转化）、变换、净化、压缩、氨合成、冷冻。

（2）辅助生产系统能耗

辅助生产系统能耗是为满足生产需要而配置的工艺过程、设备和设施的能耗，包括供电、供水、供汽、采暖、机修、仪表、磷石膏输送、厂内原料场地以及安全、环保装置和各种载能工质的能源消耗。

（3）附属生产系统能耗

附属生产系统能耗是为生产系统配置的生产调度系统和为生产服务的部门和设施，包括办公室、操作室、休息室、更衣室、洗浴室、中控分析、成品检验、三废处理（硫黄回收、油回收、污水处理等，不包括为实现废水零排放而建设的分盐装置）；电气、仪表检修和机械加工以及车间照明、通风、降温等设施的能源消耗。

（4）输出能源

输出能源是指生产系统向外输出的供其他产品或装置使用的能源。废气、废液、废渣等未回收使用的、无计量的、没有实测热值以及不作为能源再次利用的（如直接用于修路、盖房等），均不应计入输出能源。

（5）焦炭

焦炭（或无烟煤）消耗以实际入炉量加损失量计算，调出的焦（煤）粉不计入总能耗中。供辅助、附属生产系统的焦（煤）粉按比例分摊法计入产品总能耗中。

（6）回收利用的能源

统计回收利用的能源时，用于本系统的余热、余能及化学反应热，不计入能源消耗量中。供界区外装置回收利用的，应按其实际回收的能量从本界区内能耗中扣除。如炉渣、可燃气体、热水、蒸汽等向外系统输出时，不应折为标准煤从输入原料煤和燃料煤中扣除，而应计入输出能源中。

（7）安全环保设施消耗的能源

生产所必需的安全、环保设施消耗的能源（如硫黄回收、油回收、变换冷凝液汽提、尿素工艺冷凝液水解解吸、污水处理等的消耗），应计入各项消耗。

（8）分摊的能源

多用户共享的原料、公用工程（蒸汽、含能工质等）能耗，应按有关规定合理分摊。大修、库损及不合格产品等消耗的能量，应按月分摊。

2. 计算方法

（1）以最终含氨产品计算合成氨产量

1）以最终含氨产品计算合成氨产量时，按含氮产品的实际含量折算氨产量，按式（6-19）计算：

$$M = \frac{\sum_{i=1}^{n} N_i \times \gamma_i}{0.82245} + \frac{\sum_{j=1}^{m} M_j \times \delta_j}{0.98} + M_1 + M_2 + M_3 \tag{6-19}$$

式中　M——报告期内合成氨产量（t）；

N_i——报告期内生产的第 i 批合格和不合格化肥实物量（t）；

γ_i——第 i 批化肥的实际含氨量，数值以%表示，以实测为准（以干基分析含氮时，应从实物量中扣掉水分）；

M_j——报告期内第 j 批氨水实物量（t）；

δ_j——报告期内第 j 批氨水含氨量（%）；

n——报告期内生产化肥批次数量；

m——报告期内生产氨水批次数量；

0.82245——氨的理论含氨量；

0.98——氨的利用率；

M_1——自用氨量（t）；

M_2——商品液氨量，以装瓶或装车量为准（t）；

M_3——氨库存期末与初期之差（t）。

2）合成氨生产过程自用氨量以表记值为准。

3）氨水折氨量包括：直接用合成吹出气、中间槽解析气、氨罐弛放气回收生产的合格和不合格农业氨水和工业氨水。

（2）合成氨单位产品综合能耗

合成氨单位产品综合能耗按式（6-20）计算：

$$e = \frac{E}{M} \qquad (6\text{-}20)$$

式中　e——单位产品综合能耗（kgce/t）；

E——报告期内产品综合能耗（kgce）；

M——报告期内产品产量（t）。

（3）报告期内产品综合能耗按式（6-21）计算

$$E = \sum_{i=1}^{n}（E_i \times k_i）- \sum_{j=1}^{m}（E_j \times k_j） \qquad (6\text{-}21)$$

式中　E——产品综合能耗（kgce）；

n——输入的能源种类数量；

E_i——产品生产过程中输入的第 i 种能源实物量（kg）或（kWh）或（m^3）；

k_i——输入的第 i 种能源的折标准煤系数 [kgce/（kWh）] 或（kgce/t）或（kgce/m^3）；

m——输出的能源种类数量；

E_j——产品生产过程中输出的第 j 种能源实物量（kg）或（kWh）或（m^3）；

k_j——输出的第 j 种能源的折标准煤系数 [kgce/（kWh）] 或（kgce/t）或（kgce/m^3）。

3. 能耗限额等级

合成氨能耗限额等级见表6-2，其中1级能耗最低。

（1）现有合成氨生产装置能耗限定值应不大于表6-2中的3级要求。

（2）新建及改扩建合成氨生产装置能耗准入值应不大于表6-2中的2级要求。

表6-2 合成氨能耗限额等级 （单位：kgce/t）

原料类型	合成氨单位产品综合能耗		
	能耗限额等级		
	1 级	2 级	3 级
优质无烟块煤①	≤1090	≤1100	≤1350
非优质无烟块煤、型煤	≤1180	≤1200	≤1520
粉煤（包括无烟粉煤、烟煤）	≤1340	≤1350	≤1550
褐煤	≤1700	≤1800	≤1900
天然气	≤996	≤1000	≤1200

① 优质无烟块煤指产品质量符合 GB/T 9143—2021 要求，且粒度≥25mm、灰分（Ad）≤18%、热稳定性（TS + 6）≥85%、软化温度≥1350℃的无烟块煤。

6.3.5 化肥工业能效的关联分析

1. 常用电气设备的关联

1）变配电系统是化肥工业生产的主要能源设备系统，其中主要包括电源变压器和企业配电线路等，其能耗的控制是优选高效节能设备和变配电设备的经济运行。

2）电机及其拖动系统是化肥工业生产系统中重要的机械动力系统，大量的风机、泵类和压缩机应用于各工艺装置环节，除要求其能耗限额满足要求外，还要求其运行高效和设备大型化，以提高其工作效率。

3）大量的感性电机负载，吸取了大量无功功率，故整个用电系统，需要对无功电源进行分层、分级无功就地补偿。

4）企业内大量的照明系统实施绿色照明，以提高用电效率，降低能源消耗。

2. 工艺装备的技术改造

合成氨生产系统极为复杂，生产过程中薄弱环节和重点节能部位的节能潜力巨大，其工艺装备改造有：

1）脱硫、脱碳技术和低温变换技术的应用；

2）工业用压缩机改造推广；

3）高效节能氨合成塔和醇烃化工艺应用；

4）新型节能高效催化剂应用等。

3. 充分利用"三废"——废气，废渣，废灰

1）采用新型"三废"燃烧炉；

2）高温烟气排放的换热利用；

4. 余热利用

1）余热背压发电和低压返回造气利用；

2）推广换热器和高品位到低品位的合理梯级余热利用。

5. 计算机自控技术

1）计算机自动控制工艺参数；

2）自动控制生产过程的温度、压力和流量等优化的调节。

6.3.6 节电技术与管理措施

按 GB 21344—2023 国标要求，节电技术与管理措施分述如下。

1. 化肥工业的节电技术

（1）节电与减排技术

1）开发利用高效节能的新技术、新工艺、新设备。

2）推进清洁生产、提高资源利用效率，减少污染物排放量。

3）推广热电联产，提高热电机组的利用率。

4）推广"三废"综合利用技术。

5）推广高效率的气化、净化、合成技术。

6）淘汰高能耗、高污染的工艺设备。

（2）经济运行

1）企业应使生产通用设备达到经济运行的状态，对电动机的经济运行应符合 GB/T 12497—2006 的规定；对风机、泵类和空气压缩机的经济运行应符合 GB/T 13466—2006 的规定；对电力变压器的经济运行应符合 GB/T 13462—2008 的规定。

2）避峰填谷，提高设备的负荷率，使其长周期稳定运行；应使生产运转设备合理匹配，经济运行；应使运行设备处于高效率低能耗运行状态；应按照合理用能的原则，对各种热能科学使用，梯级利用；对余热和余压，加强回收和利用；对各种带热（冷）设备和管网应加强维护管理，防止跑、冒、滴、漏的现象发生。

2. 化肥工业的节能管理措施

1）建立健全能源管理组织机构，对节能工作进行组织、管理、监督、考核和评价。

2）制定行之有效的节能制度和措施，强化责任制，建立健全节能责任考核体系。

3）执行 GB 17167—2006，合理配备和用好能源计量器具和仪表仪器，使计量设备处于良好状态；对基础数据进行有效的检测、度量和计算，确保能源基础数据的准确性和完整性。

4）执行 GB/T 3484—2009，科学、有效地组织能源统计工作，确保能源统计数据的准确性与及时性，做好能源消费和利用状况的统计分析，定期发布，并做好能源统计资料的管理与归档工作。

6.4 制碱工业能效诊断分析、贯标评价与节能

制碱工业是我国重要的基础化学工业之一，其生产规模反映了一个国家的化学工业水平。制碱工业也称为氯碱工业，它是以电和原盐为原料制取烧碱和聚氯乙烯、盐酸和商品液氯的工业。它的产品广泛用于造纸、化纤、玻璃和塑料等行业。制碱工业又是耗能大户，它仅次于电解铝工业。通过多年的发展，2023 年烧碱年产量已近 4101 万吨，耗电 943 亿 kWh，目前我国已成为制碱工业的出口大国。

6.4.1 制碱工业生产简介

1. 制碱工业生产的基本原理

其基本原理是利用电能对原盐水溶液进行化学分解的方法获取氢氧化钠、氢气和氯气，

再分别进一步加工生产出合格碱产品和氯产品。碱产品主要指烧碱、氯产品主要指聚氯乙烯等。

烧碱生产依制碱技术的不同而区分为隔膜法、水银法和离子法。从节约能源的目的，发展离子膜制碱法是发展趋势。

2. 碱产品的分类

碱类有纯碱（Na_2CO_3）、烧碱（$NaOH$）、洁碱（$NaHCO_2$，又名小苏打）、硫化碱（Na_2S）和甲碱（K_2CO_3）等。目前我国的纯碱和烧碱年产量居世界前列。

3. 制碱工业的生产过程

制碱工业有三个产品的生产过程：即纯碱、烧碱和氯碱生产过程。

（1）纯碱（Na_2CO_3）的生产过程

纯碱又称面碱、苏打，化学名称为碳酸钠、无水碳酸钠，是由强弱酸组成的盐。其生产方法有氨碱法、联碱法和天然碱法等。所用的原料有原盐、天然盐、石灰石和氨。氨碱法的化学反应式为

$$CaCO_3 + 2NaCl \Longrightarrow CaCl_2 + Na_2CO_3$$

这一反应式不能直接转化，必须经过吸氨（碳酸氢铵）和碳化（碳酸氢钠）这一中间产品才能得到纯碱，氨只起媒介作用，其电耗为 $140 \sim 460 kWh/t$。由于氨碱法的食盐利用率太低，氯在反应过程中完全没有利用，钠仅利用 73%，$NaCl$ 总利用率仅为 28%。为了改进这种方法，我国化学家侯德榜发明了联碱法（又名侯氏制碱法），该法将纯碱工业和合成氨工业联合起来，既生产纯碱，又生产氮肥氯化铵。在生产 $1t$ 碱的同时，副产 $1t$ 氯化铵，食盐利用率高达 95% 以上。

（2）烧碱（$NaOH$）的生产过程

烧碱又称苛性钠，化学名称为氢氧化钠。我国生产的固体烧碱占总产量的 12%，液体烧碱占 8%。烧碱的生产方法主要是电解法，其中隔膜法占 91%（包括石墨阳极电槽和金属阳极电槽），水银法占 6%，苛化法占 3%。电解饱和食盐溶液制取烧碱和氯气并副产氢气的生产过程称为氯碱工业生产法，其生产工艺流程如图 6-10 所示。隔膜法采用隔膜电解槽，水银法采用水银电解槽，其他部分的工艺流程基本相同。

（3）氯碱工业的生产过程

由于氯碱工业生产的基本工艺是利用电能对食盐水溶液进行化学分解的方法获取氢氧化钠、氢气和氯气，再分别进一步加工生产出合格碱产品和氯产品，所以氯碱工业产品属高能耗产品，其中最典型的高能耗工序是电解食盐水生成烧碱。

1989 年我国隔膜法生产烧碱的平均综合能耗为 $1697kg$（标准煤）/t，其中电耗占 56%。

烧碱生产依制碱技术的不同而区分为隔膜法、水银法和离子膜法。20 世纪 70 年代发明的离子膜法制碱，其质量纯度高，电耗低。由于我国电能紧缺，能源价格及装备费用的急剧变化，发展离子膜法制碱不再仅仅是为了制取高纯碱，节约能源也是发展离子膜制碱的目的之一。

6.4.2　生产特性和用电特点

碱类行业是高危性行业，也是耗电大户。

1. 碱类行业的生产特性

1）液氯为剧毒化学品，运输风险极大，运输成本也高，一般不宜长途运输。

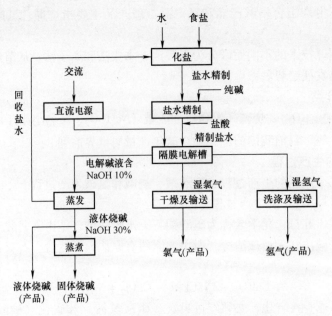

图 6-10　隔膜法电解烧碱的生产工艺流程

2）高温蒸汽消耗量巨大，高温蒸气泄漏危险性大，较易造成烧伤事故。

3）碱类行业环境腐蚀性强，氯气外溢危及人身安全，并会污染庄稼。

2. 碱类行业的用电特点

1）需要大电流的直流电源。随着石油化工的发展，碱类行业向大型化发展，电解槽也向大型化、高电流密度方向发展。直流电流大小随着电解槽的阳极有效面积和电解槽种类的不同而异，一般在几千 A 到几十万 A；各种电解槽的电流密度差别也较大，石墨阳极电解槽电流密度一般在 $800A/m^2$，金属阳极电解槽电流密度一般在 $2000A/m^2$，水银电解槽电流密度一般在 $6000A/m^2$ 以上，离子膜电解槽电流密度一般在 $4000A/m^2$。

2）要求直流供电电源有稳流和电压调节的能力。为使电解生产持续、稳定地进行，要求电解生产系统能进行电流调节、平抑电压波动和增减电解槽数。因而，碱类行业的大容量整流装置都必须具备一定范围的电压调节能力（一般调压范围均大于额定电压的 50% 以上）和自动稳流措施。

3）负荷稳定。碱类行业生产是连续性生产，在正常生产中负荷较稳定，日负荷曲线平稳，日负荷率在 95% 以上。

4）单耗高。由于碱类产品是用电能完成化学反应而获得的，所以单耗较高。在生产过程中，不断提高电流效率，严格控制电流密度，降低槽电压是提高电能有效利用率，降低烧碱单耗的关键措施。

5）自然功率因数小。由于电解生产对直流电源有调压和稳流的要求，一般碱类行业的整流装置均采用交流侧有载调压整流变压器和饱和电抗器相配合的直流电源或采用晶闸管调压整流装置，虽满足了生产需要，但也相应降低了整流装置的自然功率因数，当自然功率因数达不到 0.9 时，不少企业均增设电力无功补偿装置。

6）电气设备和材料要防腐蚀。碱类行业的环境腐蚀性强，所以在电气设备和材料的选型和维修上必须注意防腐蚀。

7）对电力系统产生谐波污染。整流装置是电网谐波源之一。碱类行业用的整流装置多，整流装置工作过程中产生的高次谐波电流，造成电力系统的谐波污染。随着碱类行业的发展，大型硅整流装置、晶闸管整流装置的使用已日趋普遍，治理谐波源的问题也已相应提到日程上来。

8）对供电可靠性要求。碱类行业中的电解生产过程是持续进行的。而且氯产品和碱产品在整个生产过程中的平衡关系是较严密的。在电解生产过程中，不论是直流供电系统突然断电，还是动力操作系统突然断电，都可能引起爆炸，造成人员伤亡、设备损坏和生产系统的混乱，还可能造成氯气外溢危害人身安全、污染庄稼等灾害。碱类行业的用电性质决定了它对供电可靠性要求很高，其用电负荷应属一级负荷。

6.4.3 烧碱工业能源平衡模型

烧碱工业能源平衡模型与能效分析结构如图 6-11 所示。

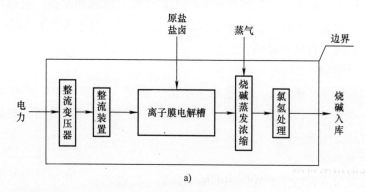

a)

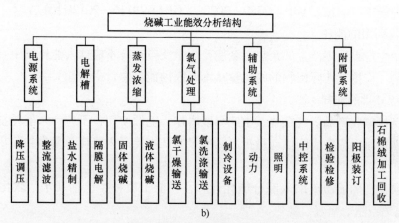

b)

图 6-11 烧碱工业能源平衡模型与能效分析结构图
a）能源平衡模型 b）能效分析结构

6.4.4 能耗计算与能效评价

根据 GB 21257—2024《烧碱、聚氯乙烯树脂和甲烷氯化物单位产品能源消耗限额》的统计范围和计算方法，以及能效评价如下。

1. 统计范围

（1）生产界区

生产界区从物料经计量并进入生产单元和工序开始，到成品计量入库为止的整个产品生产过程，由生产系统、辅助生产系统和附属生产系统三部分用能装置和设施组成。

（2）生产系统

1）烧碱生产系统：从原盐或盐卤等原材料和电力、蒸汽等能源经计量进入生产单元和工序以及电解用交流电进入整流变压器前交流电表计量开始，经盐水制备、盐水精制、电解、蒸发、加工熬制到成品烧碱计量入库以及氯气、氢气经处理送出为止的有关生产单元和工序组成的产品生产用能装置、设施和设备。不包括液氯生产、氢气加工、合成盐酸以及合成氯化氢等生产装置。

2）原盐包括符合工业盐标准的工业废盐，工业废盐预处理能耗不计入烧碱单位产品能耗中。

（3）辅助生产系统

辅助生产系统为生产系统工艺装置配置的工艺过程、设施和设备，包括动力、供电、机修、供水、供汽、采暖、制冷、循环水、压缩空气、氮气、仪表和厂内原料场地以及安全、环保等装置用能系统、设施和设备。

（4）附属生产系统

附属生产系统为生产系统专门配置的生产指挥系统（厂部）和厂区内为生产服务的部门和单位，包括办公室、操作室、休息室、更衣室、盥洗室、中控分析、成品检验、维修及维护、实验及修补等用能系统、设施和设备。

（5）生产系统的能耗

生产系统能耗量应包括生产界区内实际消耗的一次能源和二次能源等各种能源总量，实际消耗的各种能源，应按照 GB/T 2589—2020 和 GB/T 29116—2012 计算。

（6）回收利用的能耗

回收利用生产界区内产生的余热、余能及化学反应热，不应计入能耗量中。供界区外装置回收利用的，应按其实际回收的能源量从本界区内能耗总量中扣除。

（7）能源外供的能耗

电解法制烧碱联产品氢气在烧碱生产界区内作为能源使用，不应计入能耗量中；供界区外作为能源使用时，应按实际供应量折成标准煤后从本界区内能耗总量中扣除。

（8）耗能工质的能耗

耗能工质消耗的能源应纳入综合能耗计算，耗能工质种类包括新水、软化水、除氧水（纯水）及压缩空气、氧气、氮气。

（9）能耗的分摊

未包括在产品生产界区内的辅助生产系统、附属生产系统能耗量和损失量应按消耗比例法分摊到产品生产系统内。

2. 计算方法

（1）烧碱单位产品综合能耗计算

1）某种规格烧碱单位产品综合能耗按式（6-22）计算：

$$E_{zhsj} = (E_{dj} \times q_{sj} + E_{jg})/P_{rsj} \tag{6-22}$$

式中　E_{zhsj}——报告期内某种规格烧碱单位产品综合能耗（kgce/t）；

　　　　E_{dj}——报告期内烧碱电解单元产品能源消耗总量（kgce）；

q_{sj}——报告期内某种规格烧碱合格产品产量占报告期内全部烧碱合格产品总产量的比重系数；

E_{jg}——报告期内某种规格烧碱加工单元产品能源消耗总量（kgce）；

P_{rsj}——报告期内某种规格烧碱合格产品产量（t）。烧碱产量均以100%氢氧化钠计。

2）电解单元产品能源消耗总量按式（6-23）计算：

$$E_{dj} = \sum_{i=1}^{n}(e_{dsc} \times k_i) + \sum_{i=1}^{n}(e_{dfz} \times k_i) - \sum_{i=1}^{n}(e_{dhs} \times k_i) \tag{6-23}$$

式中　E_{dj}——报告期内烧碱电解单元产品能源消耗总量（kgce）；

n——能源种类总数；

i——能源类型；

e_{dsc}——报告期内电解单元相关生产系统消耗的各种能源实物量（t 或 kWh 或 m³）；

k_i——某种能源折标准煤系数；

e_{dfz}——报告期内电解单元相关辅助生产系统、附属生产系统消耗的各种能源实物量（t 或 kWh 或 m³）；

e_{dhs}——报告期内电解单元相关生产过程回收的供界区外装置利用的各种能源实物量（t 或 kWh 或 m³）。

3）报告期内某种规格烧碱合格产品产量占报告期内全部烧碱合格产品总产量的比重系数按式（6-24）计算：

$$q_{sj} = P_{rsj}/P_{zsj} \tag{6-24}$$

式中　q_{sj}——报告期内某种规格烧碱合格产品产量占报告期内全部烧碱合格产品总产量的比重系数；

P_{rsj}——报告期内某种规格烧碱合格产品产量（t）；

P_{zsj}——报告期内全部烧碱合格产品总产量（t）。

（2）报告期内某种规格烧碱加工单元产品能源消耗总量按式（6-25）计算：

$$E_{jg} = \sum_{i=1}^{n}(e_{jsc} \times k_i) + \sum_{i=1}^{n}(e_{jfz} \times k_i) - \sum_{i=1}^{n}(e_{jhs} \times k_i) \tag{6-25}$$

式中　E_{jg}——报告期内某种规格烧碱加工单元产品能源消耗总量（kgce）；

n——能源种类总数；

i——能源类型；

e_{jsc}——报告期内烧碱加工单元相关生产系统消耗的各种能源实物量（t 或 kWh 或 m³）；

k_i——某种能源折标准煤系数；

e_{jfz}——报告期内烧碱加工单元相关辅助生产系统、附属生产系统消耗的各种能源实物量（t 或 kWh 或 m³）；

e_{jhs}——报告期内烧碱加工单元相关生产过程回收的供界区外装置利用的各种能源实物量（t 或 kWh 或 m³）。

3. 能耗限额等级

烧碱能耗限额等级见表6-3，其中1级能耗最低。

表 6-3　烧碱能耗限额等级

产品名称及规格	烧碱单位产品综合能耗/（kgce/t）		
	1 级	2 级	3 级
液碱（质量分数）≥30.0%	≤308	≤315	≤350
液碱（质量分数）≥45.0%	≤410	≤420	≤470
固碱（质量分数）≥98.0%	≤600	≤620	≤685

注：1. 此表仅适用于离子膜法制烧碱产品。

2. 烧碱产品名称及规格参照 GB/T 209—2018。

1）现有烧碱生产装置单位产品能耗限定值不大于表 6-3 中的 3 级要求。

2）新建和改扩建烧碱生产装置单位产品能耗准入值应不大于表 6-3 中的 2 级要求。

6.4.5　制碱工业能效的关联分析

1. 充分利用生产过程中的余热

在烧碱生产过程中，整流、电解都会产生一些热量，并伴有大量的物料升温、降温过程，在聚氯乙烯生产过程中，会产生大量的化学反应热。这些余热主要有：烧碱蒸发、聚氯乙烯干燥蒸汽冷凝水的热量；整流装置散热；电解槽输出氯气、氢气携带热量；蒸发装置烧碱带出热量；冷冻盐水机组、液氯冷冻机组制冷剂冷凝放出热量；粗乙炔从乙炔发生器带出热量；氯乙烯聚合、合成反应热；氯化氢合成反应热；烧碱蒸发末效蒸汽带出热量。这些余热如果利用得好，会减少升温用蒸汽消耗，节约大量能源。

2. 合理降低槽电压和提高电流效率

合理降压增流，能降低电能单耗，如果槽电压每降低 0.1V，就可以使每吨烧碱节约 70kWh，使电流效率提高 1%，则每吨烧碱直流电耗可降低 28kWh 左右，因此原盐电解槽节电的关键措施为提高电流效率和降低槽电压。

1）提高电流效率的措施为保持合适的电解温度，保持合适的盐水浓度及纯度。

2）降低槽电压的措施为降低极化电压，降低电解质电压降和隔膜电压降；降低导电母线与电极上的电压降，以及降低接点电压降等。

3. 采用高效、节能设备

1）自然循环外冷碳化塔（联碱），不需专用的清洗气压缩机和碳化氨Ⅱ泵，可以节电 13kWh/t。同时，重碱结晶可以做大，为以后工序节能创造了条件。

2）新型自身返碱蒸汽煅烧炉，与外返碱炉相比，可节电 10kWh/t。

3）内冷式吸收塔，可节电 3kWh/t，节水 10m³/t。

4）回转式凉碱炉，能力大、碱尘少，仅设主传动电机和出碱螺旋输送机，比沸腾凉碱用电少。

5）新型换热设备，如波纹管换热器、板式换热器。

6.4.6　节电技术与管理措施

1. 烧碱节能技术

1）继续发展离子膜法烧碱，开发完善隔膜法、离子膜法节能技术。

2）改进和完善改性隔膜 + 扩张阳极 + 活性阴极技术和完善国产化离子膜法电解技术。

3）普通隔膜、改性隔膜、金属阳极、活性阴极制备技术；大型旋转薄膜蒸发器。

4）在固体烧碱方面，完善连续降膜浓缩技术和气流流态化造粒技术，取代传统的含镍大锅熬制熔融碱技术。

5）生产采用氧阴极-离子膜电解工艺的开发。目前离子膜烧碱的生产最先进、环保的工艺，但电耗仍达 2200～2300kWh（直流电）/t 碱。氧阴极-离子膜法可使电解槽的电压降低 1.0V，生产 1t 碱可节电 700kWh，是一大幅度降低电耗的节能新技术。而且，应用于电解废盐酸回收氯，也是一项很有价值的实用技术。

6）开发离子膜烧碱大型自然循环高电流密度电解槽，其单槽能力高，生产吨碱可节电 20～30kWh。

7）电解装置优化节能管理系统技术，重点解决功率因数补偿功能、谐波消除功能、电流调整功能、三相功率不平衡改善功能、浪涌抑制功能、瞬变抑制功能，大幅度节电技术。

8）开发化学反应方法生产烧碱技术，取代电解法生产技术。

2. 烧碱的节能管理措施

1）热电联产，蒸汽多级利用技术。烧碱企业用电、用汽量都很大，且相对稳定，对蒸汽品位要求不太高，给采取此项技术提供了条件。特别是氨碱法工厂，可以做到不用外供电。大型碱厂可采用 $100kg/m^2$ 压力的锅炉，提高多级利用蒸汽的次数。

2）真空滤碱机洗水添加剂技术，可使重碱含游离水下降 4% 左右，重碱烧成率提高 2.4%，洗水当量下降 100～200kg/t。

3）氨碱法工厂真空蒸馏技术，回收低压蒸汽 200kg/t。

4）氨碱法工厂干法加灰技术，由于全部回收了石灰工序的水合热，废液当量又明显减少，蒸馏汽耗可降低 250kg/t。

5）合成氨变换气直接制碱（联碱）技术至少节电 40kWh/t。

6）联碱外冷器液氨制冷及满液位技术可节电 30kWh/t。

7）氨碱蒸馏废液闪发回收蒸汽技术，可回收低压蒸汽 200kg/t。

8）联碱厂含氨水回收利用技术、逆料取出技术和重碱二次过滤技术等。

6.5　电石工业能效诊断分析、贯标评价与节能

电石工业是电化学工业的重要基础工业，也是电化学工业中的耗能大户之一。

电石即碳化钙（CaC_2），是耗电、耗焦炭较多的产品，它是制备气焊及切割用乙炔的重要原料。由于早期电石工业技术和设备水平较低，给电石生产带来能耗高、污染重、劳动条件差以及生产效率低等缺点，影响了电石工业的发展。近几十年来，我国许多电石生产企业都致力于降低单位产品（产值）耗电、降低焦耗、保护环境、提高效率和省力化操作等技术改造。据 2023 年统计，我国年生产电石已达到 2750 万吨水平，年耗电量为 941 亿 kWh，电石工业已被国家列入高能耗重点行业。

6.5.1　电石工业生产简介

1. 电石工艺生产的基本原理

将石灰石（CaO）和碳素材料（焦炭、无烟煤、石油焦）加入电石炉内，并在电石炉的碳素电极上的交流电作用下产生高温电弧，碳素原料中的碳原子与生石灰的钙原子化合成熔融电石，经冷却后进行破碎，即成电石产品，化学方程式为

$$CaO + 3C \xrightarrow{\hspace{1cm}} CaC_2 + CO$$

电石炉熔融示意如见 6-12 所示。

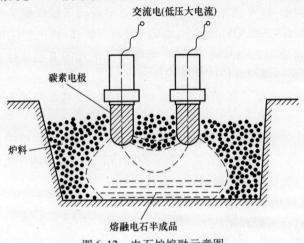

图 6-12　电石炉熔融示意图

2. 电石的生产过程

电石的生产工艺流程如图 6-13 所示。经破碎的焦炭和生石灰分别存储于焦炭贮斗和生石灰贮斗内，经过料管向炉内投料。在电石炉内将氧化钙与焦炭在 2000 ~ 2200℃内进行还原反应，生成熔融碳化钙，从反应炉底流入接收槽，冷却到 50℃左右进行破碎，即成产品。由于熔融碳化钙温度很高，冷却时间要 10 ~ 20h。

6.5.2　生产特性和用电特点

1. 电石工业生产的特性

1）电石生产过程中，会产生大量电弧热量，热能损耗很大，生产效率较低。

2）原材料应用中，生石灰、碳素材料消耗大，污染严重，影响环境保护。

3）高温及粉烟尘导致操作、维护等劳动条件较差，生产率不高。

4）若熔炉停运，导致生产工艺混乱而减产，但不会危及人身安全。

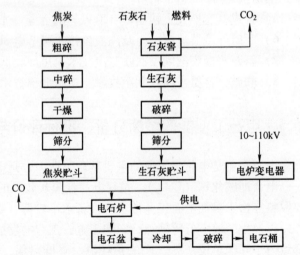

图 6-13　电石生产工艺流程

2. 电石工业的用电特点

电石工业需要低电压、大电流的交流电源，有调压要求，负荷率高，负荷较稳定，耗电高，电石炉会产生谐波等特点。

1）需要低电压、大电流的交流电源。我国电石炉采用的电压一般为 65 ~ 250V，电流在几千 A 至 10 万 A 之间，故一般均配备比较大的特殊专用变压器供电。

2）有调压要求。为了在生产过程中便于操作人员根据原料状况开炉或熔烧电极，避免密闭炉生产过程中过多的升降电极，需选择合适的二次电压以调整炉内功率，故要求电石炉变压器二次电压可多级调整。

3）负荷率高。电石的正常生产是连续不断进行的，而且都是满负荷运行，负荷较稳定，故负荷率较高。

4）耗电高。工业电石生产必须在2300℃左右的高温条件下完成，由电能转化的热能是冶炼电石的主要热源，所以电石是高能耗产品。

5）自然功率因数低。电石炉的自然功率因数随电石炉容量和型式的不同而异。除一般小型电石炉的自然功率因数能达 0.9 以上外，容量在 10000kVA 以上的中、大型电石炉的自然功率因数都在 0.9 以下。

6）电石炉产生谐波。电石炉特性不同于一般冶金电弧炉，它具有电阻电弧炉的特性，在运行中产生的高次谐波含量没有一般电弧炉那么高。经过实测证明电石炉是谐波源之一，主要谐波成分是 3、5、7 次谐波，其中以 3 次谐波为主，电炉变压器一次侧相电流 3 次谐波率最大为 3.25%。

7）电石炉用电负荷属于二级负荷。电石工业的主要用电设备是电石炉，如果发生突然停电，一般不会发生人员重大伤亡和爆炸事故。

6.5.3　电石工业能源平衡模型

电石工业能源平衡模型与能效分析结构如图 6-14 所示。

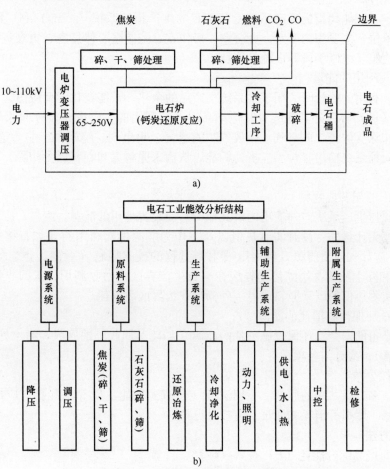

图 6-14　电石工业能源平衡模型与能效分析结构图

a）能源平衡模型　b）能效分析结构

6.5.4　能耗计算与能效评价

根据 GB 21343—2023《电石、乙酸乙烯酯、聚乙烯醇、1，4-丁二醇、双氰胺和单氰胺单位产品能源消耗限额》的统计范围和计算方法，以及能效评价如下。

1. 统计范围

（1）生产系统能耗

电石生产系统能耗包括从碳素原料（原煤、焦炭、兰炭、煅煤等）和能源进入电石生产界区开始，到电石成品计量入库的整个生产过程中的各种能耗。包括碳素原料贮存、烘干、筛分、破碎、输送和电石炉、炉气净化等装置及设施的能耗，碳素原料消耗应为统计周期内的期初库存与总采购量之和减期末库存。电力消耗包括电炉电耗、动力电耗、烧穿器电耗和除尘设施电耗等电石生产界区内消耗的电能；计算能耗时应按照实测值扣减碳素原料中的水分，其中兰炭扣减的水分不应大于15%。

（2）辅助生产系统能耗

辅助生产系统能耗指为生产系统服务的过程、设施和设备消耗的能源总量，包括供电、机修、供水、供气、供热、仪修、照明、库房和厂内原材料场地以及安全、环保、节能等装置及设施的能耗。

（3）附属生产系统能耗

附属生产系统能耗指为生产系统专门配置的生产指挥系统（厂部）和厂区内为生产服务的部门和单位，主要为调度室、办公室、操作室、控制室、休息室、更衣室、澡堂、中控分析、产品检验、维修工段等设施的能耗。

（4）回收利用的能量

统计回收利用的能量时，用于本系统本产品的余热、余能及化学反应热，不计入能源消耗量中。供（送）界区外其他装置其他产品回收或利用的，应按其实际回收的能量从本界区内能耗中扣除。炉渣、放空气、驰放气、闪蒸气、吹出气、解析气、非渗透气、煤焦油、副产蒸汽等向外系统输出时，不应折为标准煤从输入原料煤和燃料煤中扣除，而应计入输出能量中。

（5）输出的能源或物料

输出能源指生产系统向外输出的供其他产品或装置使用的能源。废气、废液、废渣等未回收使用的、无计量的、没有实测热值以及不作为能源再次利用的（如直接用于修路、盖房等），均不应计入输出能源。例如电石生产过程的碳素原料（兰炭、焦炭等）粒径小于5mm 筛下物和除尘灰等含炭固体物料应在电石生产界区内回收利用，未回收使用的、无计量的、没有实测热值的碳素原料向界区外输出视为界区内消耗。

（6）安全环保设施消耗的能源

生产所必备的安全、环保设施消耗的能源（如硫黄回收、油回收、污水处理等的消耗，不含分盐装置），应计入各项消耗。

（7）能耗分摊

多用户、多产品共享的原料、公用工程（蒸汽、耗能工质等）能耗，应按有关规定合理分摊。大修、库损等消耗的能量，应按月分摊。

2. 计算方法

（1）电石产品综合能耗（E）按式（6-26）计算

$$E = \sum_{i=1}^{m}(e_{is} \times K_i) + \sum_{j=1}^{n}(e_{if} \times K_j) - \sum_{r=1}^{l}(e_{rh} \times K_r) \tag{6-26}$$

式中　E——综合能耗（kgce）；

e_{is}——产品生产系统输入的第 i 种能源实物量；

K_i——生产系统第 i 种输入能源折算标准煤系数；

e_{jf}——产品辅助生产系统、附属生产系统输入的第 j 种能源实物量；

K_j——辅助生产系统、附属生产系统第 j 种输入能源折算标准煤系数；

e_{rh}——产品生产过程中回收并供统计范围外装置利用的第 r 种能源实物量；

K_r——生产过程中回收并供统计范围外装置利用的第 r 种能源折算标准煤系数；

m——生产系统输入的能源种类数量；

n——辅助生产系统、附属生产系统输入的能源种类数量；

l——生产过程中回收并供统计范围外装置利用的能源种类数量。

（2）电石单位产品综合能耗（e）按式（6-27）计算：

$$e = \frac{E}{P_i} \qquad (6\text{-}27)$$

式中　e——单位产品综合能耗（kgce/t）；

P_i——合格产品产量（t）。

（3）电石单位产品电炉电耗（E_d）按式（6-28）计算：

$$E_d = \frac{Q_{cd}}{P_i} + (w - 90.5) \times 30 \qquad (6\text{-}28)$$

式中　E_d——单位产品电炉电耗（kWh/t）；

Q_{cd}——产品生产过程中消耗的电炉电量，包括工艺用电量和烧炉眼用电量（kWh）；

w——产品生产过程中所使用氧化钙的总钙含量，以质量分数平均值计（%），含量不足 88.5% 的以 88.5% 计，大于 90.5% 的以 90.5% 计；

90.5——产品生产过程中所使用氧化钙的总钙含量基准值（%）；

30——原料中的总钙平均含量每升高（降低）1%，单位产品电炉电耗对应降低（升高）的补偿电耗值（kWh/t），补偿电耗单独计算部分不计入能耗。

（4）电石折煤产量（P_i）按式（6-29）计算

$$P_i = \frac{P_{sc} \times F_s}{300} \qquad (6\text{-}29)$$

式中　P_i——产品折标产量（折成标量 300L/kg）（t）。

P_{sc}——单位产品实际产量（t）；

F_s——单位产品实测发气量（L/kg）。

产品折标产量是将电石产品炉前实际产量按其实测发气量折算为发气量 300L/kg 的产品量。产品发气量按 GB/T 10665 中规定进行测定。

3. 能耗限额等级

电石能耗限额等级分为 3 级，见表 6-4，其中 1 级能耗最低。

表 6-4　电石能耗限额等级

指标	能耗限额等级		
	1 级	2 级	3 级
电石单位产品综合能耗/（kgce/t）	≤805	≤823	≤940
电石单位产品电炉电耗/（kWh/t）	≤3000	≤3080	≤3200

1）现有电石生产装置单位产品能耗限定值应不大于表 6-4 中的 3 级要求。

2）新建和改扩建电石生产装置单位产品能耗准入值应不大于表 6-4 中的 2 级要求。

6.5.5 电石生产能效的关联分析

1. 发展大中型密闭电石炉，采用炉气回收技术

据统计，每吨电石可回收炉气 0.15t（标准煤），若全年将 500 万 t（电石）的炉气加以利用，则可节约 853t（标准煤）。

2. 空心电极技术的应用

在空心电极可加入总配比 8%～15% 粉炭和粉灰，达到节能省料的目的。

6.5.6 节电技术与管理措施

电石产品综合能耗主要指电耗与炭粉消耗指标，我国主要电石生产企业，吨电石综合能耗 2.4t 左右标准煤。其中电耗国外先进水平为 3000kWh/t，我国多数企业为 3500kWh/t 左右，高于国外先进水平 16.7%，我国电石工业能耗，敞开炉平均能耗 2200kgce/t，密闭炉 1950kgce/t，敞开炉改密闭炉吨电石节能潜力 250kgce。可见电石节能潜力十分可观。

1. 电石工业的节电技术

1）炉气综合利用。

2）余热回收利用，提高电能利用效率。

3）粉料回收利用，提升原料利用能效。

4）采用微机智能控制。

2. 电石工业的节能管理措施

1）企业应定期对电石产品综合能耗、电炉电耗进行考核，并把考核指标分解落实到各基层部门，建立用能责任制度。

2）企业应按要求建立能耗统计体系，建立能耗测试数据、能耗计算和考核结果的文件档案，并对文件进行受控管理。

3）企业应根据 GB 17167—2006 的要求配备能源计量器具并建立能源计量管理制度。

6.6 黄磷工业能效诊断分析、贯标评价与节能

黄磷工业是国家磷化工基础工业之一，也是国民经济各领域和国防工业不可或缺的。磷是一种广泛存在于自然界的主要元素，它的磷酸盐衍生物产品应用十分广泛，又是不可替代和不可再生的战略资源，受到国家战略物资出口的国策保护。

目前，随着科学技术的不断发展，我国的黄磷工业取得了迅猛发展。据 2023 年统计，我国黄磷产能达 145.9 万 t，用电量达 11.5 亿 kWh，其产能、用电量均排在世界前列，成为黄磷消费和出口大国。

6.6.1 黄磷工业生产简介

1. 黄磷工业生产的基本原理

电炉法生产黄磷是将磷矿石、硅石和焦炭的混合炉料加入电炉内（硅石作为助熔剂，焦炭作为还原剂和导体），通入电能后转换成热能将其熔融产生化学还原反应，使其中的磷升华出来，含磷炉气经冷凝洗涤、精制分离得到成品磷。同时，副产品为磷铁和炉渣，尾气

可作为燃料和下游化工产品的原料。

电炉法生产黄磷的主要工艺流程都是一样的，由于电炉容量大小、炉型各有不同，在设备配置、一般的工艺流程上略有差异。

国内 30000t/a 大型制磷电炉，采用烧结料或球团料入炉，所以它设有一套原料制备装置（炉料烧结机或炉料团化焙烧机）。电极采用大直径的自熔电极（$\Phi1700mm$ 或 $\Phi1350mm$），渣口是水冷铜质大小套，炉渣经水淬后由渣泵送往渣口滤水外运。磷炉气要经静电除尘器后进冷凝洗涤系统，所以炉气温度高达 500℃，整个系统需要 N_2 密封或保温。有一套庞大的废气粉尘处理系统，自动化控制水平比较高，现在仍是世界上技术最先进的大型制磷电炉之一。

电炉法制磷系统能源平衡模型与能效分析结构如图 6-15 所示。

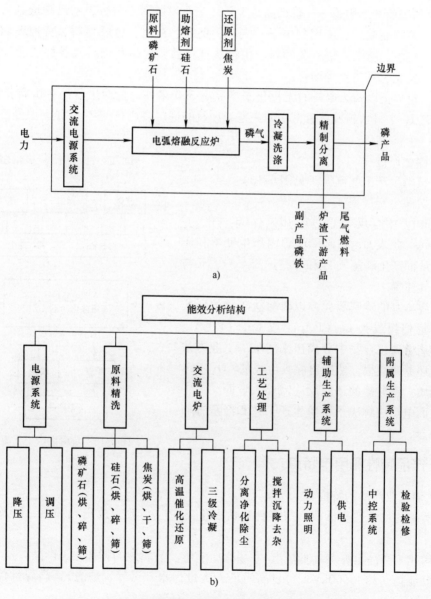

图 6-15 电炉法制磷系统能源平衡模型与能效分析结构图
a）能源平衡模型 b）能效分析结构

2. 磷工业产品分类

磷工业产品众多，随着科技发展磷工业的衍生产品层出不穷，其主要分类为黄磷、赤磷、氧氢化磷、三氯化磷、五氯化磷、五硫化二磷、四硫化三磷、硅化磷和金属硫化物等。

3. 磷工业产品的用途

磷工业产品众多，用途十分广泛，具体有如下用途：

1）直接军事用途——无可替代的用于杀伤剂、烟雾剂和燃烧弹的点火药。

2）重要的基础原料——它是生产热法磷酸和磷化物重要的母体原料，更是制备精细磷酸盐和精细有机化工的重要基础原料。磷酸盐是无机盐工业中的重要产品系列，在工业、农业、国防军工、尖端科技和日常生活中被广泛应用。如磷酸盐电子、电气材料、光学、太阳能电池、传感元件、人工生物材料、催化剂和离子交换剂等。

3）民用工业产品用途——磷产品与生活、工业发展密不可分，它已渗透到人类生活的方方面面。磷制品被广泛应用到电子、汽车、钢铁、石化、合成材料、特种玻璃、特种陶瓷、造纸、皮革、纺织、塑料及颜料、化妆及日用品、食品及饲料及各种功能（催化、吸附、压电、发光、耐热）等场合。

目前，世界上以磷为原料的无机化工产品有 300 多种，全球生产的有机磷化物有 1000 多种，它与 16 个科学领域有着密切的关系，涉及的部门多达 60 多个，是国民经济中具有重要地位的一个行业。

4. 黄磷生产过程

（1）黄磷生产工艺流程（见图 6-16）

（2）黄磷生产过程

由制磷电炉化学反应式可知，磷矿石 $Ca_3(PO_4)_2$ 与硅石 SiO_2、焦炭 C，在制磷电炉内产生助熔和还原作用，从而产生磷蒸气 P_2 和一些炉渣 CaO、Si 与 CO、CO_2 气体等。

自然界丰富的磷资源大多以磷酸盐矿物的形式存在，其近似组成为 $Ca_3(PO_4)_2$ 或 $Ca_5F(PO_4)_3$。目前将磷从含磷化合物中分离出来的唯一工业方法就是以碳还原磷酸根，然后再除去生成的 CO、CO_2 和其他杂质。磷酸盐的还原反应需要大量而又集中的热量，而电热法解决了黄磷生产工艺和经济方面诸多问题。

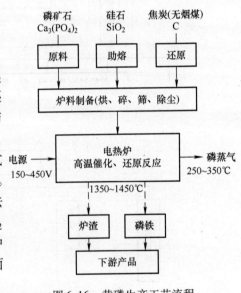

图 6-16 黄磷生产工艺流程

6.6.2 产品特性和用电特点

1. 黄磷工业产品的特性

1）黄磷的化学性质活泼，与多种物质发生反应时一般为放出光和热，以及产生白色烟雾。

2）磷化工产品是易燃（低烧点）、易爆、有毒、易腐蚀的特殊化工产品。

3）高能耗（约 13500kWh/t）、高污染（大量污水、污气、炉渣），高温且伴有激烈化学反应。

4）不可再生的世界性紧缺资源，高税率限制出口产品。

5）磷酸盐衍生物十分广泛，涉及国内各行业的稀缺中间产品。

2. 黄磷工业生产的用电特点

1）黄磷工业生产电力需求较大，主设备用电功率很大。制磷电热炉容量一般在 10000～20000kVA；高压用电变电器容量常在 20000kVA 以上，电炉变压器二次侧电流达 35000A 左右。

2）黄磷企业能耗较大，黄磷工业是化工企业中的用电大户。

3）制磷电热炉采用三相六极加热，正常生产时负荷稳定，负荷率在 95% 以上，黄磷工业生产常年持续运行。

4）制磷电热炉系电阻加热炉，其产生电弧的概率较低，一般用电谐波污染较小。

5）制磷电热炉电气特性呈阻抗性负载，故功率因数较高，正常运行时，功率因数常为 0.95 及以上。

6）黄磷企业用变压器二次侧电流较大，二次短网电阻能耗较大，短网损耗不可小觑。

6.6.3 黄磷工业系统流程模型

黄磷工业系统流程模型如图 6-17 所示。

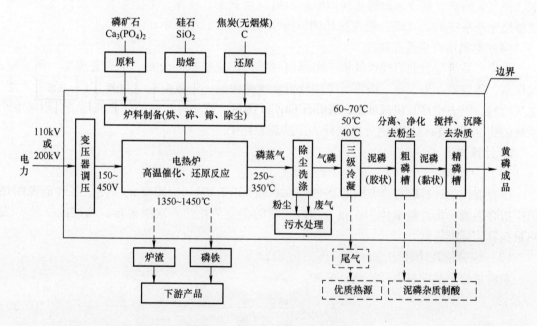

图 6-17 黄磷工业系统流程模型

6.6.4 能耗计算与能效评价

GB 21345—2024《黄磷单位产品能源消耗限额》的统计范围和计算方法，以及能效评价介绍如下。

1. 统计范围

（1）黄磷产品综合能耗

黄磷产品综合能耗统计范围包括生产系统、辅助生产系统、附属生产系统所消耗的各种一次能源量、二次能源量（电力、热力、石油制品、焦炭、煤气等）、生产使用的耗能工质

（水、氧气、氮气、压缩空气等所消耗的能源）。生产界区内的企业辅助生产系统、附属生产系统的能源消耗量和损失量按消耗比例法分摊产品中的部分，不包括建设和改造过程用能和生活用能（指企业系统内宿舍、学校、文化娱乐、医疗保健、商业服务和托儿幼教等方面用能）。

（2）生产系统能耗

电炉法生产系统应包括原料破碎、烘干、筛分、配料单元、磷矿还原单元、粗磷制备单元（包括含磷炉气的除尘/洗涤、冷凝）、成品精制与包装单元、泥磷回收、污水处理、尾气净化等工艺过程的能耗。具有独立的磷矿粉成球装置，其能耗不计入黄磷产品综合能耗的统计范围。焦炭（或无烟煤）消耗应以实际入炉量加损失量计算，调出的焦（煤）粉不计入总能耗中。生产界区内回收本界区内产生的余热、余能及化学反应热用于本装置且不对界区外输出的能源，除利用本界区余热的发电电量外，不计入能源消耗量中，也不计入能源抵扣。回收利用的能源供给界区外装置的部分，应按其实际计量的能量值从本界区能耗中扣除。所有输入输出的能源，均以界区的计量表划分。

（3）辅助生产系统能耗

应包括为满足生产需要而配置的工艺过程、设备和设施的能耗，包括供电、机修、供水、供气、供热、制冷、库房和国内原料场地以及安全、环保、节能等装置及设施的能耗。供辅助生产系统的焦（煤）粉应按比例分摊法计入产品总能耗中。

（4）附属生产系统能耗

为生产系统配置的管理以及服务的部门和单位，应包括办公室、生产管理部、调度室、操作室、休息室、更衣室、浴室、中控分析、成品检验、厂区监控、维修工段、三废处理、电气检修、仪表检修、机械加工以及车间照明、通风、降温等设施的能源消耗。供附属生产系统的焦（煤）粉应按比例分摊法计入产品总能耗中。

2. 计算方法

（1）一般规定

综合能耗的计算应符合 GB/T 2589—2020 和 GB/T 29116—2012 的规定。各种能源的热值应折合为统一的计量单位。在报告期内实测的企业消耗的一次能源量，均按低（位）发热量换算为标准煤量。

（2）综合能耗计算

黄磷单位产品综合能耗按式（6-30）计算：

$$E_{PZD} = \frac{E_{PS} + E_{PFF} - E_{PW}}{P_P} \tag{6-30}$$

式中　E_{PZD}——黄磷单位产品综合能耗（kgce/t）；

　　E_{PS}——报告期内黄磷生产系统综合能耗（kgce）；

　　E_{PFF}——报告期内黄磷辅助生产系统、附属生产系统的能耗和损失摊入量（kgce）；

　　E_{PW}——报告期内向黄磷生产界区外输出的综合能源量（kgce）；

　　P_P——报告期内黄磷产品产量（t）。

1）黄磷生产系统综合能耗按（E_{PS}）按式（6-31）计算：

$$E_{PS} = E_{PT} + E_{PL} + E_{PE} \tag{6-31}$$

式中　E_{PT}——黄磷电炉还原用炭质还原剂（焦炭、无烟煤等）的综合能耗（kgce）；

　　E_{PL}——黄磷产品电炉电耗（kgce）；

E_{PE}——黄磷生产系统消耗的除还原反应用炭质还原剂（焦炭、无烟煤等）、黄磷电炉电耗以外的能源消耗量（kgce）。

① 黄磷电炉还原用炭质还原剂的综合能耗（E_{PT}）按式（6-32）计算：

$$E_{PT} = \sum_{i=1}^{l} (e_{it} \times w_{it}) \times 1.1564 \tag{6-32}$$

式中　e_{it}——黄磷电炉还原用第 i 类炭质原料（焦炭、无烟煤等）的实物量（t）；

w_{it}——某种还原用反应用第 i 类炭质原料（焦炭、无烟煤等）的固定碳质量分数（%）；

l——还原用炭质原料总数；

1.1564——碳质还原剂标准煤折算系数，单位为千克标准煤（kgce）。

② 黄磷产品电炉电耗（E_{PL}）按式（6-33）计算：

$$E_{PL} = \left\{ Q_L - \left[\frac{170000}{N_1 - 0.5} + \left(\frac{7750}{N_1 - 8} - 76 \right) \times N_2 + \left(\frac{3200}{N_1 - 3.5} + 8 \right) \times N_3 - 7234 \right] \times P_P \right\} \times 0.1229 \tag{6-33}$$

式中　Q_L——实际用于黄磷电炉加热的电量（kWh）；

N_1——报告期内配合炉料中 P_2O_5 加权平均质量分数（%）；

N_2——报告期内配合炉料中 Fe_2O_3 加权平均质量分数（%）；

N_3——报告期内配合炉料中 CO_2 加权平均质量分数（%）；

P_P——报告期内黄磷产量（t）；

0.1229——电能折算标准煤系数（当量值）。

③ 黄磷生产系统消耗的除还原反应用炭质还原剂（焦炭、无烟煤等）、黄磷电炉电耗以外的能源消耗量（E_{PE}）按式（6-34）计算：

$$E_{PE} = \sum_{j=1}^{n} (e_{jpe} \times k_j) \tag{6-34}$$

式中　e_{jpe}——黄磷生产系统消耗的除还原反应用炭质还原剂（焦炭、无烟煤等）、黄磷电炉电耗以外第 j 种能源实物量；

k_j——第 j 种能源折算标准煤系数；

n——能源总数。

2）黄磷辅助生产系统、附属生产系统的能耗和损失摊入量（E_{PFF}）按式（6-35）计算：

$$E_{PFF} = \sum_{j=1}^{n} (e_{jpif} \times k_j) \tag{6-35}$$

式中　e_{jpif}——黄磷辅助生产系统、附属生产系统消耗的第 j 种能源能耗和损失摊入量；

k_j——第 j 种能源折算标准煤系数；

n——能源总数。

3）输出的综合能源量（E_{PW}）按式（6-36）计算：

$$E_{PW} = \sum_{j=1}^{n} (e_{jpw} \times k_j) \tag{6-36}$$

式中　e_{jpw}——向黄磷生产界区外输出的第 j 种能源实物量；此处黄磷生产界区产生的热量用于发电所产生的电量为输出能源，按等价能源值计算；

k_j——第 j 种能源折算标准煤系数；

n——能源总数。

4）黄磷产品产量（P_P）按式（6-37）计算：

$$P_P = P_{PZ} + P_{PS} + P_{PH} - P_{PWN} \tag{6-37}$$

式中　P_P——报告期内黄磷产品产量（t）；

P_{PZ}——符合 GB/T 7816 的黄磷量（t）；

P_{PS}——泥磷制磷酸折合的黄磷量（t）；

P_{PH}——泥磷制其他化学品折合的黄磷量（t）；

P_{PWN}——外购泥磷回收的黄磷量和其他化学品折合的黄磷量（t）。

① 泥磷制磷酸折合的黄磷量（P_{PS}）按式（6-38）计算：

$$P_{PS} = 0.3163 \times N_S \times P_S - P_{PW} \tag{6-38}$$

式中　N_S——泥磷制得磷酸的质量分数，以 100% H_3PO_1 计；

P_S——泥磷制得磷酸的产量（t）；

P_{PW}——泥磷制磷酸外加的黄磷量和外购泥磷折算的黄磷量（t）。

② 泥磷制其他化学品折合的黄磷量（P_{PH}）按式（6-39）计算：

$$P_{PH} = N_H \times P_H - P_{PW} \tag{6-39}$$

式中　N_H——其他化学品中的磷质量百分数，以磷（P）计；

P_H——泥磷制得的其他化学品产量（t）；

P_{PW}——制备其他化学品中外加的黄磷量和外购泥磷折算的黄磷量(t)。

3. 能耗限额等级

黄磷能耗限额等级分为 3 级，见表 6-5，其中 1 级能耗最低。

表 6-5　黄磷单位产品能耗限额等级

工艺路线		能耗限额等级		
		1 级	2 级	3 级
电炉法	黄磷单位产品综合能耗/(kgce/t)	≤2300	≤2450	≤2800

1）现有黄磷生产装置单位产品能耗限定值应不大于表 6-5 中的 3 级要求。

2）新建和改扩建黄磷生产装置单位产品能耗准入值应不大于表 6-5 中的 2 级要求。

6.6.5　黄磷工业能效关联分析与评价

电热化学工业中黄磷生产工艺过程最为复杂，工序用能设备众多，黄磷及其衍生物产品日新月异，产品用途十分广泛，并已渗透到国民经济与人民生活的方方面面，电化学工业涉及冶金与化学两个学科，其电热能效的关联因素很多，从表 6-6 和表 6-7 可见其提升能效的潜力。

表 6-6　某黄磷工业企业调研资料　　　　　　　　　　　　　　　　（%）

项目	炉内化学反应	炉渣	磷铁	炉壳	短网	炉盖	变压器	炉气	其他
黄磷工业调研资料	54.25	29.37	0.20	4.05	2.31	2.13	1.57	2.62	3.50

表 6-7　生产每吨黄磷的排物量

排出物	炉渣	尾气	磷铁	电除尘灰	污水	磷酸废气	放空废气	稀磷酸	泥磷漆
排出量	8010kg（"F"）	2575m³	75.62kg	约100kg	5.67m³	175.62m³	12264m³	131kg	19.04kg

1. 炉渣的潜能利用

1）生产磷渣硅酸盐水泥。

2）磷渣制砖及其他产品，如渣砖、釉面瓷砖、硅肥、白炭黑等。

3）炉渣余热利用，如冲渣热水回收利用和冲渣水改为循环使用。

4）生产微晶玻璃粒料和饰品。

5）生产保温材料，如矿渣棉、硅酸铝纤维等。

2. 制磷生产尾气利用

黄磷尾气发热值为 $10.5 \sim 11.0 MJ/m^2$，是一种重要的资源和优质能源，净化处理后可生产甲酸钠、甲酸、草酸、甲醇、光气、苯乙胺和二甲酰胺等化工产品。

3. 磷铁在冶金工业中的应用

磷铁是电热法制磷的副产物，每生产 1t 黄磷的副产磷铁为 $100 \sim 200kg$，磷铁在冶金工业中主要用作合金剂，磷铁粉可作为高级防腐油漆材料、制备电极材料，其他还可作为混凝土放射性防护层、高密度混凝土骨料及炸药填充剂等。节约磷材料，降低成本，经济意义重大。

4. 其他关联因素分析

制磷电炉变压器短网能耗的关联分析，以及除制磷电炉外的其他机电设备能耗分析，如电机、风机水泵、压缩机和照明等能效分析，可参考本书的相关内容。

6.6.6　节电技术与管理措施

1. 黄磷工业的节电技术

1）黄磷电炉的改造技术——电炉电极内两根电极改为六根，使电极呈"圆周均匀布局制磷电炉"，推广熔池相切理论的应用，以提高熔炼效率，每吨黄磷产品可节电 $300 \sim 800kWh$。

2）加强炉渣及其废热的综合利用。

3）采用先进除尘技术，减少泥黄磷，提高产量，降低能耗。

4）开展尾气回收利用技术——尾气采用电除尘后作燃料或原料生产化工产品。

5）采用精料策略，提高磷矿石入炉品质，降低能耗。

6）采用低温余热回收技术——回收高温循环酸携带的热量。

7）采用微机控制，提高自动化水平，并实行电效监控和电能质量优化系统技术。

8）发展生产能力在 7000t 以上的大电炉，淘汰 2000t 以下的小电炉。

2. 黄磷工业的节能管理措施

（1）开展并加强基础节能管理

1）企业应按照 GB/T 23331—2020 的要求，设立专门的能源管理机构，建立能源管理制度，落实管理职责，明确能源管理方针和定量指标体系。

2）企业应按要求建立能耗统计体系，建立能耗测试数据、能耗计算和考核结果的文件档案，并对文件进行受控管理。

3）企业应根据 GB 17167—2006 的要求配备能源计器器具并建立能源计量管理制度。

（2）设备经济运行管理

1）企业生产中使用的通用设备应达到经济运行状态，对电动机的经济运行管理应符合 GB/T 12497—2006 的规定；对交流电气传动风机（泵类、空气压缩机）系统的经济运行管理应符合 GB/T 13466—2006 的规定；对电力变压器的经济运行管理应符合 GB/T 13462—2008 的规定。

2）对各种输送介质的管网，应符合相关标准和技术要求，并加强维护管理，防止跑、冒、滴、漏的现象发生。

（3）耗能设备的能效管理

为提高用能水平，企业应对耗能设备采取以下技术管理措施。

1）企业应提高电机系统通用设备的能效，用高效节能设备替换淘汰低效率设备。

2）电动机的能效应达到 GB 18613—2020 节能评价值的水平。

3）清水离心泵的能效应达到 GB 19762—2007 节能评价值的水平。

4）通风机的能效应达到 GB 19761—2020 节能评价值的水平。

5）容积式空气压缩机的能效应达到 GB 19153—2019 节能评价值的水平。

6）企业应提高变电和配电设备的能效，配电变压器的能效应达到 GB 20052—2024 节能评价值的水平。

7）企业应提高照明系统的能效，选用能效值达到相关能效标准节能评价值的照明产品。

参 考 文 献

[1] 吴辉煌. 电化学工程基础 [M]. 北京：化学工业出版社，2008.

[2] 张申仲，等. 行业节电减排技术与能耗考核 [M]. 北京：机械工业出版社，2011.

[3] 顾祥柏，耿志强. 石油化工节能减排智能管理 [M]. 北京：化学工业出版社，2011.

[4] 李平辉，化工节能减排技术 [M]. 北京：化学工业出版社，2010.

[5] 中国石油和化学工业协会，中国化工节能技术协会. 石油和化工行业能源管理师教程 [M]. 北京：化学工业出版社，2007.

[6] 李珞新. 行业用电分析 [M]. 北京：中国电力出版社，2002.

[7] 孙志立，杜建学. 电热法制磷 [M]. 北京：冶金工业出版社，2010.

[8] 周梦公. 智能节电技术 [M]. 北京：冶金工业出版社，2012.

[9] 赵旭东. 节能技术 [M]. 北京：中国标准出版社，2010.

[10] 国家电网公司营销部. 能效管理与节能技术 [M]. 北京：中国电力出版社，2011.

[11] 李贵贤，范宗良，毛丽萍. 化工节能技术问答 [M]. 北京：化学工业出版社，2009.